EUL VERLAG

ELECTRONIC COMMERCE

Herausgegeben von Prof. Dr. Dr. h. c. Norbert Szyperski, Köln, Prof. Dr. Beat Schmid, St. Gallen, Prof. Dr. Dr. h. c. mult. August-Wilhelm Scheer, Saarbrücken, Prof. Dr. Günther Pernul, Regensburg, Prof. Dr. Stefan Klein, Münster, Prof. Dr. Detlef Schoder, Köln, und Prof. Dr. Tobias Kollmann, Essen

Band 31
Ralf Brüning
E-Commerce-Strategien für kleine und mittlere Unternehmungen – Hybrid-Commerce, Kooperation und Cross-Selling auf regionalen Internetportalen
Lohmar – Köln 2005 • 190 S. • € 44,- (D) • ISBN 3-89936-380-9

Band 32
Nils Madeja
Corporate Success in Electronic Business – Results from an Empirical Investigation
Lohmar – Köln 2005 • 292 S. • € 49,- (D) • ISBN 3-89936-385-X

Band 33
Stefan Grasmugg
Mass Customization als strategische Anwendung des Electronic Business – Eine empirische Untersuchung zu Status, Determinanten und Erfolgswirksamkeit
Lohmar – Köln 2006 • 360 S. • € 54,- (D)
ISBN-13: 978-3-89936-482-8 • ISBN-10: 3-89936-482-1

Band 34
Claas Müller-Lankenau
Multikanalstrategien im stationären Einzelhandel – Eine empirische Untersuchung in der Konsumelektronikbranche
Lohmar – Köln 2007 • 368 S. • € 54,- (D) • ISBN 978-3-89936-575-7

Band 35
Horst B. Kutsch
Repräsentativität in der Online-Marktforschung – Lösungsansätze zur Reduktion von Verzerrungen bei Befragungen im Internet
Lohmar – Köln 2007 • 308 S. • € 52,- (D) • ISBN 978-3-89936-624-2

JOSEF EUL VERLAG

Reihe: Electronic Commerce · Band 35

Herausgegeben von Prof. Dr. Dr. h. c. Norbert Szyperski, Köln, Prof. Dr. Beat Schmid, St. Gallen, Prof. Dr. Dr. h. c. mult. August-Wilhelm Scheer, Saarbrücken, Prof. Dr. Günther Pernul, Regensburg, Prof. Dr. Stefan Klein, Münster, Prof. Dr. Detlef Schoder, Köln, und Prof. Dr. Tobias Kollmann, Essen

Dr. Horst B. Kutsch

Repräsentativität in der Online-Marktforschung

Lösungsansätze zur Reduktion von Verzerrungen bei Befragungen im Internet

Mit einem Geleitwort von Prof. Dr. Dr. h. c. Norbert Szyperski, Universität zu Köln

EUL VERLAG

Bibliographische Information der Deutschen Bibliothek

Die Deutsche Bibliothek verzeichnet diese Publikation in der Deutschen Nationalbibliographie; detaillierte bibliographische Daten sind im Internet über <http://dnb.ddb.de> abrufbar.

Dissertation, Universität zu Köln, 2007

ISBN 978-3-89936-624-2
1. Auflage September 2007

Printed in Germany
Druck: RSP, Troisdorf

JOSEF EUL VERLAG GmbH
Brandsberg 6
53797 Lohmar
Tel.: 0 22 05 / 90 10 6-6
Fax: 0 22 05 / 90 10 6-88
http://www.eul-verlag.de
info@eul-verlag.de

Bei der Herstellung unserer Bücher möchten wir die Umwelt schonen. Dieses Buch ist daher auf säurefreiem, 100% chlorfrei gebleichtem, alterungsbeständigem Papier nach DIN 6738 gedruckt.

Geleitwort

Der Electronic Commerce hat einhergehend mit der Ausbreitung des Internets in den letzten Jahren eine rasante Entwicklung erfahren. Das Internet als neues interaktives Medium bietet neue Möglichkeiten für Marketing und Vertrieb und stellt zugleich neue Herausforderungen an die Marktforschung. Für eine erfolgreiche Beziehung zwischen einer Unternehmung und den eigenen und potenziellen Kunden ist die zeitnahe, umfassende und objektive Kenntnis ihrer Wünsche, Meinungen und Einstellungen eine unbedingte Voraussetzung. Die Beschaffung von Informationen über Märkte ist daher ein entscheidender Faktor für eine erfolgreiche strategische Positionierung und eine nachhaltige operative Gewährleistung der angestrebten Kundenzufriedenheit. Im Rahmen der Erforschung neuer elektronischer Märkte bietet der Einsatz sich damit anbietender interaktiver Medien eine Chance. Deren erfolgreiche Wahrnehmung und Umsetzung steht und fällt jedoch mit der korrekten Anwendung der Methoden der Datenerhebung und Informationsgewinnung.

Vor diesem Hintergrund findet die vorliegende Arbeit ihre Zielsetzung. Herr Kutsch beantwortet im theoretischen Teil seiner Untersuchung die Frage, was der Begriff der Repräsentativität für die objektive Kenntnis über eine interessierende Population im mathematisch-statistischen Sinne bedeutet, und wie Repräsentativität zu erreichen ist. Auf dieser Grundlage liefert er einen kritischen Vergleich des Methodenspektrums zur Verbesserung der Repräsentativität von Online-Befragungen aus Wissenschaft und Praxis, um anschließend zielgerichtet einen eigenen problemorientierten neuen Lösungsansatz zu entwickeln.

Im praktischen Teil der Arbeit erfolgt der Nachweis der Anwendbarkeit und der Grenzen des neuen Lösungsansatzes anhand der Durchführung einer groß angelegten Monte-Carlo-Simulation. Damit werden die Chancen und die Grenzen dieser Vorgehensweise abgesteckt. Mit dem vorgestellten Verfahren ergeben sich neue Chancen für die Anwendung von Online-Befragungen und erweiterte Voraussetzungen für gezielte Lernprozesse in den so bedeutsamen Arbeiten der Markterforschung.

Die vom Autor herausgearbeiteten Konsequenzen für die Online-Marktforschung stellen somit einen wesentlichen Beitrag für die Durchführung von Online-Befragungen aus wissenschaftlicher und praktischer Sicht dar. Sie sollte die angemessene Beachtung finden und auf diese Weise Anregungen für eine weitere erfolgreiche Erschließung der Potenziale professioneller Online-Befragungen bieten.

Köln, im Juli 2007

Norbert Szyperski

Vorwort

Wenn von Repräsentativität die Rede ist, geht es darum, anhand einer Stichprobe zutreffende und verlässliche Aussagen über eine größere Gruppe von Personen, eine Population oder Gesamtheit, zu treffen. Die vorliegende Arbeit soll dazu beitragen, die Repräsentativität speziell für Online-Befragungen auf der Grundlage der Wahrscheinlichkeitsrechnung und mathematischen Statistik zu verbessern.

Bei allen statistischen Methoden, Kennzahlen, Tabellen, Diagrammen und Daten bleibt es unerlässlich, nicht den Blick für die Schönheit, die Bedeutung, den Wert und die Einzigartigkeit des Individuums dahinter zu verlieren. Diese Individualität lässt sich durch mathematische Modelle nie ganz erfassen, sondern immer nur in ganz kleinen, facettenhaften Bruchstücken und Ausschnitten beschreiben.

Für die intensive Betreuung meiner Arbeit gilt mein ganz besonderer Dank meinem Doktorvater Prof. Dr. Dr. h. c. Norbert Szyperski, der durch seine Unterstützung und seine Anregungen bei Doktorandenkolloquien sowie in privaten Gesprächen großen Anteil an der Entstehung dieser Arbeit hat. Herrn Prof. Dr. Eckart Bomsdorf danke ich herzlich für die freundliche Übernahme des Korreferates und seine wertvollen Hinweise zu statistischen und methodischen Aspekten.

Ebenso herzlich danke ich Herrn Prof. Dr. Harald F. O. von Kortzfleisch für seinen kompetenten Rat in vielen universitären, beruflichen und privaten Angelegenheiten und seine nahezu unerschöpfliche Motivationskraft, die er mir als Kollege, Mentor und Freund immer wieder zuteil werden ließ. Ferner gilt mein Dank allen Kollegen und Kommilitonen aus der Betriebswirtschaftlichen Forschungsgruppe Innovative Technologien der Universität zu Köln und aus dem Doktorandenkolloquium für ihre Unterstützung, Zusammenarbeit und Freundschaft während meines gesamten Promotionsstudiums.

Während meiner Promotion habe ich zum einen mit meinem Vater, der leider nur noch den Beginn meiner Promotionszeit miterleben durfte, einen sehr wichtigen Teil meiner Familie verloren. Zum anderen habe ich mit der Geburt meines Sohnes einen wundervollen neuen familiären Halt geschenkt bekommen. Meinem Sohn Tillmann und meiner Partnerin und

Freundin Claudia danke ich von ganzem Herzen für all ihre Geduld, ihr Verständnis, ihre selbstlose Unterstützung, ihren aufopfernden Verzicht und das geduldige Ertragen aller Entbehrungen, die ein solches Promotionsunterfangen mit sich bringt.

Schließlich gilt mein besonderer Dank meinen Eltern Rosa und Bernhard Kutsch, die mich von Anfang an völlig aufopfernd und uneigennützig in allem unterstützt und mir damit so vieles ermöglicht haben, was ihnen selbst verwehrt war. Ihnen widme ich diese Arbeit.

Köln, im Juli 2007 Horst B. Kutsch

Inhaltsverzeichnis

Inhaltsverzeichnis ... IX

Abbildungsverzeichnis ... XVII

Tabellenverzeichnis ... XXI

Abkürzungsverzeichnis ... XXIV

1 Repräsentativität als zentrales Problem der Online-Marktforschung ... 1

1.1 Mangelhafte Repräsentativität von Befragungen im Internet – Problemstellung der Arbeit ... 1

1.2 Ziel der Untersuchung ... 8

1.3 Aufbau der Untersuchung ... 9

2 Einführung in die Online-Marktforschung ... 13

2.1 Die Entwicklung des Internets und des World Wide Webs (WWW) ... 13

2.2 Die Internet-Nutzung von Privatpersonen in Deutschland ... 16

2.3 Grundlagen der Online-Marktforschung ... 21

2.3.1 Definition und Begriffsklärung ... 21

2.3.2 Aufgaben und Ziele der Marktforschung ... 24

2.3.3 Marktforschung als Prozess ... 25

2.3.4 Ursprung, Entstehung und Entwicklung der Online-Marktforschung ... 26

2.3.5 Erscheinungsformen der Online-Marktforschung ... 30

2.3.5.1 Sekundärforschung in der Online-Marktforschung ... 32

2.3.5.2 Primärforschung in der Online-Marktforschung ... 34

2.3.5.2.1 Methoden der Beobachtung ... 34

2.3.5.2.2 Methoden der Befragung ... 36

2.3.5.2.2.1 Online-Fokus-Gruppen ... 38

2.3.5.2.2.2 E-Mail-Befragungen ... 39

2.3.5.2.2.3 WWW-Befragungen ... 40

2.3.5.2.2.4 Online-Panels ... 45

2.3.6 Chancen und Potentiale der Online-Marktforschung ... 51

2.3.7 Risiken und Grenzen der Online-Marktforschung ... 57

3 Stand der Forschung zum Umgang mit dem Repräsentativitäts-Problem bei Online-Befragungen ... 61

3.1 Lösungsansätze zur Realisierung repräsentativer Ergebnisse aus Online-Befragungen ... 63

3.1.1 Online-Panels ... 63

3.1.1.1 Beschreibung des Lösungsansatzes ... 63

3.1.1.2 Beurteilung des Ansatzes ... 64

3.1.2 Oversampling und Multiple-Site-Entry ... 65

3.1.3 Das Quoten-Verfahren ... 67

3.1.4 Gewichtungs-Verfahren ... 70

3.1.5 Die „N[th]-Viz"-Methode ... 73

3.1.6 Kombination mehrerer Erhebungsformen ... 74

3.1.7 „Omninet" von forsa ... 75

3.1.8 Die READ-Methode ... 77

3.1.8.1 Durchführung und Bereinigung der Umfrage ... 78

3.1.8.2 Beurteilung des Ansatzes ... 80

3.2 Fazit zum Stand der Forschung ... 83

4 Repräsentativität von Online-Befragungen ... 85

4.1 Exkurs: Grundlagen der Statistik und der Stichprobentheorie ... 85

4.1.1 Auswahlverfahren für Stichproben ... 87

4.1.1.1 Zufallsauswahl (random samples) 89

4.1.1.2 Bewusste Auswahl 89

4.1.1.2.1 Auswahl aufs Geratewohl 89

4.1.1.2.2 Konzentrationsverfahren 90

4.1.1.2.3 Quoten-Verfahren 90

4.1.2 Grundlegende statistische Begriffe und Definitionen 91

4.2 Repräsentativität aus statistischer Perspektive 102

4.3 Ursachen für mangelnde Repräsentativität bei Online-Befragungen 110

4.3.1 Undercoverage 111

4.3.2 Selbstselektion 117

4.3.3 Non-Response 119

4.3.4 Fazit zu den Ursachen für mangelnde Repräsentativität bei Online-Befragungen 124

5 Das Erreichbarkeitsrang-Verfahren 127

5.1 Anforderungen an eine Lösung des Repräsentativitäts-Problems von Online-Befragungen 127

5.2 Kernidee des Lösungs-Ansatzes 130

5.3 Formale Definition des Ansatzes und praktisches Vorgehen 131

5.3.1 Schritt eins des *ER*-Verfahrens: Die Modellierung des Auswahlprozesses 133

5.3.1.1 Die systematische Verbesserung des Auswahlprozess-Modells als Lernprozess 135

5.3.2 Schritt zwei des *ER*-Verfahrens: Schätzung des funktionalen Zusammenhangs zwischen *ER* und Erhebungsmerkmal 140

5.4 Kritische Betrachtung des Ansatzes 143

6 Monte-Carlo-Simulation zur Überprüfung der Anwendbarkeit des Erreichbarkeitsrang-Verfahrens 145

6.1 Grundlagen der Monte-Carlo-Simulation 145

6.2 Gütekriterien für den *ER*-Schätzer und für die Bewertung der Modellierung des Auswahlprozesses ... 147

6.2.1 Exkurs: Statistische Testverfahren ... 148

6.2.1.1 Der Ein-Stichproben- t-Test ... 150

6.2.1.2 Der Binomial-Test ... 151

6.2.2 Überprüfung der Gütekriterien ... 152

6.3 Durchführung der Simulation ... 154

6.3.1 Konstruktion der Grundgesamtheit ... 155

6.3.1.1 Einteilung der Grundgesamtheit nach Internet-Nutzungsintensität ... 160

6.3.1.2 Konstruktion eines Wahrscheinlichkeitsmaßes P als Grundlage für den Auswahlprozess der simulierten Online-Stichproben ... 162

6.3.2 Konstruktion verschiedener Variablen mit unterschiedlichen Zusammenhängen zur Erreichbarkeit ... 169

6.3.2.1 Simulation einer Altersvariablen ... 169

6.3.2.1.1 Konstruktion der Variablen *ALTER* ... 169

6.3.2.1.2 Verteilungsparameter und weitere Eigenschaften der simulierten Altersvariablen ... 171

6.3.2.1.3 Anwendung des Erreichbarkeitsrang-Verfahrens auf die Variable *ALTER* ... 176

6.3.2.1.3.1 Exemplarische Anwendung auf eine simulierte Stichprobe ... 176

6.3.2.1.3.2 Verteilungseigenschaften des *ER*-Schätzers bei bekanntem Auswahlprozess für die Variable *ALTER* ... 179

6.3.2.1.3.3 Verteilungseigenschaften des *ER*-Schätzers bei verschieden „guter“ Modellierung des Auswahlprozesses bei der Variablen *ALTER* ... 186

6.3.2.2 Simulation einer metrischen Variablen, die mit dem Erreichbarkeitsrang *ER* sehr hoch positiv korreliert ist ... 189

6.3.2.2.1 Konstruktion der Variablen m_l ... 189

6.3.2.2.2 Anwendung des *ER*-Verfahrens auf die Variable m_l ... 189

6.3.2.2.2.1 Exemplarische Anwendung auf eine simulierte Stichprobe ... 189

6.3.2.2.2.2 Verteilungseigenschaften des *ER*-Schätzers bei bekanntem Auswahlprozess für die konstruierte Variable m_1 ... 191

6.3.2.2.2.3 Verteilungseigenschaften des *ER*-Schätzers bei verschieden „guter" Modellierung des Auswahlprozesses bei der Variablen m_1 ... 193

6.3.2.3 Simulation einer metrischen mit *ER* hoch positiv korrelierten Variablen ... 195

6.3.2.3.1 Konstruktion der Variablen m_2 ... 195

6.3.2.3.2 Anwendung des *ER*-Verfahrens auf die Variable m_2 ... 196

6.3.2.3.2.1 Exemplarische Anwendung auf eine simulierte Stichprobe ... 196

6.3.2.3.2.2 Verteilungseigenschaften des *ER*-Schätzers bei bekanntem Auswahlprozess für die konstruierte Variable m_2 ... 197

6.3.2.3.2.3 Verteilungseigenschaften des *ER*-Schätzers bei verschieden „guter" Modellierung des Auswahlprozesses bei der Variablen m_2 ... 199

6.3.2.4 Simulation einer metrischen, mit *ER* schwach zusammenhängenden Variablen ... 201

6.3.2.4.1 Konstruktion der Variablen m_3 ... 201

6.3.2.4.2 Anwendung des *ER*-Verfahrens auf die Variable m_3 ... 202

6.3.2.4.2.1 Exemplarische Anwendung auf eine simulierte Stichprobe ... 202

6.3.2.4.2.2 Verteilungseigenschaften des *ER*-Schätzers bei bekanntem Auswahlprozess für die konstruierte Variable m_3 ... 204

6.3.2.4.2.3 Verteilungseigenschaften des *ER*-Schätzers bei verschieden „guter" Modellierung des Auswahlprozesses bei der Variablen m_3 ... 205

6.3.2.5 Simulation einer metrischen Variablen, die sehr schwach mit *ER* zusammenhängt ... 207

6.3.2.5.1 Konstruktion der Variablen m_4 ... 207

6.3.2.5.2 Anwendung des *ER*-Verfahrens auf die Variable m_4 ... 208

6.3.2.5.2.1 Exemplarische Anwendung auf eine simulierte Stichprobe ... 208

6.3.2.5.2.2 Verteilungseigenschaften des *ER*-Schätzers bei bekanntem Auswahlprozess für die konstruierte Variable m_4 ... 209

6.3.2.5.2.3 Verteilungseigenschaften des *ER*-Schätzers bei verschieden „guter“ Modellierung des Auswahlprozesses bei der Variablen m_4 211

6.3.2.6 Simulation einer metrischen vom Erreichbarkeitsrang *ER* unabhängigen Variablen 213

6.3.2.6.1 Konstruktion der Variablen m_5 213

6.3.2.6.2 Anwendung des *ER*-Verfahrens auf die Variable m_5 214

6.3.2.6.2.1 Exemplarische Anwendung auf eine simulierte Stichprobe 214

6.3.2.6.2.2 Verteilungseigenschaften des *ER*-Schätzers bei bekanntem Auswahlprozess für die konstruierte Variable m_5 216

6.3.2.6.2.3 Verteilungseigenschaften des *ER*-Schätzers bei verschieden „guter“ Modellierung des Auswahlprozesses bei der Variablen m_5 218

6.3.2.7 Simulation einer metrischen Variablen die mit dem Erreichbarkeitsrang *ER* quadratisch zusammenhängt 220

6.3.2.7.1 Konstruktion der Variablen m_6 221

6.3.2.7.2 Anwendung des *ER*-Verfahrens auf die Variable m_6 221

6.3.2.7.2.1 Exemplarische Anwendung auf eine simulierte Stichprobe 221

6.3.2.7.2.2 Verteilungseigenschaften des *ER*-Schätzers bei bekanntem Auswahlprozess für die konstruierte Variable m_6 223

6.3.2.7.2.3 Verteilungseigenschaften des *ER*-Schätzers bei verschieden „guter“ Modellierung des Auswahlprozesses bei der Variablen m_6 225

6.3.2.8 Simulation einer metrischen Variablen, die „wurzelförmig“ mit dem Erreichbarkeitsrang *ER* zusammenhängt 227

6.3.2.8.1 Konstruktion der Variablen m_7 227

6.3.2.8.2 Anwendung des *ER*-Verfahrens auf die Variable m_7 227

6.3.2.8.2.1 Exemplarische Anwendung auf eine simulierte Stichprobe 227

6.3.2.8.2.2 Verteilungseigenschaften des *ER*-Schätzers bei bekanntem Auswahlprozess für die konstruierte Variable m_7 229

6.3.2.8.2.3 Verteilungseigenschaften des *ER*-Schätzers bei verschieden „guter“ Modellierung des Auswahlprozesses bei der Variablen m_7 231

6.3.2.9 Simulation einer metrischen Variablen mit einem komplexerem Zusammenhang zum Erreichbarkeitsrang *ER* 233

6.3.2.9.1 Konstruktion der Variablen m_8 233

6.3.2.9.2 Anwendung des *ER*-Verfahrens auf die Variable m_8 233

6.3.2.9.2.1 Exemplarische Anwendung auf eine simulierte Stichprobe 233

6.3.2.9.2.2 Verteilungseigenschaften des *ER*-Schätzers bei bekanntem Auswahlprozess für die konstruierte Variable m_8 235

6.3.2.9.2.3 Verteilungseigenschaften des *ER*-Schätzers bei verschieden „guter“ Modellierung des Auswahlprozesses bei der Variablen m_8 237

6.4 Zusammenfassung der Simulations-Ergebnisse 239

7 Konsequenzen für die Online-Marktforschung 241

8 Zusammenfassung und kritische Reflexion 245

Literaturverzeichnis 251

Abbildungsverzeichnis

Abbildung 1: Anschauliche Darstellung der Repräsentativität einer Stichprobe für die Grundgesamtheit bezüglich eines Erhebungsmerkmals und seiner Ausprägungen. 5

Abbildung 2: Aufbau der Arbeit. 11

Abbildung 3: Anteil Internet-Anschlüsse aller Deutschen über 18 Jahre seit 1999 in Prozent. Quelle: Forschungsgruppe Wahlen Online (2006), S. 1. 16

Abbildung 4: Einschätzung des Internet-Umsatz-Anteils am Gesamt-Umsatz heute und in den nächsten drei Jahren in deutschen Unternehmungen (Stand 2002). Quelle: Szyperski/von Kortzfleisch/Kutsch (2002), S. 22. 18

Abbildung 5: E-Commerce im Einzelhandel – Jahres-Umsatz in Deutschland. Quelle: Chip Xonio (2006). .. 19

Abbildung 6: Nutzungsarten des Internets. Quelle: Forschungsgruppe Wahlen Online (2006), S. 2. 20

Abbildung 7: Aufgaben der Marktforschung. Quelle: Meffert (2000), S. 96. 25

Abbildung 8: Entwicklung der Marktforschung im 20. Jahrhundert. Quelle: Kotler/Bliemel (1995), S.146. .. 27

Abbildung 9: Entwicklung der Befragungsarten in der Marktforschung von 1990 bis 2004 (Angaben in Prozent). Quelle: ADM (2004), S. 15. 30

Abbildung 10: Möglichkeiten der Datenerhebung in der Online-Marktforschung. Quelle: In Anlehnung an Hoepner (1994), S. 5, Zou (1999), S. 222 und Batinic/Bosnjak (1997). 31

Abbildung 11: Kostenvergleich Online-Befragung, postalische Befragung und Telefonbefragung. Quelle: Watt (1997). 55

Abbildung 12: Vorgehen zur Bereinigung der Internet-Verzerrung bei Perspektive-Deutschland 2001. Quelle: Fries (2006), S. 148. 79

Abbildung 13: Bereinigung der Verzerrungen bei Perspektive-Deutschland. Quelle: Perspektive-Deutschland (2005), S. 129. 80

Abbildung 14: Grundformen von Auswahlverfahren. Quelle: in Anlehnung an Berekoven/Eckert/Ellenrieder (2001), S. 62 und Hammann/Erichson (2000), S. 133 88

Abbildung 15: Das Problem der Undercoverage. Quelle: Vereinfachte Darstellung in Anlehnung an Breiter (1997), S. 137. 112

Abbildung 16: Unterteilung der "Erreichbaren" nach Nutzungsintensität des Internets. 115

Abbildung 17: Mittleres Alter in den drei Nutzergruppen einer Online-Stichprobe. 116

Abbildung 18: Funktionaler Zusammenhang zwischen Erreichbarkeitsrang *ER* und Alter. 141

Abbildung 19: Fehlermöglichkeiten bei statistischen Tests. 149

Abbildung 20: Altersstruktur der Internet-Nutzer in Deutschland. Quelle: @facts SevenOne Interactive / forsa (2003); Stand: Mai 2003. 156

Abbildung 21: Altersstruktur in Bevölkerung und Internet-Nutzerschaft. 159

Abbildung 22: Zusammensetzung der Bevölkerung und der Online-Stichprobe nach Nutzergruppen. 165

Abbildung 23: Grafische Darstellung des Wahrscheinlichkeitsmaßes *P* für die Grundgesamtheit. 167

Abbildung 24: Nutzerstruktur in der realisierten Online-Stichprobe. 168

Abbildung 25: Alterspyramide der deutschen Bevölkerung 2001. Quelle: Statistisches Bundesamt (2001). .170

Abbildung 26: Ausprägung der Altersvariablen in der ungeordneten Grundgesamtheit. 173

Abbildung 27: Ausprägung der Altersvariablen in der Grundgesamtheit geordnet nach *ER*. 174

Abbildung 28: Altersstruktur von Bevölkerung, Internet-Nutzern und realisierter Online-Stichprobe. 175

Abbildung 29: Regressionsschätzung des Zusammenhangs zwischen Erreichbarkeitsrang *ER* und der simulierten Altersvariablen. 177

Abbildung 30: Regressionsschätzung des Zusammenhangs zwischen Erreichbarkeitsrang *ER* und der simulierten mit *ER* linear zusammenhängenden Variablen (r=0,95) 190

Abbildung 31: Regressionsschätzung des Zusammenhangs zwischen Erreichbarkeitsrang *ER* und der simulierten mit *ER* linear zusammenhängenden Variablen (r=0,7) 196

Abbildung 32: Regressionsschätzung des Zusammenhangs zwischen Erreichbarkeitsrang *ER* und der simulierten mit *ER* linear zusammenhängenden Variablen (r=0,5) 202

Abbildung 33: Regressionsschätzung des Zusammenhangs zwischen Erreichbarkeitsrang *ER* und der simulierten mit *ER* linear zusammenhängenden Variablen (r=0,3) 208

Abbildung 34: Regressionsschätzung des Zusammenhangs zwischen Erreichbarkeitsrang *ER* und der simulierten von *ER* unabhängigen Variablen. 215

Abbildung 35: Regressionsschätzung des Zusammenhangs zwischen Erreichbarkeitsrang *ER* und der simulierten mit *ER* quadratisch zusammenhängenden Variablen 222

Abbildung 36: Regressionsschätzung des Zusammenhangs zwischen Erreichbarkeitsrang *ER* und der simulierten Variablen m_7. 228

Abbildung 37: Regressionsschätzung des Zusammenhangs zwischen Erreichbarkeitsrang *ER* und der simulierten Variablen m_8. 234

Tabellenverzeichnis

Tabelle 1: Vor- und Nachteile der schriftlichen, telefonischen und mündlichen Befragung. Quelle: Meffert (2000), S. 156. ... 38

Tabelle 2: Vorteile von Online-Befragungen aus der Sicht von Marktforschungsinstituten (n=75). Quelle: Ronig (1998), S. L. ... 56

Tabelle 3: Anforderungskriterien an einen Lösungsansatz des Repräsentativitäts-Problems bei Online-Befragungen. ... 130

Tabelle 4: Altersverteilung der Internet-Nutzer und Nichtnutzer in Deutschland (Stand: 2003). ... 157

Tabelle 5: Internet-Verbreitung in Deutschland. Quelle: ARD/ZDF-Online-Studie (2003). ... 158

Tabelle 6: Internet-Nutzungshäufigkeit der gesamten Internet-Nutzerschaft. Quelle: Fittkau & Maaß (2002), Stand: November 2002. ... 160

Tabelle 7: Merkmale der Nutzergruppen. ... 164

Tabelle 8: Größe der Nutzergruppen in Grundgesamtheit und Stichprobe. ... 166

Tabelle 9: Daten zur Berechnung des mittleren Alters. ... 172

Tabelle 10: Parameter der simulierten Grundgesamtheit und Schätzungen für die Variable *ALTER* bei einer konkreten Stichproben-Simulation. ... 179

Tabelle 11: Simulations-Ergebnisse für die Variable *ALTER* bei bekanntem Auswahlprozess. ... 184

Tabelle 12: Simulations-Ergebnisse für die Variable *ALTER* bei unterschiedlich guter Modellierung des Auswahlprozesses ... 187

Tabelle 13: Parameter der simulierten Grundgesamtheit und Schätzungen für die Variable m_1 bei einer konkreten Stichproben-Simulation. ... 191

Tabelle 14: Simulations-Ergebnisse für die Variable m_1 bei bekanntem Auswahlprozess. ... 192

Tabelle 15: Simulations-Ergebnisse für die Variable m_1 bei unterschiedlich guter Modellierung des Auswahlprozesses ... 194

Tabelle 16: Parameter der simulierten Grundgesamtheit und Schätzungen für die Variable m_2 bei einer konkreten Stichproben-Simulation. ... 197

Tabelle 17: Simulations-Ergebnisse für die Variable m_2 bei bekanntem Auswahlprozess. ... 198

Tabelle 18: Simulations-Ergebnisse für die Variable m_2 bei unterschiedlich guter Modellierung des Auswahlprozesses ... 200

Tabelle 19: Parameter der simulierten Grundgesamtheit und Schätzungen für die Variable m_3 bei einer konkreten Stichproben-Simulation. ... 203

Tabelle 20: Simulations-Ergebnisse für die Variable m_3 bei bekanntem Auswahlprozess. ... 204

Tabelle 21: Simulations-Ergebnisse für die Variable m_3 bei unterschiedlich guter Modellierung des Auswahlprozesses ... 206

Tabelle 22: Parameter der simulierten Grundgesamtheit und Schätzungen für die Variable m_4 bei einer konkreten Stichproben-Simulation. ... 209

Tabelle 23: Simulations-Ergebnisse für die Variable m_4 bei bekanntem Auswahlprozess. ... 210

Tabelle 24: Simulations-Ergebnisse für die Variable m_4 bei unterschiedlich guter Modellierung des Auswahlprozesses ... 212

Tabelle 25: Parameter der simulierten Grundgesamtheit und Schätzungen für die Variable m_5 bei einer konkreten Stichproben-Simulation. ... 216

Tabelle 26: Simulations-Ergebnisse für die Variable m_5 bei bekanntem Auswahlprozess. ... 217

Tabelle 27: Simulations-Ergebnisse für die Variable m_5 bei unterschiedlich guter Modellierung des Auswahlprozesses ... 219

Tabelle 28: Parameter der simulierten Grundgesamtheit und Schätzungen für die Variable m_6 bei einer konkreten Stichproben-Simulation. ... 223

Tabelle 29: Simulations-Ergebnisse für die Variable m_6 bei bekanntem Auswahlprozess. ... 224

Tabelle 30: Simulations-Ergebnisse für die Variable m_6 bei unterschiedlich guter Modellierung des Auswahlprozesses ... 226

Tabelle 31: Parameter der simulierten Grundgesamtheit und Schätzungen für die Variable m_7 bei einer konkreten Stichproben-Simulation. ... 229

Tabelle 32: Simulations-Ergebnisse für die Variable m_7 bei bekanntem Auswahlprozess. ... 230

Tabelle 33: Simulations-Ergebnisse für die Variable m_7 bei unterschiedlich guter Modellierung des Auswahlprozesses ... 232

Tabelle 34: Parameter der simulierten Grundgesamtheit und Schätzungen für die Variable m_8 bei einer konkreten Stichproben-Simulation. 235

Tabelle 35: Simulations-Ergebnisse für die Variable m_8 bei bekanntem Auswahlprozess. 236

Tabelle 36: Simulations-Ergebnisse für die Variable m_8 bei unterschiedlich guter Modellierung des Auswahlprozesses 238

Abkürzungsverzeichnis

abs.	absolut
Abw.	Abweichung
ADM	Arbeitskreis Deutscher Markt- und Sozialforschungsinstitute e.V.
ANSI	American National Standards Institute
ARPA	Advanced Research Projects Agency
B.-Test	Binomial-Test
CAPI	Computer Aided Personal Interview
CATI	Computer Aided Telephone Interview
CAWI	Computer Aided Web Interview
CSAI	Computerized Self-Administered Interview
CSAQ	Computerized Self-Administered Questionaire
DGOF	Deutsche Gesellschaft für Online-Forschung e.V.
EDV	Elektronische Datenverarbeitung
Entsch.	Entscheidung
ER	Erreichbarkeitsrang
GIR-L	German Internet Research List
GOR	General Online Research
HTML	Hypertext Markup Language
i.e.	id est
IP	Internet Protokol
IT	Informationstechnologie
NCSA	National Center for Supercomputing Applications
o.B.d.A.	ohne Beschränkung der Allgemeinheit
READ	Representativly Adjusted
rel.	relative
resp.	respektive
TCP	Transmission Control Protocol
verw.	verwerfen
WWW	World Wide Web

"A basic literacy in statistics
will one day be as necessary for efficient citizenship
as the ability to read and write."
(H. G. WELLS)

1 Repräsentativität als zentrales Problem der Online-Marktforschung

1.1 Mangelhafte Repräsentativität von Befragungen im Internet – Problemstellung der Arbeit

Das Internet ist in der heutigen Zeit zum selbstverständlichen Medium der breiten Bevölkerung geworden und aus unserem Alltag nicht mehr weg zu denken. Mit dem rasanten Wachstum von Online-Handel und E-Commerce eröffnet das Internet nahezu allen Unternehmungen völlig neue, unbekannte Märkte und Marktzugänge, die es mit entsprechend neuen Methoden systematisch zu erforschen gilt. Überdies bietet das Internet durch seine technischen Möglichkeiten ein enormes Potential für die Entwicklung und Anwendung neuer Befragungs- und Datenerhebungs-Methoden zur Erforschung und Bearbeitung klassischer Fragestellungen der Markt- und Meinungsforschung.

Der Online-Marktforschung wird ein Veränderungspotential der gesamten Marktforschungsbranche vorhergesagt, welches vergleichbar ist mit jenem bei der Einführung des Telefons zu Marktforschungszwecken.[1] In der Praxis wird immer häufiger das World Wide Web (WWW) zur Durchführung von Erhebungen im Rahmen der Marktforschung empfohlen, und der Befragung über das Internet wird ein starker Aufschwung prognostiziert.[2] Viele Unternehmungen entdecken, dass mit Hilfe von Online-Befragungen schnell, effektiv, effi-

[1] Vgl. ZERR (2003), S. 25 und THEOBALD (2000), S. 23.

[2] Vgl. z.B. DILLMAN/TORTORA/CONRADT/BOWKER (1998), S. 15 oder WHITLOCK (1997).

zient[3] und ökonomisch Konsumentendaten und Markt-Informationen erhoben werden können.[4]

Einer der größten Nachteile von Online-Befragungen ist die mangelhafte Repräsentativität der Ergebnisse.[5] Mangelnde Repräsentativität führt zu verzerrten Daten und damit zu falschen Ergebnissen und falschen Schlüssen auf die Grundgesamtheit. Bei fehlender Repräsentativität ist keine Verallgemeinerung der Befragungsergebnisse auf die komplette interessierende Grundgesamtheit möglich.

Ziel jeder systematischen Teilerhebung ist es aber gerade, *„über die aktuellen Untersuchungsfälle hinaus zu Aussagen über die Gesamtheit der möglichen Fälle zu kommen."*[6] *„Zu diesem Zweck muss die Auswahl ein verkleinertes Abbild der Grundgesamtheit darstellen, und zwar im Hinblick auf alle interessierenden Merkmale und ihre Kombinationen, d.h. sie muss repräsentativ für die zuvor festgelegte Grundgesamtheit sein."*[7]

GÖRITZ (2003) bemerkt in diesem Zusammenhang speziell zu Online-Panels[8]:

„Eine repräsentative Panelstichprobe ist ein Miniatur-Abbild der Grundgesamtheit und erlaubt den Schluss auf die angezielte Population. Ist eine Stichprobe nicht repräsentativ, also verzerrt, dann ist eine Hochrechnung der Untersuchungsergebnisse auf die Grundgesamtheit nicht möglich."[9]

Vor diesem Hintergrund kann das Problem mangelhafter Repräsentativität bei Online-Befragungen als zentrales Problem in der Online-Marktforschung angesehen werden. ZERR (2003) bezeichnet die mangelhafte Repräsentativität als *„einen der größten Nachteile der Online-*

---

3 Die Begriffe Effektivität und Effizienz sind hier im Sinne der Unterscheidung von SZYPERSKI/WINAND (1974), S. 91 zu verstehen. Hier wird Effektivität als „doing the right things" von Effizienz „doing the things right" abgegrenzt.

4 Vgl. FORREST (1999), S. 7f. und WIND (1997), S. 10.

5 Vgl. ZERR (2003), S. 13.

6 KROMREY (1998), S. 248.

7 HAUPTMANNS/LANDER (2003), S. 30.

8 Mit dem Begriff Online-Panel ist eine spezielle Teilnehmergruppe von Online-Erhebungen gemeint. Die Bedeutung von Online-Panels für die Online-Marktforschung wird im Abschnitt 2.3.5.2.2.4 ausführlich erläutert.

9 GÖRITZ (2003), S. 234.

Marktforschung".[10] Auch für GÖRITZ/MOSER (2000) und COMLEY (1998) steht die Frage der Repräsentativität im Zentrum der Diskussion um die Brauchbarkeit von Online-Umfragen und Untersuchungen in Online-Panels.[11] Für HAHN/JERUSALEM (2003) ist die mangelhafte Repräsentativität das „*Killer-Argument gegen die Online-Forschung schlechthin.*"[12]

In einer Studie von SKOPOS bezeichnen 69% der befragten Unternehmungen die mangelhafte Repräsentativität von Onlinestudien als die Haupt-Schwäche der Online-Marktforschung.[13] In einer internationalen Befragung nannten sogar 83% der befragten Unternehmungen die mangelhafte Repräsentativität als die Hauptbarriere für die Nutzung des Internetkanals zum Zwecke der Marktforschung.[14]

Die Kernfrage in der Diskussion um die Repräsentativität von Online-Befragungen ist also die, ob die Befragungsergebnisse über die Gruppe der tatsächlich Befragten hinaus auf die interessierende Grundgesamtheit verallgemeinerbar sind, oder ob die Ergebnisse eben nur für die Gruppe der tatsächlich Befragten gelten.

MITOFSKY (1999) fasst das Problem wie folgt zusammen:

„Online data collection is worse than sampling telephone households in countries that have medium telephone penetration. The people recruited into panels are self-selected, with characteristics that differ from the target population. People on the internet do not represent the adult population of the country, and the internet panellists do not even represent people on the internet. At best, we end up with a large sample representing nothing but itself."[15]

Damit der Schluss von der Stichprobe auf die Grundgesamtheit möglich ist, muss die erhobene Stichprobe bezüglich der interessierenden Merkmale strukturell mit der

---

[10] ZERR (2003), S. 13.

[11] Vgl. GÖRITZ/MOSER (2000), S. 156 und COMLEY (1998), S. 8.

[12] HAHN/JERUSALEM (2003), S. 163.

[13] Vgl. KORFF (2000).

[14] Vgl. OXLEY/CARNOT (2001).

[15] MITOFSKY (1999), S. 24.

Grundgesamtheit übereinstimmen. Um repräsentative Ergebnisse zu erhalten, sind laut ZERR (2003) letztlich die beiden folgenden Grundbedingungen zu erfüllen:[16]

1. *Es muss festgelegt werden, für wen gewonnene Ergebnisse überhaupt stellvertretend sein sollen, d.h. was die interessierende Grundgesamtheit ist: Gesamtbevölkerung, Kaninchenzüchter, Faschingsmuffel. Dazu muss diese Grundgesamtheit in wichtigen, d.h. mit Blick auf das Untersuchungsziel verhaltens- oder einstellungsdifferenzierenden Merkmalen beschreib-, abgrenz- und medial erreichbar sein. Und nur in diesen Variablen muss Strukturgleichheit zwischen Stichprobe und Gesamtpopulation herrschen. Abweichungen bei Variablen, die das Verhalten oder die Einstellung NICHT beeinflussen, lassen keinen Rückschluss auf mangelnde Repräsentativität zu!*

2. *Die gewonnenen Ergebnisse müssen letztlich auf diese definierte Grundgesamtheit übertragbar sein. Ein direkteres und deshalb besseres Kriterium zur Beurteilung dieser Möglichkeit als der Verweis auf das verwendete Auswahlverfahren und eine Strukturgleichheit in der Standarddemografie ist ein Ergebnisvergleich erhobener mit validen sekundärstatistischen Daten bei wichtigen handlungsbegleitenden Variablen: Zeigen wesentliche handlungsleitende Größen (z.B. Anteil – Markenloyale zu Markenwechslern) eine Übereinstimmung, kann wohl Repräsentativität vermutet werden. Egal wie das Ergebnis zustande kam und auch wenn es Verzerrungen bei anderen, irrelevanten Größen geben mag.*

ZERR erwähnt hier einerseits einen sehr wichtigen Aspekt, welcher bei der Diskussion über Repräsentativität häufig außer Acht gelassen wird: Die Frage danach, wofür, respektive für welche Grundgesamtheit Repräsentativität gefordert wird. Zum anderen versteht er Repräsentativität nicht als absolute Eigenschaft einer Stichprobe für die interessierende Grundgesamtheit, sondern fasst die Repräsentativität merkmalsbezogen auf. In diesem Sinne ist eine Stichprobe nicht allgemein repräsentativ für eine bestimmte Grundgesamtheit, sondern sie ist genau dann repräsentativ bezüglich eines bestimmten Erhebungsmerkmals, wenn sie bezüglich eben dieses Merkmals strukturell mit der Grundgesamtheit übereinstimmt. Bei Vorliegen

---

[16] ZERR (2003), S. 14.

dieses Sachverhaltes ist der Schluss von der Stichprobe auf die interessierende Grundgesamtheit bezüglich dieses Erhebungsmerkmals möglich. Dieser Sachverhalt wird in Abbildung 1 graphisch veranschaulicht.

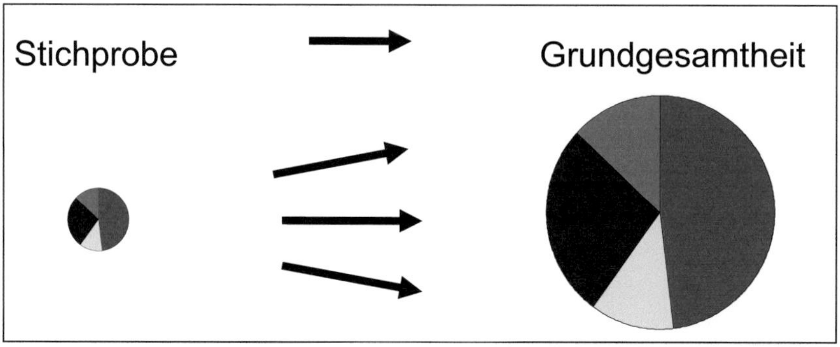

Abbildung 1: Anschauliche Darstellung der Repräsentativität einer Stichprobe für die Grundgesamtheit bezüglich eines Erhebungsmerkmals und seiner Ausprägungen

In der Abbildung 1 stimmt die Grundgesamtheit in der Zusammensetzung[17] bezüglich des interessierenden Erhebungsmerkmals mit der Stichprobe überein. Der Schluss von der Stichprobe auf die Grundgesamtheit ist in diesem Fall sinnvoll möglich.

Die Marktforschungspraxis kennt verschiedene Lösungsansätze, mit denen dem Problem mangelnder Repräsentativität von Online-Befragungen begegnet wird. So behaupten z.B. die Initiatoren der seit 2001 jährlich stattfindenden, nach eigenen Angaben größten deutschen Online-Umfrage „PERSPEKTIVE-DEUTSCHLAND“[18], das Repräsentativitäts-Problem mit der von ihnen dazu eigens entwickelten READ-Methode[19] als Synthese einer Online-Befragung mit einer klassisch durchgeführten Befragung gelöst zu haben. Die READ-Methode und auch

[17] Dargestellt als Kreisdiagramm.

[18] Vgl. PERSPEKTIVE-DEUTSCHLAND (2005).

[19] READ steht hierbei für REpresentatively ADjusted (vgl. PERSPEKTIVE-DEUTSCHLAND (2003) und PERSPEKTIVE-DEUTSCHLAND (2005)).

die weiteren Ansätze, welche die wissenschaftliche Methodenlehre und die Marktforschungspraxis hervorgebracht haben und welche von Markt- und Meinungsforschungsinstituten zum Umgang mit dem Repräsentativitäts-Problem von Online-Befragungen in der täglichen Praxis verfolgt werden, stoßen sowohl in der Marktforschungs-Branche als auch in der wissenschaftlichen Literatur auf heftige Kritik. LÜTTERS (2004) stellt bei der PERSPEKTIVE-DEUTSCHLAND-Umfrage aufgrund der angewandten Methodik zur Bereinigung der Ergebnisse generell die Aussagekraft der online erhobenen Daten in Frage:

„Bei der Betrachtung der erhobenen Daten drängt sich die Frage auf, welchen Erkenntniszuwachs die Online-Stichprobe von 170.000 Teilnehmern gegenüber der klassisch erhobenen Stichprobe erzeugt. "[20]

Zur Qualitätssicherung von Online-Befragungen wurde im Mai 2001 vom ARBEITSKREIS DEUTSCHER MARKT- UND SOZIALFORSCHUNGSINSTITUTE (ADM) eine Vereinbarung verabschiedet, welche vorsieht, dass selbstselektierte[21] Stichproben im Rahmen von Online-Befragungen als unzulässiges Verfahren der Rekrutierung gelten.[22] Die PERSPEKTIVE-DEUTSCHLAND-Umfragen erfüllen damit den von den Interessenvertretungen der deutschen Marktforschung geforderten Qualitätsstandard nicht.

Eine eingehende kritische Betrachtung der in der Methodenliteratur bekannten und in der Praxis angewendeten Verfahren und Ansätze zur Gewährleistung von Repräsentativität bei Online-Befragungen ist folglich notwendig.

Überdies ist der Begriff „Repräsentativität" weder in der Marktforschungsbranche noch in der wissenschaftlichen Literatur eindeutig und klar definiert. Der Aspekt der Repräsentativität und die damit verbundene Problematik finden in der gängigen Methodenliteratur eher selten Erwähnung. Betrachtet man die Standardwerke der Lehrbuchliteratur zur statistischen Metho-

---

[20] LÜTTERS (2004), S. 125f.

[21] Unter dem Begriff der „Selbstselektion" ist der Vorgang zu verstehen, dass sich die potentiellen Befragungsteilnehmer, nachdem Sie durch Werbemaßnahmen, Banner, Newsletter, etc. auf eine Befragung aufmerksam geworden sind, selbst zur Teilnahme an der Befragung selektieren und nicht z.B. in Form einer Zufallsstichprobe für die Teilnahme ausgewählt werden. Die Konsequenzen und Risiken, welche die Selbstselektion birgt werden in späteren Abschnitten ausführlich diskutiert (vgl. die Abschnitte 4.3.2 - 4.3.4).

[22] Vgl. ADM (2001).

denlehre, wird man das Stichwort „Repräsentativität“ in der Regel vergeblich suchen.[23] Auch in der Marktforschungspraxis wird das Problem mangelnder Repräsentativität häufig nicht thematisiert, oder es wird durch Bemerkungen wie „*Basis: Befragung von n repräsentativ ausgewählten Personen*“ das Vorhandensein einer passenden Methodik suggeriert, die eine problemlose Verallgemeinerung der Ergebnisse von der gezogenen Stichprobe auf die Grundgesamtheit ermöglicht.

POKROPP (1996) beschreibt die Situation und die damit einhergehende Problematik treffend:

„Der Begriff „Stichprobe“ gehört heute zum öffentlichen/ gesellschaftlichen/ politischen (etc...) Sprachgebrauch, und wenn er mit dem schmückenden Prädikat „repräsentativ“ einherstolziert, besteht die Gefahr, dass Ansprüche auf Glaubwürdigkeit angemeldet werden, die eher suggestiv als überzeugend sind. Streng genommen ist die Redeweise von der repräsentativen Stichprobe töricht. Es gibt viele Arten, Stichproben zu ziehen und folglich viele Möglichkeiten, aus Stichproben richtige (- oder auch falsche -) Schlüsse zu ziehen.“[24]

In ähnlich kritischer Weise bemerkt HAUPTMANNS (1999):

„Immer wieder findet sich in Befragungen, die mit Hilfe des Internet durchgeführt werden, der Hinweis, diese Umfrage sei ‚repräsentativ'. Repräsentativität ist so zu sagen ein ‚Gütesiegel' für eine Umfrage, und wer seine Ergebnisse verkaufen will, benötigt dieses Gütesiegel. Also vergibt man es sich selbst, leider im Falle der Internet-Umfragen i.d.R. unberechtigterweise.“[25]

Um die Problematik mangelhafter Repräsentativität von Online-Befragungen überhaupt in angemessener Weise bearbeiten zu können, sind eine klare Abgrenzung und eine eindeutige Definition des Repräsentativitäts-Begriffes sowie eine formale mathematisch-statistische Beschreibung des Problems ebenso zwingend notwendig wie die Identifikation der das Problem verursachenden Faktoren. Dabei ist zu differenzieren, inwieweit diese Faktoren ein alleiniges Problem der Online-Marktforschung darstellen und zu prüfen, welche dieser Ursachen sich auf die Einbindung des Internets in den Befragungsprozess zurückführen lassen.

---

[23] Vgl. LIPPE/KLADROBA (2002), S. 228.

[24] POKROPP (1996), S. 1.

[25] HAUPTMANNS (1999), S. 26.

1.2 Ziel der Untersuchung

Das Kernziel der Arbeit ist es, eine problemorientierte Lösung zur Verbesserung der Repräsentativität von Online-Befragungen zu finden. Es soll ein Verfahren entwickelt werden, welches die Verzerrungen reduziert, die sich aus dem komplexen Auswahlprozess bei Online-Befragungen ergeben.

Im Einzelnen soll das Problem von Verzerrungen und der daraus resultierenden mangelhaften Repräsentativität von Online-Befragungen formal definiert werden. Aus dieser Definition heraus sollen die notwendigen Anforderungen abgeleitet werden, die ein Lösungsansatz für das Problem erfüllen muss. Auf der Grundlage dieser Anforderungen soll ein adäquates Lösungsverfahren entwickelt werden. Es soll eine Anleitung zur Anwendung des zu entwickelnden Verfahrens in der Marktforschungspraxis gegeben werden. Die Anwendbarkeit des Verfahrens soll anhand von Simulations-Studien nachgewiesen werden.

Der Fokus der vorliegenden Arbeit liegt auf quantitativen[26] Befragungsmethoden und insbesondere der Online-Erhebung metrisch skalierter[27] und speziell quotientenskalierter[28] Merkmale. Die Methoden der traditionellen Marktforschung, qualitative[29] Erhebungsverfahren sowie die Sekundärforschung und andere Erhebungsformen neben der Befragung im

---

[26] ZERR (2003), S. 9 definiert den Begriff quantitativ wie folgt: „*Als quantitative Erhebungen gelten populationsbeschreibende Untersuchungen, bei denen es i. d. R. um die Gewinnung repräsentativer Aussagen über quantitative Merkmalsverteilungen in der interessierenden Grundgesamtheit geht. Die Beantwortung von ‚wie viel' oder ‚wie oft'-Fragen steht im Mittelpunkt. Entsprechende Forschungsdesigns basieren meist auf großen Stichproben, standardisierten und stark vorstrukturierten Erhebungsinstrumenten und inferenzstatistischen Auswertungen. Qualitative Erhebungen klären demgegenüber insbesondere ‚warum'-Fragen und verwenden dazu offene, stark interaktive und wenig strukturierte Erhebungsverfahren auf Basis eher geringer Fallzahlen.*"

[27] Hier ist metrisch skaliert im Sinne von BOMSDORF (2002a), S. 13f zu verstehen. Die Ausprägungen metrischer Merkmale werden digital (Zählvorgang) oder im Vergleich mit einer vorgegebenen Maßeinheit analog gemessen.

[28] Die Quotientenskala ist eine Unterform der metrischen Skala. Sie ist „*bestimmt dadurch, dass Reihenfolge Differenz und Verhältnis zweier Merkmalswerte definiert sind; [sie ist] invariant gegenüber ordnungserhaltenden ähnlichen Transformationen. Es existiert ein natürlicher Nullpunkt.*" (BOMSDORF (2002a), S. 14).

[29] Vgl. NOELLE-NEUMANN/PETERSEN (2000), S. 76ff. NOELLE-NEUMANN/PETERSEN unterscheiden zwischen quantitativen und qualitativen Befragungsmethoden derart, dass es sich bei der qualitativen Forschung um „*unstrukturierte oder mit Hilfe eines Gesprächsleitfadens halb strukturierte Intensiv-Interviews oder Gruppendiskussionen*" handelt, bei welchen die Ergebnisse nicht ausreichend standardisiert, nicht überprüfbar, nicht wiederholbar und nicht verallgemeinerbar sind. Dem gegenüber stehen die quantitativen demoskopischen Methoden, für welche die vorgenannten Eigenschaften im Gegensatz zu den qualitativen Methoden gelten. Vgl. auch Fußnote 26.

Rahmen der Online-Marktforschung, sowie die Betrachtung von lediglich ordinal oder nominal skalierten Merkmalen bilden keinen Schwerpunkt in der vorliegenden Arbeit und werden nur zu Vergleichszwecken thematisiert!

Der Gesamtaufbau der Arbeit wird im nächsten Abschnitt veranschaulicht.

1.3 Aufbau der Untersuchung

Das zweite Kapitel setzt die Online-Befragung als quantitative[30] Methodik in den Bezugsrahmen des übergreifenden Gebietes der Online-Marktforschung. Nach einer Einführung in den technologischen Kontext, der Entwicklung und den Nutzungsformen des Internets und des World Wide Webs folgt die Erläuterung der verwendeten Begriffe und Definitionen. Im Anschluss daran werden die Aufgaben, Entstehung und Entwicklung, Erscheinungsformen, Chancen und Potentiale und zuletzt die Risiken und Grenzen der Online-Marktforschung mit dem Fokus auf Online-Befragungen aufgezeigt.

Kapitel drei reflektiert den aktuellen Stand der Forschung. Die in der marktforscherischen Praxis verwendeten und in der Wissenschaft bekannten Lösungsansätze für das Repräsentativitäts-Problem von Online-Befragungen werden vorgestellt, diskutiert und bewertet.

Das vierte Kapitel betrachtet das Problem mangelhafter Repräsentativität von Online-Befragungen auf formaler mathematisch-statistischer Ebene. Der Begriff der Repräsentativität wird definiert, und die Hauptursachen des Problems mangelnder Repräsentativität von Online-Befragungen werden identifiziert, um auf deren Basis einen Lösungsansatz entwickeln zu können.

Im fünften Kapitel werden aus der mathematisch-statistischen Betrachtung des Problems aus Kapitel vier heraus Anforderungskriterien an einen Lösungsansatz formuliert. Auf dieser Grundlage aufbauend wird das Erreichbarkeitsrang-Verfahren als neuer Ansatz zur Lösung des Problems mangelnder Repräsentativität bei Online-Befragungen entwickelt. Eine Anlei-

[30] Vgl. die Fußnoten 26 und 29.

tung zur praktischen Anwendung des Verfahrens für die Marktforschungspraxis wird in Form eines Lernprozesses zur kontinuierlichen Verbesserung des Verfahrens gegeben.

Das Kapitel sechs beschreibt die Prüfung der notwendigen Voraussetzungen, der generellen Anwendbarkeit sowie der Grenzen des vorgestellten Lösungsansatzes anhand von Monte-Carlo-Simulationen.

Das siebte Kapitel zeigt die Konsequenzen auf, welche sich aus den in der vorliegenden Arbeit gewonnenen Erkenntnissen für die Online-Marktforschung ergeben.

Im achten Kapitel werden die Ergebnisse der Arbeit noch einmal zusammengefasst und rückblickend kritisch betrachtet.

Einen visuellen Überblick über den Aufbau der Arbeit liefert die folgende Abbildung 2.

1 Einleitung

- Problemstellung
- Forschungsbedarf
- Zielsetzung
- Aufbau

2 Einführung in die Online-Marktforschung

Entwicklung von Internet und WWW
Grundlagen der Online-Marktforschung:
- Definition und Begriffsklärung
- Aufgaben und Ziele
- Entstehung und Entwicklung
- Erscheinungsformen
- Chancen und Risiken

3 Stand der Forschung zum Umgang mit dem Repräsentativitäts-Problem bei Online-Befragungen

- Beschreibung, Bewertung und Vergleich der in Theorie und Praxis bekannten Lösungsansätze
- Fazit

4 Repräsentativität von Online-Befragungen

- Mathematisch-statistische Grundlagen
- Definition des Repräsentativitäts-Begriffs
- Mathematisch-statistische Formulierung des Repräsentativitäts-Problems
- Ursachen des Repräsentativitäts-Problems
- Fazit

5 Neuer Lösungsansatz: Das Erreichbarkeitsrangverfahren

- Anforderungskriterien
- Kernidee des Ansatzes
- Formale Definition
- Praktische Anwendung als Lernprozess
- Kritische Betrachtung

6 Monte-Carlo-Simulation zur Überprüfung der Anwendbarkeit des Verfahrens

- Grundlagen der Monte-Carlo-Simulation
- Gütekriterien für Schätzer
- Aufbau und Durchführung der Simulation
- Zusammenfassung der Simulations-Ergebnisse

7 Konsequenzen für die Online-Marktforschung

8 Zusammenfassung und kritische Reflexion

Abbildung 2: Aufbau der Arbeit

Das folgende Kapitel bildet mit einer Einführung in die Online-Marktforschung das thematische Fundament und den inhaltlichen Bezugsrahmen der vorliegenden Arbeit.

> „Statistik ist für mich das Informationsmittel der Mündigen.
> Wer mit ihr umgehen kann, kann weniger leicht manipuliert werden.
> Der Satz "Mit Statistik kann man alles beweisen" gilt nur für die Bequemen,
> die keine Lust haben, genau hinzusehen."
> (ELISABETH NOELLE-NEUMANN)

2 Einführung in die Online-Marktforschung

2.1 Die Entwicklung des Internets und des World Wide Webs (WWW)

Das **Internet** in seiner heutigen Form hat seinen Ursprung im ARPANet. Das ARPANet war ein Projekt der Advanced Research Project Agency des amerikanischen Verteidigungsministeriums und entstand im Jahr 1969.[31] Dieses Computernetzwerk wurde ohne zentrale Leitstelle entwickelt. Es sollte die Anforderung erfüllen, dass selbst durch einen Ausfall einzelner Teile z.B. aufgrund eines Nuklearangriffes die Funktionsfähigkeit des Gesamtnetzes nicht beeinträchtigt würde. So sollte im Ernstfall die Möglichkeit der Kommunikation aufrechterhalten werden.[32] Voraussetzung hierfür war die Entwicklung einer gemeinsamen Computersprache, über welche alle am Netz angeschlossenen Rechner miteinander Informationen und Daten austauschen konnten. Anfang der 1970er Jahre wurden hierzu verschiedene Protokolle entwickelt. Deren Sammlung nennt sich Transmission Control Protocol/Internet Protocol (TCP/IP).[33] Die Datenübertragung erfolgt hierbei in einzelnen Datenpaketen. Diese werden vom TCP einzeln nummeriert, so dass die vollständige und fehlerfreie Übertragung kontrolliert werden kann. Das IP versieht jedes Paket mit Absende- und Zieladresse. Jedes Datenpaket wählt dann seinen eigenen Weg durchs Internet. Mit Hilfe der Nummerierung werden die Daten auf dem Zielrechner auf Vollständigkeit geprüft und in die korrekte Reihenfolge gebracht.[34]

[31] Zur Entwicklung des ARPANets vgl. BERRES (1997), S. 7 und VON DER OELSNITZ/MÜLLER (1996), S. 7.

[32] Vgl. JASPERSEN/LANGE (1996), S.33f.

[33] Vgl. KRONENBERG (1997), S. 34f.

[34] Vgl. LAMPE (1996), S. 28f.

Später wurde das ARPANet um universitäre Netzwerke erweitert und Schritt für Schritt immer offener gestaltet.[35] Unter der Bezeichnung Internet wird heute üblicherweise die Gesamtheit aller Netzwerke verstanden, welche über TCP/IP erreichbar sind. Das Internet ist als offenes und global verteiltes System konzipiert.[36] Eine exakte Abgrenzung ist daher schwierig, da die Betreiber anderer Netzwerke über so genannte Gateways (Schnittstellen zwischen verschiedenen Netzen oder Protokollen) auch den Zugang zu Internet-Diensten ermöglichen können.

Die bekanntesten Dienste des Internets sind das World Wide Web (WWW) und E-Mail. Neben diesen beiden gibt es noch eine Reihe weiterer Dienste wie zum Beispiel FTP, Telnet, Newsgroups, Usenet oder Mailing-Listen. Einen Überblick über die gebräuchlichsten Internet-Dienste liefern SCHELLER/BODEN/GEENEN (1994).[37]

Die Entwicklung des multimedialen[38] Internet-Dienstes **World Wide Web (WWW)** 1989 am CERN[39] in Genf legte den Grundstein für die heutige Popularität des Internets. Häufig werden die Begriffe Internet und WWW synonym gebraucht. Per Definitionem ist mit dem Begriff Internet wie oben beschrieben das physikalische Netzwerk gemeint. Unter dem World Wide Web ist ein spezieller Dienst zu verstehen, der auf der Plattform Internet angeboten wird.

Das WWW ermöglicht über die einfache Darstellung von Text hinaus auch die Einbindung von Bildern, Grafiken, Animationen, Tönen und weiterer multimedialer Inhalte.[40] Basis jeder Darstellung dieser Inhalte ist die Seitenbeschreibungssprache HYPER-TEXT MARKUP

---

[35] Vgl. BERRES (1997), S. 7 und FEIL/FEIL (1996), S. 66.

[36] Vgl. GRÄF (1999), S.43f. Einen Überblick über die Entwicklung des Internet und speziell der Online-Dienste in Deutschland liefern PETERS/CLEMENT (1999), S.20ff.

[37] Vgl. SCHELLER/BODEN/GEENEN (1994), S. 47f.

[38] Der Begriff Multimedia wurde geprägt, um neuartige Präsentationsformen zu beschreiben, welche mit mehreren audiovisuellen Medien gleichzeitig arbeiten (vgl. ZBINDEN (1993), S. 52 und STEINBRINK (1995), S. 312). Heute ist der Begriff in unmittelbarer Verbindung mit der elektronischen Datenverarbeitung gebräuchlich und steht für den Prozess der Synthese einer Vielzahl unterschiedlicher Informationsträger (vgl. MEYER (1994), S. 307 und FINK/MEYER/WAMSER (1995), S. 468). Bezeichnend für die große Bedeutung des Begriffes für die gesamtgesellschaftliche Entwicklung ist die Wahl von „Multimedia" zum Wort des Jahres 1995 (vgl. PRADEL (1997), S. 66 und BRUHN (1997), S. V).

[39] Europäisches Laboratorium für Teilchenphysik.

[40] Vgl. WOLF/FROITZHEIM/WEBER (1996) und ELLSWORTH/ELLSWORTH (1995), S. 225.

LANGUAGE (HTML).[41] Den Grundstein hierfür legte im Jahr 1993 das National Center for Supercomputing Application (NCSA) mit der Veröffentlichung von NCSA Mosaic als erstem Web-Browser[42], der die gemeinsame Darstellung von Bildern, Grafiken und Text im Internet erlaubte. Dieser Schritt machte den schnellen Aufstieg des Mediums und seinen kommerziellen Erfolg möglich.[43]

Die Dokumentenstruktur im WWW basiert auf der nichtlinearen Verbindung von Hyper-Texten, die es ermöglicht, durch einen einfachen Mausklick auf einen so genannten Hyperlink[44] zum nächsten Dokument zu gelangen. Hierdurch ist die Abfrage der Informationsangebote auch für Anfänger leicht zu erlernen, so dass für die Nutzung des WWW kaum technische Vorkenntnisse erforderlich sind.[45]

Programmiersprachen wie z.B. JAVA oder XML erweitern und verbessern fortlaufend die Möglichkeiten der Informationsabfrage und –darstellung im WWW und ergänzen die sich ständig weiter entwickelnde HTML-Sprache.[46]

Eine detaillierte Beschreibung des Internet-Dienstes WWW liefert z.B. SCHADE (1997).[47]

---

[41] Vgl. BERNERS-LEE ET AL. (1994), S. 76 und SCHWICKERT (1997), S. 168f.

[42] Als Web-Browser bezeichnet man die Software, welche zum Betrachten der WWW-Dokumente und zur Nutzung weiterer Internet-Dienste notwendig ist (Vgl. JASPERSEN/LANGE (1996), S. 48 und BERTHON/PITT/WATSON (1996), S. 44). Der Begriff leitet sich vom englischen Wort ‚to browse' ab, was soviel heißt wie „durchblättern". KUHLEN (1991), S. 20 beschreibt den Ausdruck „Browsing" mit „Suchen", „Stöbern" und „Navigieren".
Bekannte Web-Browser sind z.B. Netscape Navigator, Microsoft-Internet-Explorer, Opera oder Mozilla-Firefox.

[43] Vgl. WERNER/STEPHAN (1997), S.1f.

[44] Ein Hyperlink (kurz: Link) bezeichnet einen Text oder eine Grafik, die einem Querverweis ähnlich auf ein anderes Web-Dokument hinweist. Durch einen Mausklick auf den Link gelangt man direkt auf das entsprechende Ziel-Dokument, auf welches verwiesen wird (vgl. SCHWICKERT (1997), S. 168).

[45] Vgl. MUSCH (1997), S. 42.

[46] Vgl. ALPAR (1998), S. 98ff.

[47] Vgl. SCHADE (1997), S.78ff.

2.2 *Die Internet-Nutzung von Privatpersonen in Deutschland*

Seit Einführung der ersten Web-Browser Mitte der 1990er Jahre ist die Zahl der Internet-Nutzer stetig gewachsen. Laut einer aktuellen Studie der Forschungsgruppe Wahlen zu den Strukturdaten des Internets besitzen im zweiten Quartal 2006 zwei Drittel aller Deutschen ab 18 Jahre einen Internet-Anschluss.[48]

Einen Überblick über die Entwicklung der Anzahl der Internet-Anschlüsse in Deutschland seit 1999 gibt die Abbildung 3.

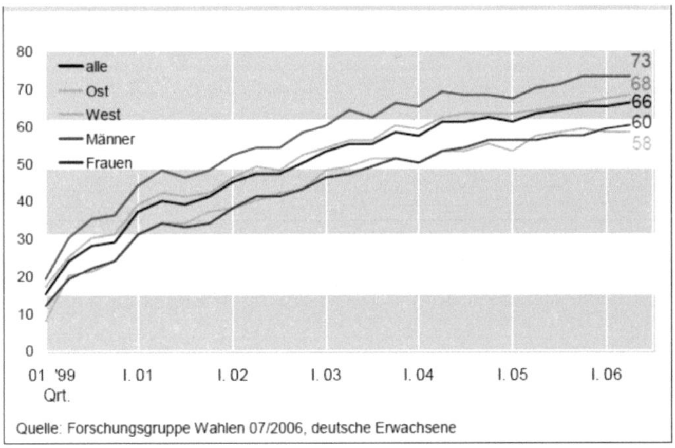

Abbildung 3: Anteil Internet-Anschlüsse aller Deutschen über 18 Jahre seit 1999 in Prozent

Quelle: FORSCHUNGSGRUPPE WAHLEN ONLINE (2006), S. 1

In der Abbildung ist die stetig steigende Verbreitung des Internets in Deutschland in den letzten Jahren deutlich erkennbar. Seit 1999 hat sich die Zahl der Anschlüsse mehr als verdreifacht. Aktuell verfügen mit 66 Prozent etwa zwei Drittel der deutschen Bevölkerung über 18 Jahre über einen Internet-Anschluss.

[48] Vgl. FORSCHUNGSGRUPPE WAHLEN ONLINE (2006), S. 1.

Die Potentiale des Internets als Wachstumsmarkt werden auch auf Unternehmerseite wahrgenommen, wie aus einer Umfrage zum Thema Internet-Nutzung und E-Commerce in deutschen Unternehmungen von SZYPERSKI/VON KORTZFLEISCH/KUTSCH (2002)[49] hervor geht. Dies wird in der folgenden Abbildung 4 deutlich, welche die Einschätzung des Internet-Umsatzes aus Sicht der Unternehmungen im Jahr 2002 und für die folgenden Jahre zeigt.

[49] Vgl. SZYPERSKI/VON KORTZFLEISCH/KUTSCH (2002), S. 18ff.

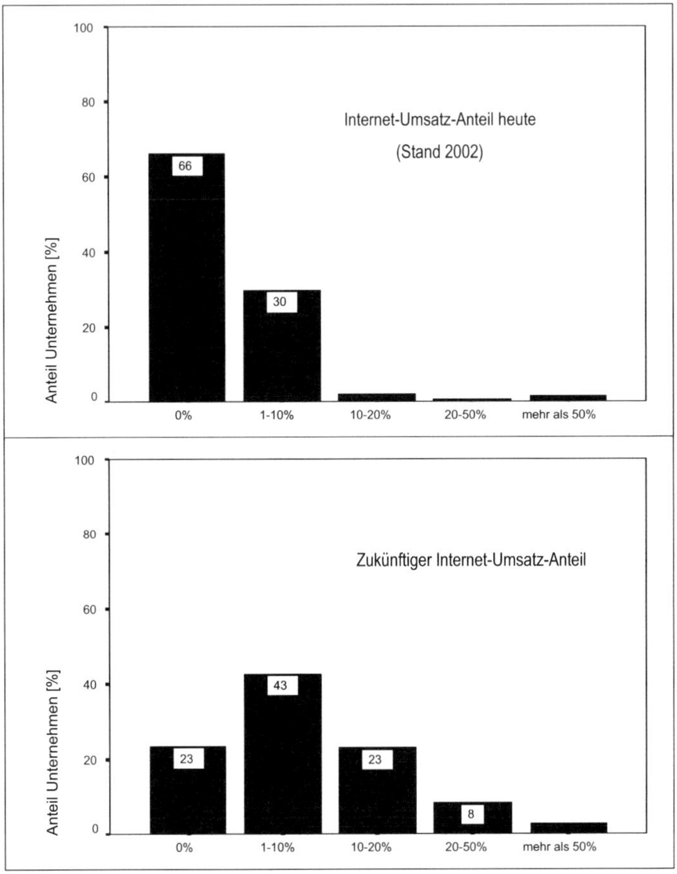

Abbildung 4: Einschätzung des Internet-Umsatz-Anteils am Gesamt-Umsatz heute und in den nächsten drei Jahren in deutschen Unternehmungen (Stand 2002)
Quelle: SZYPERSKI/VON KORTZFLEISCH/KUTSCH (2002), S. 22

In der Abbildung 4 ist erkennbar, dass im Jahr 2002 zwei Drittel der Unternehmungen keinen Umsatz im Internet gemacht haben, dass jedoch der im Internet erwartete Umsatz-Anteil am Gesamt-Umsatz in den folgenden Jahren ein deutliches Wachstum aufweist. Der starke

Anstieg des Umsatzes im Internet in den letzten Jahren wird auch in einer von CHIP XONIO durchgeführten Studie deutlich.[50]

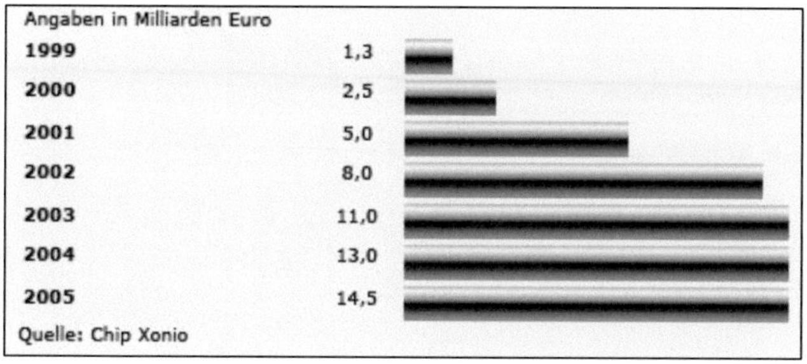

Abbildung 5: E-Commerce im Einzelhandel – Jahres-Umsatz in Deutschland
Quelle: CHIP XONIO (2006)

Die Abbildung 5 zeigt, dass der Umsatz im Internet in den letzten Jahren stetig gewachsen ist und sich seit 1999 mehr als verzehnfacht hat. Im Jahr 2005 betrug der Umsatz im Online-Handel in Deutschland 14,5 Mrd. Euro.

Bei der Betrachtung des Nutzungsverhaltens zeigt sich, dass das Marktpotential des Internets noch keineswegs ausgeschöpft ist. Einen Überblick über die verschiedenen Nutzungsarten des Internets beinhaltet die Abbildung 6.

[50] Vgl. CHIP XONIO (2006).

Abbildung 6: Nutzungsarten des Internets

Quelle: FORSCHUNGSGRUPPE WAHLEN ONLINE (2006), S. 2

In der Abbildung 6 zeigt sich, dass bereits 70% der Internet-Nutzer das Internet zum Zweck von Preisvergleichen nutzen. Lediglich 59% wickeln den Einkauf von Produkten und Dienstleistungen jedoch tatsächlich über das Internet ab. Dieser Sachverhalt zeigt zum einen deutlich die noch vorhandenen Wachstumspotentiale im E-Commerce. Zum anderen ist ersichtlich, dass das Internet schon jetzt eine wichtige Rolle bei Kaufentscheidungen spielt, auch wenn die eigentliche Kaufabwicklung nicht online stattfindet.

2.3 Grundlagen der Online-Marktforschung

2.3.1 Definition und Begriffsklärung

Der Begriff **Online-Marktforschung** ist in der wissenschaftlichen Literatur nicht eindeutig definiert. Die Online-Marktforschung ist eine aufgrund der technischen Entwicklung noch verhältnismäßig junge Sonderform der klassischen Marktforschung, welche sich vorwiegend mit dem Internet als Online-Medium befasst.

In der Methodenliteratur der empirischen Wirtschafts- und Sozialforschung finden sich für die Begriffe **Marktforschung** und **Marketingforschung** viele inhaltlich gleichbedeutende klassische Definitionen verschiedener Autoren.[51] Viele Autoren sehen keinen grundsätzlichen Unterschied zwischen der Markt- und der Marketingforschung und benutzen die beiden Begriffe synonym.[52]

Es lassen sich die folgenden inhaltlichen Kernpunkte bei den Definitionen von Markt- und Marketingforschung identifizieren: Zum einen liegt der Fokus der Definitionen auf der Art und Weise des Vorgehens bei der Markt-Erforschung, d.h. der strategisch, systematisch, wissenschaftlichen Erhebung von Daten über Märkte. Ein weiterer Schwerpunkt der Definitionen liegt auf den Aufgaben und Zielen der Marktforschung als unmittelbare Entscheidungsgrundlage für Entscheidungsprobleme im Bereich des Marketings. Die folgende Definition von BÖHLER (1992) beinhaltet sämtliche dieser Kernpunkte und soll deshalb im Rahmen der vorliegenden Arbeit als Definition des Begriffes der Marktforschung dienen:

---

[51] Vgl. z.B. SALCHER (1978), S.16, LEHMANN (1985), S.3, CHURCHILL (1987), S. 10, GREEN/TULL (1982), S. 4, KOTLER/BLIEMEL (1995), S. 143 und BERNDT (1992), S. 113.

[52] Vgl. HÜTTNER (1989), S. 1. MEFFERT (2000), S. 93 differenziert zwischen Marktforschung und Marketingforschung wie folgt: „*Zusammenfassend kann Marketingforschung als die systematische Suche, Sammlung, Aufbereitung und Interpretation von Informationen, die sich auf alle Probleme des Marketing von Gütern und Dienstleistungen beziehen, definiert werden. Vom Begriff der Marketingforschung kann der Begriff der Marktforschung abgegrenzt werden. Marktforschung ist die systematisch betriebene Erforschung der Märkte (Zusammentreffen von Angebot und Nachfrage), insbesondere die Analyse der Fähigkeit dieser Märkte, Umsätze hervorzubringen.*“ Eine Illustration dieser Unterscheidung findet sich bei MEFFERT (1992), S. 16.

*„**Marktforschung** ist die systematische Sammlung, Aufbereitung, Analyse und Interpretation von Daten über Märkte und Marktbeeinflussungsmöglichkeiten zum Zwecke der Informationsgewinnung für Marketing-Entscheidungen.“*[53]

Der Begriff „**online**“ ist in der wissenschaftlichen Methodenliteratur nicht eindeutig definiert. KLINGER/SEGERT (2006) definieren den Begriff wie folgt:

„Wer mit dem Internet verbunden ist und E-Mails abruft, surft, chattet oder in Newsgroups stöbert, ist online. Der Begriff ‚Online-Sein' ist eine qualitative Steigerung, der über die Tätigkeiten, die der Anwender verrichtet, hinausgeht. Er drückt aus, dass das Internet zum Alltag gehört und auf breiter gesellschaftlicher Ebene an Bedeutung gewonnen hat.“[54]

Das AMERICAN NATIONAL STANDARD INSTITUTE (ANSI) fasst den Begriff **online** weniger populistisch unter folgende eher technisch orientierte Definition:

„A computer system that is part of, or embedded in, a larger entity, such as a communications system, and that interacts in real or near-real time with the entity and its users.”[55]

Entsprechend ist auch der Begriff **Online-Marktforschung** in der wissenschaftlichen Literatur nicht eindeutig definiert. Das Wort „online“ ist überdies nicht ganz treffend. Unter den Begriff Online-Marktforschung fällt nicht ausschließlich im strengen Sinne online[56] durchgeführte Marktforschung, sondern auch offline betriebene Marktforschung, bei welcher das Internet z.B. lediglich zum Versenden von Fragebögen genutzt wird.[57] Zutreffender wäre daher vielmehr der Begriff „Internet-Marktforschung“ für sämtliche Aktivitäten der Marktforschung, in die das Internet eingebunden ist.

---

[53] BÖHLER (1992), S.17.

[54] KLINGER/SEGERT (2006).

[55] ANSI (2006).

[56] „Online“ ist hier im Sinne der Definition des ANSI (2006) zu verstehen.

[57] Befragungen, bei denen der Fragebogen in elektronischer Form via E-Mail verschickt wird, sind streng genommen nicht „online“ sondern vielmehr mit Befragungen vergleichbar, bei denen der Fragebogen per Post auf Diskette verschickt wird. Die eigentliche Befragung findet nicht im WWW statt, der Fragebogen wird nicht online ausgefüllt, sondern „offline“. Lediglich zur Beförderung der Fragebögen wird das Internet genutzt. Auch solche Befragungen werden als Online-Befragungen bezeichnet und fallen in das Gebiet der Online-Marktforschung.

Der Begriff Online-Marktforschung wurde zu einer Zeit geprägt, als das Wort „online“ im populistischen Sprachgebrauch nahezu synonym für „im Internet“ verwendet wurde.[58] So heißt die Gesellschaft, welche sich in Deutschland maßgeblich mit der wissenschaftlichen Erforschung des Internets beschäftigt, DEUTSCHE GESELLSCHAFT FÜR ONLINE-FORSCHUNG (DGOF)[59] und deren jährlich stattfindende internationale Fachkonferenz und Kongressmesse heißt GENERAL ONLINE RESEARCH (GOR)[60]. Die Mailing-Liste der DGOF hingegen heißt German Internet Research-List (GIR-L).[61]

Da sich in der wissenschaftlichen Literatur und in der Marktforschungspraxis der Begriff „Online-Marktforschung“ durchgesetzt hat,[62] werden in der vorliegenden Arbeit durchgängig die Bezeichnungen Online-Marktforschung und Online-Befragung[63] verwendet. Online-Marktforschung ist dabei im Sinne der folgenden Definition des ARBEITSKREISES DEUTSCHER MARKT- UND SOZIALFORSCHUNGSINSTITUTE (ADM) zu verstehen, welche den gesamten Bereich der „echt“ online durchgeführten Marktforschung, sowie alle unter Einbeziehung des Internets stattfindende Marktforschung einschließt:

„*Es handelt sich dabei* [bei der **Online-Marktforschung**] *um Befragungen, bei denen die Teilnehmer einen Fragebogen*

- *auf dem Server des Forschungsinstituts oder eines Providers mittels Internet online ausfüllen,*
- *vom Server mittels Internet herunterladen und per E-Mail zurücksenden oder*
- *in eine E-Mail integriert zugeschickt bekommen und auf die gleiche Weise zurücksenden.*

---

[58] Vgl. auch die Definition des Begriffes “online” von KLINGER/SEGERT (2006) weiter oben im Text.

[59] Vgl. DGOF (2006). Die DGOF definiert **Online-Forschung** als „*in erster Linie jegliche Art von Forschung, deren Gegenstand oder Mittel das Internet ist. Zur Online-Forschung im weiteren Sinne zählt die D.G.O.F. jedoch auch Forschung mittels oder über andere Formen der mobilen Kommunikation.*“

[60] Vgl. GOR (2006).

[61] Vgl. GIR-L (2006).

[62] Vgl. z.B. THEOBALD, DREYER, STARSETZKI (2001), LÜTTERS (2004), LESCHER (1995), HOFMANN, STEINMEYER, PAUL (2001), HECKEL, KEMMERZELL (2001), GROSSNICKLE, RASKIN (2001), GÖRITZ, BATINIC, MOSER (2000), oder ADM (2001).

[63] Online-Befragungen und ihre Unterformen werden im Kapitel 2.3.5.2.2 näher erläutert und differenziert.

– *Diese Befragungstechniken können sowohl bei ad-hoc durchgeführten Einmal-Befragungen als auch bei Folge- oder Wiederholungs-Befragungen (einschließlich Access-Panels) zum Einsatz kommen und bei einzelnen Untersuchungen zum Teil miteinander kombiniert werden.*“[64]

Im nächsten Abschnitt werden die Aufgaben und Ziele der Marktforschung im Allgemeinen und damit insbesondere der Online-Marktforschung als ein Spezialgebiet der Marktforschung näher betrachtet.

2.3.2 Aufgaben und Ziele der Marktforschung

Erfolgreiche Marktforschung ist ein zentrales Fundament für den Erfolg von Unternehmungen. Sie bildet eine entscheidende Grundlage für die strategische und operative Planung einer Unternehmung. Jede zu treffende Entscheidung hat andere Anforderungen an Art, Inhalt und Qualität der benötigten Informationen. Erst auf deren Grundlage können Alternativen bewertet und schließlich Strategien bestimmt werden.[65] Marktforschung spielt unter anderem eine wichtige Rolle als Informationslieferant für die Preis- und Produktpolitik, sowie für die Entwicklung von Unternehmungsstrategien anhand von Konkurrenz- und Positionierungsanalysen.

---

[64] ADM (2001). Diese Definition von Online-Marktforschung stimmt inhaltlich weitestgehend mit der folgenden Definition der englischen MARKET RESEARCH SOCIETY (MRS) des Begriffs **Internet Research** überein. „*Internet Research is defined as research in which a respondent – either on a single occasion or as part of a panel – is involved in any of the below;*
- *Completing a questionnaire Online via the Internet on a server belonging to the Research Agency or a provider.*
- *Downloading a questionnaire from a server on the Internet and returns it by E-Mail.*
- *Receiving the questionnaire incorporated into an E-Mail and returns it in the same way.*
- *Participating in an online qualitative interview or discussion.*
- *Taking part in a measurement system which tracks web usage using specialist software installed on the user's computer.*" (Vgl. MRS (2006), S. 3).

[65] Vgl. AAKER/KUMAR/DAY (1998), S.1ff.

Als Grundaufgabe der Marktforschung kann die Deckung des aktuellen bzw. zukünftig zu erwartenden Informationsbedarfs für Marketingentscheidungen definiert werden.[66] Die Aufgaben der Marktforschung im Einzelnen sind in Abbildung 7 aufgeführt.

Innovationsförderung:	Erkennen von Chancen und Trends
Frühwarnung:	Erkennen von Risiken
Intelligenzverstärkung:	Unterstützung der Willensbildung in der Unternehmungsführung
Unsicherheitsreduktion:	Präzisierung und Objektivierung bei der Entscheidungsfindung
Strukturierung der Planung:	Förderung des Verständnisses bei den Lernprozessen der Marketingplanung
Selektionsfunktion:	Selektion der relevanten Informationen aus der Gesamtheit des Informationsangebotes

Abbildung 7: Aufgaben der Marktforschung

Quelle: MEFFERT (2000), S. 96

2.3.3 Marktforschung als Prozess

Bei der Betrachtung der Marktforschung als Prozess lassen sich verschiedene Phasen voneinander abgrenzen. Die Bezeichnung der einzelnen Phasen wird in der wissenschaftlichen Literatur unterschiedlich vorgenommen.[67]

---

[66] Vgl. MEFFERT (1992), S. 177.

Der Ablauf des Marktforschungsprozesses lässt sich nach MEFFERT (1974) wie folgt beschreiben:[68]

1. ***Problemdefinitions- bzw. Designphase:***
   Es wird zunächst definiert, worin das Entscheidungs-/Marketingproblem besteht.

2. ***Informationsgewinnungsphase:***
   Das Untersuchungsproblem und die Anforderungen an Art, Menge und Qualität der Informationen bestimmen die Auswahl des erhebungstechnischen Instrumentariums, mit dem die Daten gewonnen werden sollen.

3. ***Informationsverarbeitungsphase bzw. Phase der Informationssynthese:***
   Die gewonnenen Basisinformationen sind zu verarbeiten, auszuwerten, zu interpretieren und zu dokumentieren.

4. ***Kommunikationsphase:***
   Die Informationen sind je nach Grundgesamtheit beziehungsweise Entscheidungsinstanz selektiert, komprimiert und mit entsprechenden Interpretationen versehen an die Entscheidungsträger weiterzuleiten.

Die unmittelbaren Stärken der Online-Marktforschung liegen dabei in der Informationsgewinnungs- und in der Informationsverarbeitungsphase.[69]

Der nächste Abschnitt beschreibt die Entwicklung der Online-Marktforschung von den Anfängen der traditionellen Marktforschung bis heute.

2.3.4 Ursprung, Entstehung und Entwicklung der Online-Marktforschung

Die traditionelle Marktforschung hat sich von einer naiven Marktumschau in der Antike über Volkszählungen und Steuerschätzungen im römischen Reich, sowie der ersten bewussten und

[67] Vgl. z. B. KAMENZ (2001), S. 10f., BÖHLER (1992), S. 24, KUß (2001), S. 58, BEREKOVEN/ECKERT/ELLENRIEDER (2001), S. 34f. oder MALHORTA/BIRKS (2000), S. 16.

[68] MEFFERT (1974), S. 10f.

[69] Vgl. BÖHSENZ (1999), S. 38f.

konsequenten Markterfassung zu Zeiten der Fugger bis hin zur ersten systematischen, organisierten Markterforschung im 19. Jahrhundert entwickelt.[70]

Einen Abriss der Entwicklung der Marktforschung im letzten Jahrhundert liefert die Abbildung 8. Diese Entwicklung ist im Wesentlichen geprägt durch den Einzug der elektronischen Datenverarbeitung (EDV) sowie der Einführung neuer Informations- und Kommunikationstechnologien.

Zeitraum	Methodik
vor 1910	direkte Beobachtung, einfache Umfrage
1910 – 1920	Verkaufsanalyse, einfache Kostenanalyse
1920 – 1930	Strukturierte Fragebögen, Untersuchungs-Techniken
1930 – 1940	Stichprobenauswahl nach Quoten-Verfahren, einfache Korrelationsanalyse, Distributionskostenanalyse, Absatzmessung im Einzelhandel
1940 – 1950	Stichprobenauswahl nach der Wahrscheinlichkeits-methode, Regressionsmethoden, Methoden der folgernden Statistik, Verbraucher- und Handelspanels
1950 – 1960	Motivationsforschung, Operation-Research, multiple Regressions- und Korrelationsanalyse, experimentelles Design, Methoden der Einstellungsmessung
1960 – 1970	Faktoren- und Diskriminanzanalyse, mathematische Modelle, Bayes'sche statistische Analyse und Entscheidungstheorie, Skalierungstheorie, computerisierte Datenverarbeitung und -analyse, Marketingsimulation, Informationsspeicherungs- und –zugriffssyteme
1970 – 1980	multidimensionale Skalierung, ökonometrische Modelle, umfassende Marketing-Planungsmodelle, Testmarketing mit Simulationslabor, Multiattribut-Attitüden-Modelle
ab 1980	Conjoint-Measurement, Trade-off-Analyse, kausale Strukturgleichungssyteme (z.B. LISREL), computergestützte Befragungsverfahren, Scanning, kanonische Korrelationsanalyse

Abbildung 8: Entwicklung der Marktforschung im 20. Jahrhundert

Quelle: KOTLER/BLIEMEL (1995), S. 146

[70] Als eigentlicher Erfinder der konsequenten Marktforschung, welche bezüglich der Prinzipien, Inhalte und Zielsetzungen in Grundzügen vergleichbar ist mit der modernen Auffassung von Marktforschung, lässt sich das Augsburger Handelshaus der Fugger ausmachen (vgl. KAMENZ (2001), S. 16).

Bereits seit Ende der 1960er Jahre begann die Integration von Computertechnologien in die Marktforschung. Die Zeitspanne bis in die 1980er Jahre hinein wird als die „Early Days" des Computereinsatzes in der Marktforschung bezeichnet.[71] Der Fokus des Einsatzes von Rechnern in der Marktforschung beschränkte sich zu dieser Zeit ausschließlich auf die Datenauswertung.[72] Erst einige Jahre später entdeckte die computergestützte Marktforschung den Einsatz von Rechnern auch für die Datenerhebung.[73] Ursprünglich diente der Computer dabei als unterstützendes Instrument bei persönlich-mündlichen Befragungen und im Rahmen von Telefoninterviews. Das CATI (Computer Aided Telephone Interview) ist neben der Online-Befragung die heute wohl bedeutendste Form der computergestützten Befragungen.[74]

Im Jahr 1986 prognostizierte das WALL STREET JOURNAL, dass professionelle Interviewer möglicherweise bald gänzlich überflüssig würden, da Computer ihren Platz einnehmen könnten.[75] Manche äußerten die Vorstellung, innerhalb von zehn Jahren werde es nur noch diese interviewerfreie Form der Datenerhebung geben. Auch wenn ein Computer die wesentlichen Funktionen eines Interviewers übernehmen kann,[76] so war diese Vorstellung aus heutiger Sicht überzogen.

Die eigentliche Erschließung der Online-Marktforschung hat erst im Jahr 1995 begonnen. In diesem Jahr führten NIELSENMEDIA und COMMERCENET eine erste große Vergleichsstudie zwischen Telefon- und Webbefragung durch.[77] Seitdem finden Online-Befragungen in organisierter Form im WWW statt.[78] 1996 folgte die erste wissenschaftliche Veröffentlichung, die sich mit dem Internet als Erhebungsinstrument beschäftigte.[79] Nachdem zunächst technische

---

[71] Vgl. ROSENFELD ET AL. (1996), S. 272.

[72] Vgl. ROUGHTON (1997), S. 119 sowie KUß (1985), S. 12.

[73] Vgl. JECK-SCHLOTTMANN/NEIBECKER (1994), S. 2.

[74] Vgl. ZOU (1999), S. 44ff.

[75] Vgl. FEINSTEIN (1986), S. 37.

[76] Vgl. SARIS (1991), S. 9ff.

[77] Vgl. NESBARY (2000), S. 50f.

[78] Vgl. BIRNBAUM (2001), S. 9.

[79] Vgl. WELCH/KRANTZ (1996).

Aspekte im Blickpunkt der Forschung standen, rückte ab 1998 mehr und mehr die Methodik in den Betrachtungsfokus.[80]

Da die Themen von Online-Erhebungen zu Beginn hauptsächlich das Internet selbst betrafen, in Form von Befragungen für die IT-Branche, Bewertungen von Webseiten etc., fielen die ersten Resultate im methodischen Bereich als Nebenprodukte anderer inhaltlicher Forschungsschwerpunkte an.[81]

Seit Ende der 1990er Jahre hielt die netzbasierte Datenerhebung neben dem Gebiet der Marktforschung auch in weitere Anwendungsgebiete wie der Soziologie und Psychologie Einzug,[82] als diese Disziplinen ebenfalls die Asynchronität, Alokalität, Automatisierbarkeit und Flexibilität als deren Vorteile für sich entdeckten.[83]

Der Sektor der reinen Online-Marktforschung steckt allerdings noch immer in seinen Anfängen.[84] Nach der Pionierarbeit einer Reihe kleinerer Institute[85] entdecken seit dem Jahr 2000 auch die großen Marktforschungsinstitute den Bereich der Online-Marktforschung nach und nach für sich.[86]

Der Anteil der Online-Marktforschung an der gesamten Marktforschung ist in den letzten Jahren stetig gewachsen. Trotz des noch vergleichsweise jungen Alters dieses Bereiches lag laut ADM sein mengenmäßiger Marktanteil im Jahr 2004 bereits bei 16%.[87] Hierzu ist zu bemerken, dass im ADM hauptsächlich die traditionellen Marktforschungsinstitutionen vertreten sind. Die Angaben des ADM sollten daher nur als eine eher vorsichtige Schätzung betrachtet werden. Einen Überblick über die aktuelle Entwicklung des Online-Bereiches in der Marktforschung im Vergleich mit den traditionellen Methoden laut ADM liefert die Abbildung 9.

---

[80] Vgl. KOTTLER (1998), S. 2.

[81] Vgl. ALPAR (1999), S. 17.

[82] Vgl. BATINIC (1997) und BATINIC/WERNER/GRÄF/BANDILLA (1999).

[83] Vgl. BATINIC/BOSNJAK (1997b).

[84] Vgl. LÜTTERS (2004), S. 24.

[85] Hierbei handelte es sich meist um Universitätsausgründungen, welche den Fokus weniger auf kommerzielle Interessen als auf die Erforschung der wissenschaftlichen Grundlagen der Online-Marktforschung legen.

[86] Häufig in Form von Eigengründungen (z.B. mmxi von GfK, nielsen.netratings oder emind@emnid). Siehe hierzu auch BOGNER (1996), S. 9.

[87] Vgl. ADM (2004).

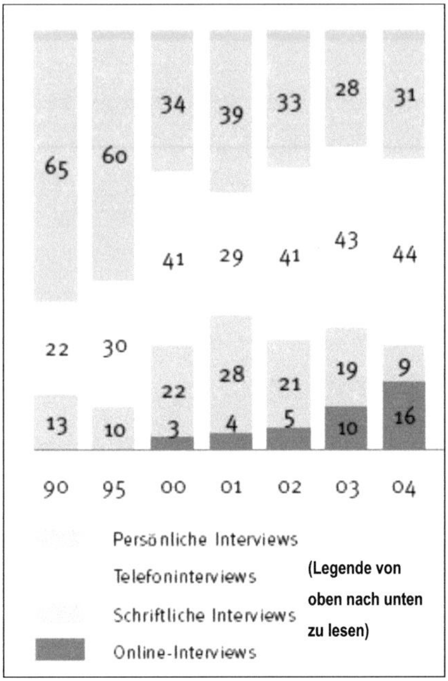

Abbildung 9: Entwicklung der Befragungsarten in der Marktforschung von 1990 bis 2004 (Angaben in Prozent)
Quelle: ADM (2004), S. 15

2.3.5 Erscheinungsformen der Online-Marktforschung

Die Online-Marktforschung lässt sich genauso wie die traditionelle Marktforschung klassifizieren und nach verschiedenen Formen und Bereichen unterteilen.

Von der rein technologischen Sichtweise her betrachtet existiert im Internet für nahezu jedes traditionelle Verfahren der Marktforschung eine entsprechende „online" Umsetzungsmöglichkeit.[88]

Eine Übersicht über die Klassifikation der Online-Marktforschung bietet die folgende Abbildung 10.

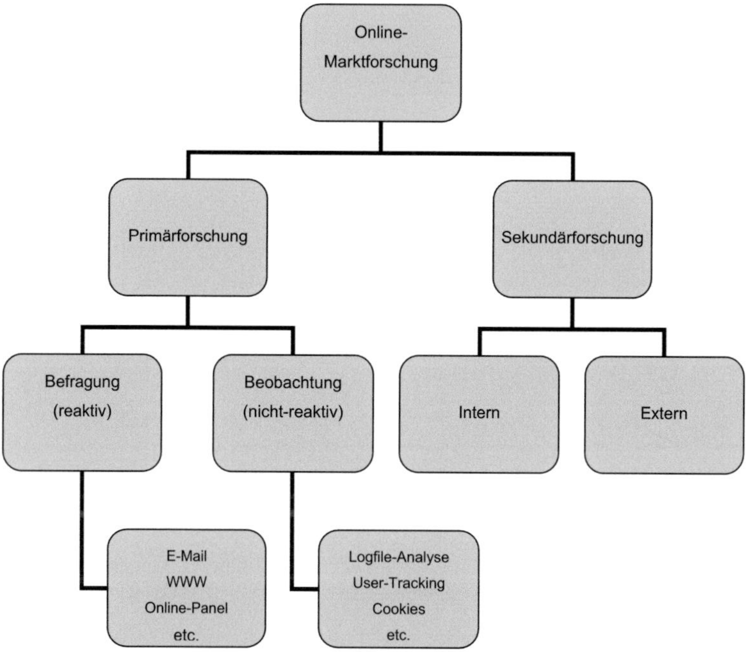

Abbildung 10: Möglichkeiten der Datenerhebung in der Online-Marktforschung
Quelle: In Anlehnung an HOEPNER (1994), S. 5, ZOU (1999), S. 222 und BATINIC/BOSNJAK (1997)

[88] Vgl. GÖRITZ/BATINIC/MOSER (2000), S. 187.

Nach Art der Informationsgewinnung ist bei der Online-Marktforschung wie bei der traditionellen Marktforschung zwischen Sekundär- und Primärforschung zu differenzieren.[89] Die **Sekundärforschung** hat die Beschaffung, Zusammenstellung und Analyse anderweitig bereits vorhandenen Materials zur Aufgabe. Demgegenüber wird bei der **Primärforschung** der Informationsbedarf durch Erhebungen im Markt gedeckt.[90]

In der Primärforschung ist die Befragung von der Beobachtung zu unterscheiden. Die **Beobachtung** wird als die von Personen oder technischen Hilfsmitteln vollzogene systematische Erfassung von sinnlich wahrnehmbaren Sachverhalten zum Zeitpunkt ihres Geschehens verstanden.[91] Eine weiter gefasste Unterscheidung der Primärforschung ist die Einteilung der Primärforschung in reaktive und nicht-reaktive Verfahren.[92] Der Bereich der **nicht-reaktiven Verfahren** ist dadurch charakterisiert, dass die Erhebungen unbemerkt vom Probanden stattfinden.[93] Demgegenüber sind sich die Probanden bei den **reaktiven Verfahren** über die Aufzeichnung ihres Verhaltens bewusst und dementsprechend beeinflusst bei der Erhebung.[94] Damit gehören zu den nicht-reaktiven Verfahren neben der Beobachtung klassischerweise auch Inhaltsanalysen und Feldexperimente,[95] während unter die reaktiven Verfahren alle Formen der Befragung fallen.

2.3.5.1 Sekundärforschung in der Online-Marktforschung

Wie im vorangegangenen Abschnitt erwähnt, ist unter dem Begriff Sekundärforschung die Beschaffung, Zusammenstellung und Auswertung bereits vorhandenen Datenmaterials zu verstehen.[96] Hierzu können unternehmungs-interne wie –externe Daten genutzt werden. Als

---

[89] Vgl.BEREKHOFEN/ECKERT/ELLENRIEDER (2001), S. 42 u. S. 49.

[90] Vgl. MEFFERT (2000), S. 145.

[91] Vgl. BECKER (1973), S. 6.

[92] Unter Reaktivität ist der Einfluss des Messvorgangs auf die Reaktionen von Versuchspersonen zu verstehen (vgl. SCHNELL/HILL/ESSER (1995), S. 377).

[93] Vgl. JECK-SCHLOTTMANN/NEIBECKER (1994), S. 32.

[94] Vgl. WIEDMANN/BUXEL (2003), S. 532.

[95] Vgl. SCHNELL/HILL/ESSER (1995), S. 377f.

[96] Vgl. BÜNING ET AL. (1981), S. 67ff.

interne Quellen kommen z.B. Daten aus der Kostenrechnung oder Buchhaltung in Betracht. Externe Quellen für die Sekundärforschung sind z.B. die Daten der statistischen Landes- und Bundesämter, öffentliche Datenbanken, Veröffentlichungen von Marktforschungsinstituten, Daten von Wirtschaftsverbänden, Industrie- und Handelskammern etc.

Das Internet kann als interne sowie externe Quelle dienen. Die Nutzung des Internets zur Beschaffung interner Daten ist z.B. sinnvoll, wenn diese aus ausländischen Unternehmungsbereichen beschafft werden sollen. Auch als externe Quelle ist das Internet für die Marktforschung von großem Nutzen. Die Zusammenführung der Computertechnologie mit der Kommunikationstechnologie eröffnet der Sekundärmarktforschung völlig neue Dimensionen.[97] Durch das kontinuierliche Wachstum des Internets und die stetig steigende Anzahl an Veröffentlichungen im Netz ist das Internet zu einem bedeutenden Informationslieferanten sowohl für Theoretiker als auch für Praktiker geworden.[98]

Der Vorteil der Sekundärforschung liegt in den geringen Kosten und der schnellen Verfügbarkeit der Daten. Es lassen sich grundsätzlich zwei Vorgehensweisen bei der Datenbeschaffung unterscheiden. Es besteht zum einen die Möglichkeit, die benötigten Daten in frei verfügbaren Datenbanken und Informationsangeboten selbst zu recherchieren. Zum anderen bietet das Internet den Zugriff auf kommerzielle Informationsdienste.[99] Diese bieten einerseits den Vorteil eines erheblich geringeren Zeitaufwands gegenüber einer selbst durchgeführten Recherche. Überdies sind die Daten solcher Anbieter zumeist verlässlicher als selbst recherchierte Daten aus womöglich weniger zuverlässigen Quellen.[100]

Trotz der Vielfalt verfügbarer Sekundärinformationen und ihrer Einsatzmöglichkeiten sind der Sekundärforschung Grenzen gesetzt, insbesondere hinsichtlich der Vergleichbarkeit der Informationen unterschiedlicher Quellen, der Genauigkeit der Information, des Detail-

---

[97] Vgl. ZOU (1999), S. 16 und OENICKE (1996), S. 47.

[98] Vgl. MALHORTA/BIRKS (2000): S. 121.

[99] Einen Überblick über kommerzielle Informationsdienste für die Sekundärforschung im Internet bieten z.B. ZÖCHLING-GOLLUBITS/HOLD (2002).

[100] Vgl. THEOBALD (1998).

lierungsgrades und des Umfangs der erforderlichen beziehungsweise verwendbaren Informationen, weshalb meist auf Primärforschung zurück gegriffen werden muss.[101]

Überdies hat sich der Forschungsschwerpunkt heute von der Sekundärforschung hin zur Primärforschung im Bereich der Online-Marktforschung verlagert. In der vorliegenden Arbeit liegt der Fokus auf Online-Befragungen und damit auf dem Gebiet der Primärforschung. Deshalb wird die Sekundärforschung hier lediglich der Vollständigkeit halber thematisiert.[102]

2.3.5.2 Primärforschung in der Online-Marktforschung

Bei der **Primärforschung** wird der Informationsbedarf durch Erhebungen im Markt gedeckt.[103] Auch in der Online-Marktforschung lässt sich wie in der traditionellen Marktforschung die nicht-reaktive Beobachtung von der reaktiven Befragung abgrenzen.[104] Diese Erhebungsformen werden in den folgenden Abschnitten im Einzelnen betrachtet.

2.3.5.2.1 Methoden der Beobachtung

Unter der Beobachtung wird in der Primärforschung die von Personen oder technischen Hilfsmitteln vollzogene systematische Erfassung von sinnlich wahrnehmbaren Sachverhalten zum Zeitpunkt ihres Geschehens verstanden.[105]

Je nach Ziel und Gegenstand der Untersuchung werden folgende Varianten der Beobachtung unterschieden:

---

[101] Vgl. BEREKOVEN/ECKERT/ELLENRIEDER (2001), S. 47f.

[102] Weitere Vertiefungen über die Sekundärforschung im Bereich der Online-Marktforschung bieten z.B. ROSENTHAL (1998), oder LESCHER (1995).

[103] Vgl. MEFFERT (2000), S. 145.

[104] Vgl. MEFFERT (2000), S. 145, SCHNELL/HILL/ESSER (1995), S. 377, JECK-SCHLOTTMANN/NEIBECKER (1994), S. 32, sowie WIEDMANN/BUXEL (2003), S. 532.

[105] Vgl. BECKER (1973), S. 6.

Hinsichtlich der Form der Wahrnehmung wird die **persönliche** von der **unpersönlichen Beobachtung** durch Beobachtungsgeräte unterschieden.[106]

Bei der **nicht teilnehmenden Beobachtung** beschränkt sich der Beobachter auf die Wahrnehmung der Aktionen der zu beobachtenden Personen, während er sich bei der **teilnehmenden Beobachtung** mit den zu beobachtenden Personen auf einer Ebene bewegt.[107]

Feldbeobachtungen finden in der gewohnten Umgebung der beobachteten Personen, z.B. zu Hause, auf der Straße oder im Geschäft, statt, während **Laborbeobachtungen** sich künstlich geschaffener Situationen bedienen, welche die Erfassung und Kontrolle komplexer Beobachtungsfelder ermöglichen.[108]

Der Hauptvorteil der Beobachtung besteht darin, dass die Geschehnisse unabhängig von der Auskunftsbereitschaft der Versuchspersonen und ohne Interviewereinfluss während ihres spontanen Vollzugs festgehalten und dabei gleichzeitig die spezifischen Umweltsituationen erfasst werden.[109] Dennoch tritt je nach Bewusstseinsgrad der Beobachtung ein Beobachtungseffekt auf, der erhebliche Verzerrungen verursachen kann.[110]

Im Rahmen der Online-Marktforschung ist die Beobachtung auf das Surf- und Nutzungsverhalten der Internet-Nutzer ausgerichtet. Die Beobachtung wird als die ursprünglichste Technik der Datenerhebung angesehen, da es hierbei eine unmittelbare Nähe der Informationsgewinnung zum Forschungsobjekt gibt.[111] Jeder Internet-Nutzer hinterlässt Spuren auf den von ihm besuchten Webseiten, welche in Form von so genannten **Log-Files** gespeichert werden. In diesen Protokoll-Dateien werden z.B. als Informationen über den Nutzer seine IP-Adresse, der verwendete Browser, Datum und Uhrzeit des Zugriffs, aufgerufene Seiten, angeforderte

---

[106] Vgl. HÜTTNER (1979), S. 54f.

[107] Vgl.HAMMANN/ERICHSON (2000), S. 118.

[108] Vgl.BECKER (1973), S. 47ff.

[109] Vgl. MEFFERT (2000), S. 155.

[110] Vgl. PEPELS (1995), S. 216.

[111] Vgl. SCHNELL/HILL/ESSER (1995), S. 355.

Dateien, Downloads, ausgeführte Operationen, die zuvor besuchte Webseite, Verweildauer auf jeder Seite usw. protokolliert und festgehalten.[112]

Zur Auswertung von Log-Files steht eine Vielzahl von Analyseprogrammen zur Verfügung. Mit ihrer Hilfe lässt sich der Weg verfolgen, den ein Internet-Nutzer über eine oder verschiedene Webseiten zurücklegt. Die Protokollierung und Nachverfolgung dieses so genannten **„Clickstream“**[113] wird auch als **„Tracking“** oder **„User-Tracking“** bezeichnet.[114] Hiermit lässt sich z.B. der gesamte Kaufprozess eines Besuchers in einem Online-Shop nachvollziehen. So lässt die Analyse der vor der Kaufentscheidung betrachteten Produkte Rückschlüsse auf die für die Kaufentscheidung relevanten Produktmerkmale zu.

Das Instrumentarium der Online-Beobachtungen bietet eine Fülle neuer Möglichkeiten, das Verhalten von Internet-Nutzern zu analysieren. Im Zusammenspiel mit Befragungen lassen sich z. B. Zeitmessungen im Hintergrund der Befragung durchführen, welche Rückschlüsse auf die Verweildauer bei jeder einzelnen Frage zulassen und damit zusätzliche Hinweise auf das Antwortverhalten des Befragten geben.

Für einen vertiefenden Einblick in die Thematik von Beobachtungen im Rahmen der Online-Marktforschung sei auf die entsprechende Literatur verwiesen.[115]

2.3.5.2.2 Methoden der Befragung

In der vorliegenden Arbeit richtet sich der Fokus auf den Bereich der Befragung als Methodik zur Datengewinnung. Die **Befragung** ist die am weitesten verbreitete und wichtigste Informationsgewinnungsmethode im Marketing.[116] Eine Befragung kann (im Rahmen des

---

[112] Vgl. JANETZKO (1999), S. 180.

[113] Vgl. BUCKLIN ET AL. (2002), S. 246.

[114] Vgl. GROSSNICKLE/RASKIN (2001), S. 392ff.

[115] Vgl. z.B. WIEDMANN/BUXEL (2001), sowie BUXEL (2002).

[116] Vgl. HOLM (1975) und SCHÄFER/KNOBLICH (1978), S. 276.

Methodenspektrums der traditionellen Marktforschung) entweder in schriftlicher, mündlicher (persönlicher) oder telefonischer Form erfolgen.[117]

Ziel und Aufgabe von Befragungen bestehen darin, ausgewählte Personen zu bestimmten und vorgegebenen Sachverhalten Auskunft geben zu lassen. Damit können Befragungen für zahlreiche Marketing-Problemstellungen eingesetzt werden. Sie dienen der Erfassung sowohl des beobachtbaren Verhaltens als auch nicht unmittelbar beobachtbarer Einstellungen, Meinungen und Verhaltensweisen.[118]

Die Vor- und Nachteile der schriftlichen, telefonischen und mündlichen (persönlichen) Befragung sind in Tabelle 1 zusammengefasst.

Befragung	Vorteile	Nachteile
schriftlich	Ein großes **räumliches Gebiet** kann abgedeckt werden. Es entstehen **niedrige Kosten**, d.h. zumindest dann, wenn die zu befragende Stichprobe durch ein besonderes Interesse am Befragungsgegenstand gekennzeichnet ist und somit eine gewisse Rücklaufquote zu erwarten ist. Es entfallen die **Beeinflussungsmöglichkeiten** durch den Interviewer.	Es können nur die Personen in die Befragung einbezogen werden, deren **postalische Adresse** bekannt ist. Die **Rücklaufquoten** bzw. Erfolgsquoten liegen in der Regel nur zwischen 5 bis 30 Prozent und sind damit erheblich geringer als beispielsweise bei mündlichen Befragungen. Der **Fragenumfang** ist stärker limitiert und die Anwendung bei bestimmten (z. B. tabuisierten) Themenstellungen grundsätzlich wenig erfolgversprechend. Es ist nicht sicherzustellen, dass die in die Stichprobe einbezogene und angesprochene Person den Fragebogen selbst ausfüllt, wodurch gegebenenfalls die **Repräsentativität** der Stichprobe nicht mehr gewährleistet werden kann. Weiterhin lässt sich die **Reihenfolge der Beantwortung der Fragen**, sowie der Zeitpunkt der Befragung nicht kontrollieren, und die situativen Verhältnisse sowie deren mögliche Auswirkungen auf die Beantwortung sind unbekannt.[119]

[117] Vgl. BEREKHOFEN/ECKERT/ELLENRIEDER (2001), S. 93ff.

[118] Vgl.MEFFERT (2000), S. 155.

[119] Vgl. HAFERMALZ (1976).

telefonisch	Die telefonische Befragung ist sehr **kurzfristig einsetzbar**. Die **Kosten** sind **geringer** als bei der mündlichen Befragung.	Aufgrund der Anonymität des Fragenden sind nur bestimmte Befragungsthemen möglich, wobei auf Fragen mit umfangreichen Antwortkategorien verzichtet werden muss und optische Hilfen bei der Beantwortung nicht gegeben werden können.[120]
mündlich (persönlich)	Es besteht eine **hohe Erfolgsquote** und eine damit verbundene Repräsentativität der Ergebnisse. Der **Fragebogenumfang** und –inhalt unterliegt vergleichsweise geringen Einschränkungen. Das **befragungstaktische Instrumentarium** kann insbesondere im Hinblick auf die Frageformen und die Fragenreihenfolge voll zur Anwendung gelangen. Die **Befragungssituation** lässt sich in bestimmten Grenzen **kontrollieren**. Es können **zusätzliche Informationen** wie z. B. ergänzende Beobachtungen hinsichtlich der Spontaneität der Beantwortung oder auftretende emotionale Reaktionen gewonnen werden.	Es entstehen hohe Kosten Durch die Interviewersituation bzw. den Interviewereinfluss können Verzerrungsgefahren entstehen. Die Person des Interviewers sowie Ort und Zeit des Interviews führen in Abhängigkeit vom Befragungsgegenstand zu mehr oder weniger starken Auswirkungen auf den sozialen Interaktionsprozess zwischen Interviewer und Befragten. Je nach dem Grad der Beeinträchtigung innerhalb der sozialen Situation des Interviews sind ergebnisverzerrende Verhaltensreaktionen und Anpassungsmechanismen beim Befragten zu erwarten.[121]

Tabelle 1: Vor- und Nachteile der schriftlichen, telefonischen und mündlichen Befragung

Quelle: MEFFERT (2000), S. 156

2.3.5.2.2.1 Online-Fokus-Gruppen

Fokus-Gruppen oder auch Gruppen-Diskussionen sind den Methoden der qualitativen[122] Marktforschung zuzurechnen[123] und seien an dieser Stelle der Vollständigkeit halber erwähnt. Der Schwerpunkt der vorliegenden Arbeit liegt auf den quantitativen[124] Methoden der Befragung. Daher werden Online-Fokus-Gruppen hier nur kurz thematisiert.

---

[120] Vgl. GROVES/KAHN (1979) und STROBEL (1983).

[121] Vgl. ATTESLANDER/KNEUBÜHLER (1975).

[122] Vgl. Fußnote 29.

[123] Vgl. EPPLE/HAHN (2003) S. 298.

[124] Vgl. Fußnote 26.

Traditionelle Gruppen-Diskussionen dienen zur Studie von Veränderungen in Meinung oder Verhalten im Rahmen der Gruppendynamik von Kleingruppen.[125] Sie eignen sich besonders für explorative Studienphasen und können als Voruntersuchung für weitere quantitative Untersuchungen genutzt werden.[126]

In den Anfängen der Online-Marktforschung wurden Chaträume von Marktforschungsinstituten zur qualitativen Forschung genutzt. Nach und nach wurden Softwarepakete entwickelt, welche die Umsetzung von Fokus-Gruppen-Diskussionen im Internet ermöglichen.[127]

Die Vorteile von Online-Fokus-Gruppen gegenüber traditionellen offline Fokus-Gruppen liegen in ihrem Kosten- und Schnelligkeitsvorsprung sowie ihrer räumlichen Flexibilität.[128] YOFFIE/ANZALONE (1995) bemerken hierzu:

„*As marketing researchers we have a responsibility to constantly explore new ways of gathering data and not to be bound by traditional research methods. The on-line focus group should be viewed as one more useful and cost-effective research tool, particularly when we want to talk to lots of people, to hard-to-search respondents, and to those who are geographically dispersed. It is a powerful qualitative data collection technique which can help us to understand what our customers are thinking.*"[129]

2.3.5.2.2.2 E-Mail-Befragungen

Der wesentliche Unterschied zwischen E-Mail-Befragungen und WWW-Befragungen besteht darin, dass bei E-Mail-Befragungen der Fragebogen in der E-Mail selbst versandt, ausgefüllt und zurückgeschickt wird, während der Fragebogen bei WWW-Befragungen per Browser

[125] Vgl. FUCHS-HEINRITZ ET AL. (1995).

[126] Vgl. GÖRTZ (2001), S. 153.

[127] Vgl. SWEET (1999).

[128] Vgl. MACELROY (1999).

[129] YOFFIE/ANZALONE (1995).

direkt im WWW bearbeitet wird. Aufgrund dieses Merkmals weisen E-Mail-Befragungen eine starke Ähnlichkeit mit postalischen Befragungen auf.[130]

Um eine E-Mail-Befragung durchführen zu können, müssen die E-Mail-Adressen sämtlicher Teilnehmer vorliegen. Deshalb ist die E-Mail-Befragung lediglich auf geschlossene Benutzergruppen (z.B. Kundendatenbanken, Mitarbeiterverzeichnisse etc.) anwendbar.

Dem Vorteil, dass die ausgewählten Befragungsteilnehmer alle durch ihre E-Mail-Adressen eindeutig identifiziert sind und damit gezielt nachgefasst werden kann und die Rücklaufquoten exakt bestimmbar sind, steht der Nachteil eines geringen Interaktions- und Automatisierungsgrades gegenüber. Die Ergebnisse müssen erst aus den zurück erhaltenen E-Mails in die Ergebnisdatenbank übertragen werden. Überdies ist es in E-Mails nicht wie in WWW-Befragungen möglich, interaktive Elemente einzusetzen, Bearbeitungszeiten zu messen oder Abbruchstellen zu lokalisieren etc. Aus diesem Grund sind echte WWW-Befragungen die häufigste Art der reaktiven Datenerhebung im Internet.[131] Diese werden im folgenden Abschnitt näher erläutert.

2.3.5.2.2.3 WWW-Befragungen

WWW-Befragungen besitzen gegenüber E-Mail-Befragungen den Vorteil, dass der Fragebogen direkt auf einer Webseite im WWW abrufbar ist und ausgefüllt wird. Hierdurch bieten sie ein weit größeres Spektrum an Gestaltungsmöglichkeiten und kommen überdies prinzipiell auch ohne die Kenntnis der E-Mail-Adressen aller Befragungsteilnehmer aus.

Befragungen im WWW werden häufig fälschlicherweise mit Online-Befragungen auf eine Stufe gestellt, und die Begriffe Online-Befragung und WWW-Befragungen werden synonym verwandt. WWW-Befragungen stellen neben anderen Arten wie zum Beispiel die oben genannten E-Mail- oder die Online-Fokus-Gruppen-Befragung jedoch lediglich eine Unterklasse der Online-Befragungen dar. Diese Vermischung der Begriffe ist möglicherweise eine Folge der Tatsache, dass eine genaue Abgrenzung der WWW-Befragung zu anderen Online-Befra-

[130] Vgl. HAUPTMANNS (1999), S. 23 und ROSENTHAL (1998), S. 135.

[131] Vgl. BOSNJAK ET AL. (1998).

gungsformen schwierig ist. BATINIC (2001) bemerkt hierzu, dass einer Befragung im WWW häufig Einladungen per E-Mail vorausgehen und der Begriff WWW-Befragung daher nicht genügend trennscharf z.B. gegenüber der E-Mail-Befragung ist.[132]

In der vorliegenden Untersuchung wird der Begriff der WWW-Befragung für alle im World Wide Web durchgeführten Befragungen verwendet, unabhängig davon, ob die Befragten vorab per E-Mail zur Teilnahme eingeladen, in Newsgroups, per Bannerwerbung oder als Mitglieder eines Online-Panels[133] für die Befragung rekrutiert wurden. Kennzeichnend für die WWW-Befragung ist damit, dass der Fragebogen im Internet als Webseite als HTML-Dokument[134] oder in vergleichbarer Form vorliegt und von den Befragten „online“[135] mittels eines Browsers[136] abgerufen und bearbeitet wird.

Zur genaueren Differenzierung der verschiedenen Arten der WWW-Befragung sei auf den Ansatz zur Klassifizierung von WWW-Befragungen nach Art der Teilnehmerrekrutierung von THEOBALD (2000) verwiesen. THEOBALD unterscheidet dabei zwischen der ungezielten Ansprache im WWW, der ungezielten sowie der gezielten Ansprache in anderen Medien und der Befragung von Panels.[137] Unter der **ungezielten Ansprache im WWW** ist dabei die Gewinnung von Teilnehmern für die Befragung entweder über ein (*single-link*[138]) oder mehrere (*multi-link*[139]) an geeigneter Stelle im WWW (z.B. auf der Kaufabwicklungsseite eines Online-Shops etc.) platzierte Banner zu verstehen, welche die potentiellen Teilnehmer über einen Link zur Befragungsseite führen. Ebenso fallen unter die ungezielte Ansprache Methoden der zufallsgesteuerten Ansprache wie dem N Viz®-Verfahren.[140]

---

[132] Vgl. BATINIC (2001), S. 96.

[133] Online-Panels fällt eine Sonderstellung im Rahmen von WWW-Befragungen zu. Sie werden deshalb unter Punkt 2.3.5.2.2.4 in einem eigenen Abschnitt ausführlich behandelt.

[134] Vgl. BERNERS-LEE ET AL. (1994), S. 76 und SCHWICKERT (1997), S. 168f.

[135] Vgl. zur Definition des Begriffes „online“ Abschnitt 2.3.1.

[136] Vgl. Fußnote 42.

[137] Vgl. THEOBALD (2000), S. 25ff.

[138] Vgl. ebenda, S. 35.

[139] Vgl. ebenda, S. 31.

[140] Vgl. Abschnitt 3.1.5.

Der Einsatz der Single-Link-Methode erleichtert die Fokussierung der Befragung auf eine bestimmte Grundgesamtheit[141] (z.B. durch die Platzierung des Banners auf einer Hobbygärtner-Webseite). Die Multi-Link-Methode bietet sich hingegen an, wenn eine möglichst heterogene Teilnehmergruppe angesprochen werden soll.[142] Die zufallsgesteuerte Ansprache soll durch die Integration von Zufallsauswahlverfahren in die Teilnehmerrekrutierung den Effekt der Verzerrung der Stichprobe verringern.[143]

Die **ungezielte Ansprache in anderen (Online-)Medien** erfolgt nicht über Banner im WWW, sondern z.B. über Ankündigungen in Mailing-Listen, Newsgroups, Newslettern oder Rundmails, gestaltet sich jedoch von den sonstigen Eigenschaften her abgesehen vom Wechsel des Mediums völlig analog zur ungezielten Ansprache im WWW.

Die **gezielte Ansprache** einzelner Personen **in anderen Medien** erfolgt durch zufällige Auswahl der potentiellen Befragungsteilnehmer aus vorliegenden Listen und Verzeichnissen (z.B. Kundendatenbank, Mitgliederverzeichnisse, etc.) und gezielte Einladung zur Teilnahme an der WWW-Befragung per E-Mail, Post, Fax oder Telefon.[144]

In der Klassifikation von WWW-Befragungen nach COUPER (2000) fällt damit die gezielte Ansprache in anderen Medien per Zufallsauswahl in die Klasse der wahrscheinlichkeitsbasierten Methoden („probability-based methods“), welche im Unterschied zu den nicht wahrscheinlichkeitsbasierten Methoden auch höheren Qualitätsansprüchen an die Erhebungsmethode genügen.[145] COUPER kategorisiert als qualitativ hochrangigste Art der WWW-Befragung die Befragung eines vorrekrutierten Panels.[146]

Allgemein lässt sich die WWW-Befragung aufgrund der nachfolgend erläuterten **Vorteile** als die zentrale Online-Erhebungsmethode identifizieren.

---

[141] Vgl. THEOBALD (2000), S. 35.

[142] Vgl. PITKOW/KEHOE (1996), BREITER (1997), S. 136, sowie REIPS (2000).

[143] So wird z.B. beim N Viz®-Verfahren in Anlehnung an einer klassischen Zufallsauswahl nur jeder *n*-te Besucher einer Webseite zur Teilnahme an der Befragung eingeladen (Vgl. PFLEIDERER (1997), PFLEIDERER (2003), S. 386, sowie Abschnitt 3.1.5).

[144] Vgl. FROST (1998), S. 225.

[145] Vgl. COUPER (2000), S. 476ff.

[146] Die Sonderform der Befragung von Online-Panels wird im folgenden Abschnitt 2.3.5.2.2.4 ausführlich behandelt.

Neben dem in Abschnitt 2.3.6 noch näher erläuterten Aspekt der „Self-Administration“,[147] welcher den Vorteil der Reduktion von Interviewereinflüssen mit sich bringt,[148] bietet die WWW-Befragung dem Befragungsteilnehmer einen hohen Grad an Anonymität,[149] was die Ehrlichkeit der Antworten deutlich erhöht.[150]

Die Besonderheit der Synthese von Merkmalen schriftlicher und mündlicher Befragungsformen[151] durch die Kombination eines hohen Standardisierungsgrades in Verbindung mit den Möglichkeiten der Online-Kommunikation ist das herausragende Charakteristikum von WWW-Befragungen.[152] Durch die Interaktion zwischen dem Befragungsteilnehmer und dem WWW-Fragebogen wird die Kommunikation bei der WWW-Befragung auf eine völlig neue Ebene gehoben.[153] GROSSNICKLE/RASKIN (2001) umschreiben diese Eigenschaft so: „*Online Research that is conducted via the Web combines the strength of mail surveys with the dynamic nature of a phone survey*“.[154]

Überdies zeichnet sich die WWW-Befragung sowohl bei der Erstellung, als auch bei der Durchführung und Auswertung durch eine hohe Schnelligkeit bei verhältnismäßig niedrigen Kosten aus. Mit geeigneter Software zur Erstellung von Fragebögen im WWW lassen sich innerhalb von Minuten auch komplexe Internet-Fragebögen generieren und veröffentlichen.[155] Hohe Teilnehmerzahlen und die Teilnahme von aufgrund verschiedener Einflussfaktoren schwer erreichbaren Teilnehmern (z.B. geographische Distanz etc.) lassen sich innerhalb sehr kurzer Feldzeiten und mit vergleichsweise geringen Kosten[156] realisieren.[157] Da bei WWW-

---

[147] Vgl. STRAUß (1996), S. 2.

[148] Vgl. MEIER (1993), S. 30.

[149] Vgl. DECKER (2001), S. 31.

[150] Vgl. hierzu die Ergebnisse der Studien von KROEBER-RIEL/NEIBECKER (1983), S.203ff. sowie HEWSON/LAURENT/VOGEL (1996), S. 187.

[151] Vgl. ZERR (2003), S. 12.

[152] Vgl. MARRELLI (1997), S. 231.

[153] Vgl. KIESLER/SIEGEL/MCGUIRE (1984), S. 1125f.

[154] GROSSNICKLE/RASKIN (2001), S. 140.

[155] Vgl. ZERR (2003), S. 13.

[156] Die Gesamtkosten der Befragung sind nahezu unabhängig von der Anzahl der Befragungsteilnehmer. Dies ermöglicht die Befragung so vieler Teilnehmer, wie möglich und bietet damit eine mit traditionellen Methoden kaum zu erreichende Detailtiefe (Vgl. MARABLE (1997) und WATT (1997)).

[157] Vgl. GÖRITZ/BATINIC/MOSER (2000), S. 192 und GÖRITZ (1999).

Befragungen die erhobenen Daten direkt in die dem Fragebogen zugrunde liegende Datenbank gespeichert werden, ist eine ad-hoc-Auswertung nahezu ohne Zeitverzögerung möglich.[158]

Ferner eröffnet die Nutzung des WWW zur Erstellung von Fragebögen völlig neue Gestaltungsdimensionen. Der Fragebogen kann wesentlich komplexer und aufwendiger strukturiert werden. Durch für den Befragten nicht sichtbare Filterführungen und Sprunganweisungen in Abhängigkeit von seinen vorher gegebenen Antworten erhält nahezu jeder Befragungsteilnehmer einen personalisierten individuellen Fragebogen, in Abhängigkeit von seinem Antwortverhalten. Ebenso bietet das WWW die Möglichkeit von Plausibilitätsprüfungen und Eingabevalidierungen in Echtzeit zur Verringerung von fehlerhaften Eingaben oder die Randomisierung der Fragenreihenfolge zur Vermeidung von Reihenfolge-Effekten.[159]

Ein großer **Nachteil von WWW-Befragungen** ist es, dass die Teilnehmerschaft häufig gänzlich unbekannt ist. Dies ist vor allem bei den oben beschriebenen Befragungen mit ungezielter Ansprache der Fall, bei welchen sich die Befragungsteilnehmer selbst zur Teilnahme an der Befragung auswählen, nachdem sie z.B. über Bannerwerbung Newsletter o.Ä. auf die Befragung aufmerksam geworden sind. Durch diese sog. Selbstselektion[160] der Befragten lassen sich weder die Rücklaufquote oder die Mehrfachteilnahme einzelner Befragungsteilnehmer kontrollieren noch Rückschlüsse auf die soziodemographische Struktur der Befragten ziehen. COUPER (2000) charakterisiert solche Befragungen als reine „Funsurveys", also Spaßbefragungen ohne größeren wissenschaftlichen oder gar repräsentativen Anspruch über den reinen Unterhaltungswert der Umfrage hinaus.[161] Er beschreibt den Effekt von Verzerrungen aufgrund der Selbstselektion wie folgt:

„*The fact that respondents to self-selected Web survey may more closely resemble the general population raises more questions than answers about possible selection bias.*"[162]

---

[158] Vgl. ZERR (2003), S. 13.

[159] Vgl. ebenda, S. 13.

[160] Das Phänomen der Selbstselektion wird in Abschnitt 4.3.2 näher erläutert.

[161] Vgl. Couper (2000), S. 476ff., sowie DIEKMANN (1995), S. 326.

[162] Couper (2000), S. 480.

Der Nachteil der Unkenntnis der Teilnehmerschaft wird durch den Rückgriff auf sog. Online-Panel-Befragungen als Spezialform von WWW-Befragungen deutlich reduziert. Die Eigenschaften von Online-Panels werden im folgenden Abschnitt detailliert behandelt.

2.3.5.2.2.4 Online-Panels

Die Bezeichnung „**Online-Panel**" leitet sich ab von den aus der traditionellen Marktforschung bekannten Panels. BEREKOVEN/ECKERT/ELLENRIEDER (2001) definieren den Begriff **Panel** wie folgt:

„*Als **Panel** wird im Rahmen der Marktforschung also ein bestimmter, identischer Kreis von Adressaten verstanden, bei dem in regelmäßigen zeitlichen Abständen Erhebungen zum (im Prinzip) gleichen Untersuchungsgegenstand durchgeführt werden. Das kann schriftlich, telefonisch, u.U. auch mündlich oder durch Beobachtung geschehen. Der Erhebungskreis (= Panelteilnehmer) richtet sich nach dem Untersuchungsanliegen und danach, welche Personen oder Institutionen innerhalb welchen Gebietes (regional, national, international) befragt werden sollen.*"[163]

Damit ist ein wesentliches charakteristisches Merkmal von Panels im traditionellen Sinne, dass **dieselben Personen** zu **verschiedenen Zeitpunkten** zu **ähnlichen Themen** befragt werden.[164] Dieses Merkmal wird auch in der folgenden Definition eines Panels als zentrale Eigenschaft genannt:

„*The word ‚**panel**' describes a continuous collection of identical information from a sample which represents a segment of a population to study. It is by definition permanent and repetitive.*"[165]

---

[163] BEREKOVEN/ECKERT/ELLENRIEDER (2001), S. 123.

[164] Vgl. PÖTSCHKE/SIMONSON (2001), S. 9.

[165] DELMAS/LEVY (1998), S. 273.

Die vorwiegende Nutzung von Panels in der traditionellen Marktforschung liegt in der Durchführung von Langzeitstudien zum Aufspüren von Trends und anderen Veränderungen im Zeitablauf.[166]

Die Hauptaufgabe von Online-Panels weicht von der Aufgabe klassischer Panels ab. Die Befragung eines Online-Panels soll durch entsprechende Zusammenstellung des Panels mögliche Verzerrungen und damit das Problem mangelnder Repräsentativität für die interessierende Grundgesamtheit reduzieren und überdies die selektive Ansprache spezieller Grundgesamtheiten ermöglichen, vorausgesetzt, das Online-Panel umfasst eine hinreichend große Zahl an Teilnehmern.[167]

Die Bezeichnung „**Online-Panel**" ist entsprechend weiter gefasst, wie folgende Definition zeigt:

*„Ein **Online-Panel** ist ein Pool von registrierten Personen, welche sich bereit erklärt haben, wiederholt an z.B. marktforscherischen Online-Untersuchungen teilzunehmen."*[168]

Verschiedene Befragungen desselben Online-Panels müssen demnach nicht notwendigerweise thematisch ähnlich gelagert sein, sondern können durchaus unterschiedliche Themen zum Inhalt haben.

Zur begrifflichen Abgrenzung aufgrund dieses Unterschieds in Vergleich zum Panel im traditionellen Sinne verwenden manche Autoren auch den Begriff des **Online-Access-Panels**, **Internet-Access-Panels** oder **Online-Access-Pools**.[169] Das Pendant zu diesen Online-Access-Panels in der traditionellen Marktforschung stellen die sog. **„Standby Panels"**[170] dar.

GÖRITZ (2003) bemerkt zur unterschiedlichen Verwendung der Begriffe in der wissenschaftlichen Literatur:

---

[166] Vgl. BEREKOVEN/ECKERT/ELLENRIEDER (2001), S. 123f.

[167] Vgl. GÖRITZ (2003), S.232.

[168] GÖRITZ/MOSER (2000), S. 156.

[169] Vgl. z.B. GRÄF (2003), S. 256. Gräf bemerkt, dass die Wahl der Bezeichnung „Pool" oder „Panel" sich dabei vielfach nach Vermarktungsgesichtspunkten richtet.

[170] Vgl. LEHMANN (1985), S. 91. LEHMANN verwendet diesen Begriff für bzgl. ihrer soziodemographischen Merkmale bevölkerungsrepräsentativ zusammengestellte Personengruppen einer Größe von ca. eintausend Personen, welche für Befragungen zu verschiedenen Themen bereit gehalten werden.

„Abweichend von der ursprünglichen Konzeption hat sich im Sprachgebrauch eingebürgert, den Begriff Online-Panel sowohl zur Bezeichnung von über das Internet betriebenen klassischen Panels als auch für sog. Online-Access-Panels zu verwenden. Bei einem Access-Panel handelt es sich um ein Pool teilnahmewilliger Probanden, die für diverse Studien zur Verfügung stehen. [...] Das Besondere an Online-Access-Panels ist, dass die besonderen Vorteile des Netzes als Datenerhebungs- und Rekrutierungsmedium ausgespielt werden können.“[171]

Zur Vereinfachung wird im Folgenden durchgehend der Begriff „Online-Panel“ verwendet, unter den die oben beschriebenen Erscheinungsformen gefasst werden.

THEOBALD (2000) fasst die **wesentlichen Vorteile und Potentiale von Online-Panels** wie folgt zusammen:[172]

- *Auswahl anhand vorgegebener Quoten für bestimmte Grundgesamtheiten durch die vorherige Erhebung demographischer Grunddaten.*
- *Möglichkeit der Bestimmung genauer Rücklaufquoten und damit des Teilnehmerverhaltens jedes einzelnen.*
- *Längsschnittanalysen.*
- *Möglichkeit des Vergleichs von Untersuchungsmethoden.*
- *Vermeidung der ‚Heavy User'-Lastigkeit der Stichprobe.*
- *Vermeidung von Verzerrungen bezüglich der Verteilung der demographischen Teilnehmermerkmale.*
- *Annahme erhöhter Motivation zur Teilnahme bei den angesprochenen Personen.*

[171] GÖRITZ (2003), S. 228.

[172] THEOBALD (2000), S. 146.

Zwei weitere große **Vorteile von Online-Panels** sind zum einen die Möglichkeit, sehr gezielte Stichproben für zukünftige Befragungen auf Basis der gegebenen Antworten in vorausgegangenen Befragungen zusammenzustellen (z.B. nur 20-40jährige Brillenträger mit Kfz),[173] und dass auch ausreichende Stichproben von sehr kleinen und schwer zugänglichen Personengruppen erreicht werden können.[174]

Weiter lassen sich durch den Rückgriff auf Online-Panels die Probleme, welche sich aufgrund der Anonymität der Befragten bei den Methoden der ungezielten Ansprache der Teilnehmer[175] ergeben (z.B. fehlende Kontrolle der Mehrfachteilnahme, der Rücklaufquote oder der soziodemographischen Struktur der Stichprobe), erheblich mindern.[176] Dies wird erreicht durch die Erhebung der soziodemographischen Stammdaten bei der Anmeldung eines Teilnehmers für das Online-Panel und die kontinuierliche Erweiterung der vorhandenen Datenbank um die erhobenen Daten aus den nachfolgenden Befragungen.

Neben diesen speziell für Online-Panels zutreffenden Vorteilen gelten überdies für die Befragungen von Online-Panels insbesondere die im Abschnitt 2.3.5.2.2.3 erläuterten generellen Vorteile von WWW-Befragungen.

Wichtige **Aspekte im Rahmen der Nutzung von Online-Panels** sind die **Rekrutierung der Teilnehmer** und die sog. **Panelpflege**. Für eine vertretbare Datenqualität sind eine optimale Rekrutierung der Teilnehmer und die permanente und kontinuierliche Durchführung von Maßnahmen zur Panelpflege unerlässlich.

Wie bereits in Abschnitt 2.3.5.2.2.3 erläutert wurde, verspricht ein vorrekrutiertes Panel die qualitativ hochrangigste Art der WWW-Befragung.[177] Vergleichbar mit der oben beschriebenen „gezielten Auswahl"[178] bei allgemeinen WWW-Befragungen werden die Teilnehmer für das Online-Panel aktiv und gezielt ausgewählt, um auf diese Weise Verzerrungen aufgrund

---

[173] Vgl. LÜTTERS (2004), S. 82.

[174] Vgl. THEOBALD (2000), S. 48.

[175] Vgl. Abschnitt 2.3.5.2.2.3.

[176] Vgl. BATINIC (2001), S. 72.

[177] Vgl. COUPER (2000), S. 476ff.

[178] Vgl. Abschnitt 2.3.5.2.2.3.

der Selbstselektion[179] durch die Teilnehmer zu vermeiden.[180] Um ein möglichst verzerrungsfreies bzw. verzerrungsgemildertes Online-Panel zu erhalten, sind die Rekrutierungsaktivitäten entsprechend breit gefächert anzusetzen.[181] Dabei besteht die Möglichkeit, die Teilnehmer sowohl online, als auch offline zu rekrutieren. Für die Online-Rekrutierung stehen im Wesentlichen die folgenden vier Kanäle zur Verfügung:[182]

1. *Internet-Nutzer werden zufällig aus Kundendateien (z.B. großer Provider oder Internet-Dienstleister) ausgewählt.*
2. *Besucher auf ausgesuchten Internetseiten werden per Pop-Up angesprochen.*
3. *Werbebanner auf Internetseiten weisen auf ein Panel hin.*
4. *Auf den Internetseiten der meisten Online-Panels kann man sich unaufgefordert registrieren.*

Über die Offline-Rekrutierung wird durch den Rückgriff auf andere Medien (z.B. auf das Telefon) ein möglichst heterogenes und die Bevölkerung adäquat abbildendes Online-Panel durch eine entsprechend breit gestreute Abdeckung angestrebt.[183] WEßELS/ZIMMERMANN (2001) bezeichnen dieses Vorgehen der Offline-Rekrutierung als den „*Königsweg*“ der Teilnehmerrekrutierung.[184]

Zu den Maßnahmen der Panelpflege gehören neben der angemessenen Entgeltung[185] der Befragungsteilnehmer auch die permanente Neurekrutierung von Teilnehmern zur Stabilisierung der soziodemographischen Struktur des Online-Panels.[186] ARNDT (2003) unterscheidet

[179] Selbstselektion als Ursache für mangelnde Repräsentativität wird in Abschnitt 4.3.2 ausführlich behandelt.

[180] Vgl. GÖRITZ (2003), S. 235.

[181] Vgl. ARNDT (2003), S. 275.

[182] HELLWIG, VON HEESEN, BOUWMEESTER (2003), S. 243.

[183] Vgl. GÖRITZ/MOSER (2000).

[184] Vgl. WEßELS/ZIMMERMANN (2001).

[185] Dies geschieht meist in monetärer Form oder über sog. Incentives (vgl. THEOBALD (2001) und SCHNEIDER (1995), S. 74).

[186] Vgl. DENNIS (2001), S. 38.

bei der Panelpflege eher administrative Aufgaben wie das Löschen von ausgeschiedenen Panelteilnehmern, die regelmäßige Aktualisierung von Adressen und persönlichen Angaben der Teilnehmer etc., von Maßnahmen im Sinne einer aktiven Teilnehmerbetreuung durch regelmäßige Kommunikation mit den Panel-Mitgliedern.[187] Das Ziel der Panelpflege ist die Steigerung der Panelqualität und die Reduktion der Panelsterblichkeit durch den Erhalt der Teilnehmermotivation und einer damit intendierten Steigerung der Rücklaufquoten.[188]

Das Problem der Unkenntnis der Teilnehmerschaft und der daraus resultierenden Konsequenzen ist bei der Befragung von Online-Panels deutlich reduziert, da sich die Teilnehmer wie oben beschrieben durch die Erhebung ihrer Stammdaten bei der Anmeldung zum Online-Panel soziodemografisch identifizieren. Dennoch bergen auch Online-Panel-Befragungen eine Reihe von **Nachteilen**. Hier sind vor allem sog. „Panel-Effekte“ zu nennen. Darunter ist zu verstehen, dass die Panelteilnehmer allein durch die Tatsache der Mitgliedschaft in einem Panel in ihrem Antwortverhalten beeinflusst werden. Die natürlichen Reaktionen der Teilnehmer können sich verändern, weil sie sich ihrer Beobachtung bewusst sind,[189] oder weil sie durch die regelmäßige Teilnahme an Befragungen einem Lernprozess unterliegen, welcher sich auf ihr Antwortverhalten in nicht kontrollierbarer Weise auswirkt. DENNIS (2001) spricht in diesem Zusammenhang auch von **Panel Conditioning**:

„*The intuition is that ‚panel conditioning', as a reaction to prior survey taking, can bias survey responses. In other words, panelists' self-reported attitudes and behaviours are changed over time by their regular participation in surveys.*“[190]

In diesem Zusammenhang sei besonders auf die Gefahr unkontrollierbarer Paneleffekte hingewiesen, wenn ein Online-Panel gleichzeitig sowohl als Stichprobenquelle für Längs-, als auch für Querschnittstudien verwendet wird.[191]

---

[187] Vgl. ARNDT (2003), S. 273.

[188] Vgl. GRÄF (2003), S. 264f.

[189] Dieses Phänomen wird auch als „Hawthorne-Effekt“ bezeichnet. Vgl. GÖRITZ (2003), S. 228.

[190] DENNIS (2001), S. 34.

[191] Vgl. GÖRITZ/REINHOLD/BATINIC (2002).

2.3.6 Chancen und Potentiale der Online-Marktforschung

Der Online-Marktforschung wird ein Potential für einen Wandel der gesamten Marktforschungsbranche vorausgesagt, welcher mit dem Ausmaß bei der Einführung des Telefons zu Marktforschungszwecken vergleichbar ist.[192]

Die heute noch deutlich spürbare Zurückhaltung gegenüber dem Internet als Befragungsinstrument erinnert stark an die anfänglichen Vorbehalte gegen Telefon-Befragungen aufgrund der damals noch geringen Telefondichte.[193] Seit sich die Nutzung des Telefons zu einer selbstverständlichen Kommunikationsform etabliert hat, finden Telefon-Befragungen in der Marktforschung breiten Einsatz. In Äquivalenz zu dieser Entwicklung geben selbst Internet-Skeptiker heute schon zu, dass langfristig der Einsatz von Online-Umfragen nicht problematischer sein wird als die heute üblichen Telefon-Interviews.[194]

Die Notwendigkeit der Erschließung neuer Erhebungsmethoden ergibt sich zwangsläufig aus der aktuellen Entwicklung in der Marktforschung. Schon seit geraumer Zeit zeigen sich in der Bevölkerung Phänomene, welche die Datenqualität der traditionellen Methoden deutlich reduzieren, und das mit wachsender Tendenz.

Eine generell abnehmende Teilnahmebereitschaft bei Bevölkerungsumfragen ist zu beobachten, was zu sinkenden Ausschöpfungsquoten und damit zu einer Verschlechterung der Qualität und Aussagekraft der erhobenen Daten führt. Zunehmende „*Ermüdungserscheinungen*" in der Bevölkerung zeichnen sich ab,[195] welchen durch Motivation und neue Anreize mit neuen Erhebungsmethoden entgegengewirkt werden kann.[196]

Ein weiteres großes Problem speziell für Telefonbefragungen liegt in der rückläufigen Zahl von Festnetzanschlüssen sowie dem Verzicht vieler Teilnehmer auf einen Eintrag ins Tele-

---

[192] Vgl. ZERR (2003), S. 25 und THEOBALD (2000), S. 23.

[193] Vgl. FREY/KUNZ/LÜSCHEN (1990), S. 23ff.

[194] Vgl. WEISSBACH (1997).

[195] Vgl. BAKER (1996), S. 22f.

[196] BAKER (1996) weist darauf hin, dass in Ländern, wo die Umfrageforschung gerade neu eingeführt worden ist, Teilnahmequoten von über 90% realisierbar sind. Vergleichbare Rücklaufquoten sind auch bei Online-Erhebungen zu beobachten, da die Teilnahmebereitschaft bei Online-Umfragen deutlich höher liegt, als bei den traditionellen Erhebungsmethoden (vgl. GRÄF (2003), S. 265).

fonbuch. Aufgrund dieser Entwicklung können in absehbarer Zeit bei Telefonumfragen keine echten Zufallsstichproben mit ausgewogenen Auswahlwahrscheinlichkeiten mehr garantiert werden.[197]

Die große Besonderheit der Online-Marktforschung liegt darin, dass Online-Befragungen sowohl Merkmale schriftlicher als auch telefonischer oder mündlicher (persönlicher) Befragungsformen aufweisen.[198] Die Vorzüge interviewergeführter, computergestützter Erhebungsformen wie dem Computer Assisted Telephone Interview (CATI – telefonisch) oder dem Computer Assisted Personel Interview (CAPI – persönlich) werden übertragen auf Erhebungsformen, welche ohne Interviewer und die damit verbundenen Nachteile[199] auskommen. WHITLOCK (1997) hat für diese neue Hybridform der Befragung den Begriff „Computer Assisted Web Interviewing" (CAWI) eingeführt, welcher sich jedoch bis heute noch nicht durchgesetzt hat.[200]

STRAUß (1996) benennt als wesentliches Charakteristikum und Abgrenzungsmerkmal von Online-Erhebungen zu anderen Befragungsformen die Eigenständigkeit (**self-administration**), mit welcher der Befragte seine Antworten gibt.[201] ROUGHTON (1997) beschreibt diesen Aspekt der Selbststeuerung des Befragungsprozesses durch den Befragten selbst so: „*The interview is administered by the informant*".[202] Basierend auf dieser Eigenschaft werden für die neue Erhebungsform auch die Begriffe „*Computerized Self-Administered Questionaire*" (CSAQ)[203] bzw. „*Computerized Self-Administered Interview*" (CSAI)[204] verwendet.[205]

---

[197] Vgl. SCHULTE (1998), S. 173ff.

[198] Vgl. ZERR (2003), S. 12.

[199] Zu den Einflüssen persönlicher Eigenschaften eines Interviewers auf die Umfrageergebnisse siehe z.B. SUDMAN/BRADBURN (1974), S. 109ff.

[200] Vgl. WHITLOCK (1997).

[201] STRAUß (1996), S. 2.

[202] ROUGHTON (1997), S. 129.

[203] Vgl. ZOU (1999) und WEIS/STEINMETZ (1998), S. 82 .

[204] Vgl. HAMPTON/WELLMAN (1999).

[205] Die Begrifflichkeiten zur Bezeichnung von computergestützten Befragungsformen variieren stark, beschreiben aber letztendlich alle ähnliche Sachverhalte. Siehe hierzu u.a. COUPER ET AL. (1998), JANETZKO (1999), S. 139f, HOEPNER (1994), S.22, RAGER (2001), S. 33ff., ROßMANITH (2001), S. 85, sowie LYMAN/WAKEFORD (1999), S. 30.

Es kann also bei dieser Form der Befragung davon ausgegangen werden, dass keine durch Interviewereffekte verfälschten Urteile und Meinungen erfasst werden, da die Bereitschaft zur Teilnahme sowie das Antwortverhalten nicht mehr von persönlichen Eigenschaften und dem Kommunikationsverhalten des Interviewers abhängen.[206] Der Computer wird als neutral empfunden und gewährleistet ein hohes Maß an Anonymität für die Befragten dadurch, dass sie ihre Antworten selbst eingeben.[207] Durch diesen Sachverhalt wird die Ehrlichkeit der Antworten deutlich erhöht.[208]

Neben dem Hauptmerkmal der Selbst-Administration und dem daraus resultierenden Ausbleiben von Interviewereffekten lassen sich die wesentlichen Vorteile von Online-Erhebungen gegenüber den Erhebungsformen der traditionellen Marktforschung durch folgende Faktoren beschreiben: Online-Erhebungen weisen gegenüber den klassischen Erhebungsformen große Vorsprünge bezüglich der Zeit, der Flexibilität, der Kosten und weiterer befragungstechnischer Aspekte (Interaktivität, Filterführung, Randomisierung der Fragenreihenfolge usw.) auf.

Der **Zeitfaktor** erweist sich in der unternehmerischen Praxis als zunehmend wichtig. Manager benötigen aufgrund der wachsenden Dynamik des Marktgeschehens immer häufiger aktuelle und valide messbare Daten[209] zur Deckung ihres Informationsbedarfs[210] und als Grundlage für ihre Entscheidungen.

HAUPT (1996) beschreibt die Notwendigkeit fortlaufend aktueller Informationen wie folgt: *„Am liebsten hätte man die Ergebnisse seiner Fragen noch während der gerade laufenden Sitzung.“*[211]

---

[206] Vgl. MEIER (1993), S. 30.

[207] Vgl. DECKER (2001), S. 31.

[208] Vgl. hierzu die Ergebnisse der Studien von KROEBER-RIEL/NEIBECKER (1983), S.203ff. sowie HEWSON/LAURENT/VOGEL (1996), S. 187. Sie zeigen, dass bei Computerbefragungen im Vergleich zu Interviewerbefragungen Antwortverzerrungen vermieden und dadurch ehrlichere Antworten erreicht werden, da die Befragten aufgrund der höheren Anonymität und Vertraulichkeit bei fehlendem Interviewer eher bereit sind, auch extremere Antworten zu geben.

[209] Messbarkeit ist hier im Sinne von SZYPERSKI (1961), S. 56 als *„Zuordnung von Zahlen zu Objekten oder Ereignissen gemäß Regeln“* zu verstehen.

[210] Hier ist Informationsbedarf im Sinne von SZYPERSKI (1980), S. 912 als *„Art, Menge und Qualität der Informationsgüter, die ein Informationssubjekt im gegebenen Informationkontext zur Erfüllung einer Aufgabe in einer bestimmten Zeit und innerhalb eines gegebenen Raumgebiets benötigt bzw. braucht“* zu verstehen.

[211] HAUPT (1996), S. 63.

In Hinblick auf den Zeitfaktor zeichnen sich Online-Befragungen durch eine deutlich höhere Schnelligkeit gegenüber den traditionellen Methoden aus. Sowohl die Erstellung, als auch die Durchführung und Auswertung der Befragung weisen eine erhebliche Zeitverkürzung auf. Mit geeigneten Tools lassen sich innerhalb von Minuten auch komplexe Internet-Fragebögen erstellen und im Internet verbreiten.[212] Hohe Fallzahlen sind aufgrund der zeitlichen und örtlichen Unabhängigkeit und Flexibilität der Befragten innerhalb sehr kurzer Feldzeiten auch über verschiedene Kultur-, Mentalitäts- und Sprachräume hinweg realisierbar.[213] Die erhobenen Daten liegen sofort und ohne Medienbruch in elektronischer Form vor. Eine zeitaufwendige und zudem fehleranfällige Umwandlung der Daten in die digitale Form hinein entfällt, so dass eine Online-Auswertung nahezu ohne Zeitverzögerung möglich wird.[214]

Die **Flexibilität** von Online-Befragungen über die Grenzen verschiedener Nationen, Kultur- Mentalitäts- und Sprachräume hinweg gewinnt überdies an Bedeutung, da im Zuge der allgemein stattfindenden Globalisierung auch die internationale Marktforschung zunehmend wichtiger wird. So sind in der heutigen Zeit beispielsweise Unternehmungsstrategien immer öfter vor dem Hintergrund einer international ausgerichteten Unternehmungstätigkeit zu entwickeln.[215] Mit dem Methodenspektrum der Online-Marktforschung steht nun auch kleineren Firmen ein entsprechendes Instrumentarium zur Beschaffung der hierfür notwendigen Informationen zur Verfügung.

Bei der Betrachtung des **Kostenfaktors** zeigt sich ebenfalls ein deutliches Verbesserungspotential durch die Online-Marktforschung. Dies ergibt sich vor allem aus der Tatsache, dass bei der Online-Marktforschung anders als bei den traditionellen Erhebungsmethoden die Gesamtkosten nahezu unabhängig von der Anzahl der Befragungsteilnehmer sind.[216] Einen Vergleich der Gesamtkosten in Abhängigkeit von der Teilnehmerzahl zeigt die folgende Abbildung 11.

---

[212] Vgl. ZERR (2003), S. 13.

[213] Vgl. GÖRITZ/BATINIC/MOSER (2000), S. 192 und GÖRITZ (1999).

[214] Vgl. ZERR (2003), S. 13.

[215] Vgl. DOUGLAS/CRAIG (1983), S. 13ff. und DOWNHAM (1986), S. 629ff.

[216] Vgl. MARABLE (1997).

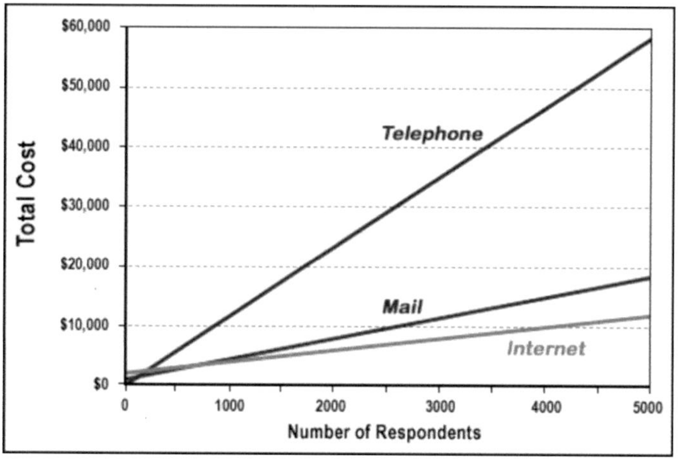

Abbildung 11: Kostenvergleich Online-Befragung, postalische Befragung und Telefonbefragung
Quelle: WATT (1997)

Weitere Vorzüge von Online-Befragungen gegenüber traditionellen Befragungsformen liegen in den technischen Möglichkeiten begründet, die das Internet bietet.

Die Einbindung von interaktiven Multimedia-Elementen[217] eröffnet gänzlich neue Gestaltungsmöglichkeiten des Fragebogens. Durch die Interaktion zwischen dem Befragten und dem Computer wird die Kommunikation der Befragung auf eine völlig neue Ebene gehoben.[218] Über die Reduzierung von Interviewer-Effekten hinaus wird das Interview von den Befragten subjektiv als kürzer empfunden, Ermüdungserscheinungen treten seltener auf, die Teilnahmebereitschaft und –motivation sind höher, was höhere Rücklaufquoten und geringere Ausfallraten zur Folge hat.[219]

Überdies kann der Fragebogen bei Online-Erhebungen technisch wesentlich komplexer gestaltet werden. Für den Befragten nicht sichtbare Filterführungen und Sprunganweisungen in

[217] Vgl. Fußnote Nr. 38.

[218] Vgl. KIESLER/SIEGEL/MCGUIRE (1984), S. 1125f.

[219] Vgl. DECKER (2001), S. 31.

Abhängigkeit von seinen vorher gegebenen Antworten lassen sich ebenso realisieren wie Plausibilitätsprüfungen und Eingabevalidierungen in Echtzeit zur Verringerung von fehlerhaften Eingaben oder die Randomisierung der Fragenreihenfolge zur Vermeidung von Reihenfolge-Effekten.[220]

Welche Vorteile der Online-Marktforschung die Marktforschungsinstitute selbst sehen, zeigt eine Studie aus dem Jahr 1998.[221] Die Hauptvorteile aus der Sicht der Institute sind in der Tabelle 2 in absteigender Reihenfolge nach Bedeutsamkeit zusammengefasst.

Vorteil	Anteil der Nennungen
Schnelligkeit	60%
Daten-Sofort-Eingabe	57%
Wirtschaftlichkeit (kostengünstig)	56%
Multimedia-Fähigkeit	50%
Möglichkeit komplexer Fragebögen	36%
Direkte Kontrolle von Fehleingaben	36%
Reduktion des Interviewereinflusses	28%

Tabelle 2: Vorteile von Online-Befragungen aus der Sicht von Marktforschungsinstituten (n=75)

Quelle: RONIG (1998), S. L

Die Tabelle zeigt, dass auch von den Marktforschungsinstituten die oben beschriebenen Vorteile der Online-Marktforschung gesehen werden. Dabei werden als Hauptvorteile die Schnelligkeit in Verbindung mit der Daten-Soforteingabe und die Wirtschaftlichkeit am häufigsten genannt.

[220] Vgl. ZERR (2003), S. 13.

[221] Vgl. RONIG (1998).

Im nächsten Abschnitt werden die Risiken und Grenzen der Methoden der Online-Marktforschung näher beleuchtet.

2.3.7 Risiken und Grenzen der Online-Marktforschung

Neben dem Hauptproblem der fehlenden Repräsentativität ergeben sich aus den methodisch-technischen Gegebenheiten bei der Online-Marktforschung noch einige weitere Nachteile.

Durch den im letzten Abschnitt beschriebenen Aspekt der Selbstadministration und dem Fehlen eines Interviewers, welcher die Befragung durchführt, ist die gesamte Kontextsituation weit weniger kontrollierbar als bei interviewergeführten Befragungen. „*The experimental environment is far less controlled over the web.*“[222] Es besteht die Gefahr von nicht kontrollierbaren Störeinflüssen. So ist z.B. denkbar, dass mehrere Personen sich am Rechner befinden und gemeinsam an der Untersuchung teilnehmen.[223] Der gesamte Bearbeitungsprozess des Fragebogens durch den Teilnehmer bleibt intransparent. Dies ist keineswegs ein rein internetspezifisches Problem. Auch bei allen traditionellen postalischen Befragungen bleibt der Bearbeitungsprozess völlig intransparent.[224] Es ist nicht rekonstruierbar, ob der angeschriebene Befragungsteilnehmer selbst den Fragebogen überhaupt erhalten, gelesen und bearbeitet hat.

Die bei Online-Befragungen gegebene Anonymität birgt überdies die Gefahr mangelnder Aufrichtigkeit der Befragungsteilnehmer. GRÄF/HEIDINGSFELDER (1999) stellen fest, dass ein höherer Grad an Anonymität zu höherer Unaufrichtigkeit der Befragten führt.[225] So erwähnt z.B. STRAUSS (1996) eine Reihe von Online-Befragungen aus den USA, bei denen fast 20% der Befragten bei der Frage zu ihrem Geschlecht falsche Angaben machten.[226]

---

[222] JOHNSON (2001).

[223] Vgl. PÖTSCHKE/SIMONSON (2001), S. 16.

[224] Vgl. BANDILLA/BOSNJAK (2000), S. 20.

[225] Vgl. GRÄF/HEIDINGSFELDER (1999), S. 120.

[226] Vgl. STRAUSS (1996), S. 6.

Ferner kann es durch unterschiedliche technische Voraussetzungen bei den Befragungsteilnehmern (verschiedene Bildschirme oder Hardware, unzureichende Datenübertragungsraten, Firewalls, unterschiedliche Browser-Software usw.) zu nicht kontrollierbaren uneinheitlichen Darstellungen der Befragungsinhalte kommen, welche das Antwortverhalten der Teilnehmer potentiell beeinflussen.

ZERR (2003), betont die methodischen Grenzen der Online-Marktforschung:

„*Auch methodische Grenzen der Online-Marktforschung sind zu berücksichtigen. So kann die virtuelle wohl nie die wirkliche Realität ersetzen. Riechen, fühlen und schmecken wird auf absehbare Zeit über das Netz nicht möglich sein, zumindest nicht zu vertretbaren Kosten.*“[227]

Darüber hinaus bringt die Gewinnung von Befragungsteilnehmern für Online-Befragungen verschiedene Nachteile mit sich. Zum Teil entstehen erhebliche Werbungskosten, da die Umfrage entsprechend propagiert werden muss.[228] Auch die Mehrfachteilnahme einzelner Befragungsteilnehmer kann bei der ungezielten Ansprache durch Werbe-Banner nicht ausgeschlossen werden.[229] HAUPTMANNS (1999) vergleicht in diesem Zusammenhang die Teilnehmerwerbung von Online-Befragungen wie folgt:

„*Man stelle sich eine Telefonumfrage vor, für die auf Litfasssäulen, Plakatwänden oder telefonischen Ansagediensten mit dem Hinweis geworben wird: ‚Wir möchten Sie befragen, bitte rufen Sie uns unter der folgenden Nummer an...‘.*“[230]

Ferner wird die ungefragte Ansprache von potentiellen Befragungsteilnehmern per E-Mail vom Empfänger oft als lästig oder störend empfunden. Die unaufgeforderte Zusendung von elektronischer Werbung, auch als Spam oder Unsolicited Commercial E-Mails (UCE) be-

---

[227] ZERR (2003), S. 13. Die hier von ZERR angesprochenen Grenzen der Online-Marktforschung gelten allerdings genauso für alle nicht-persönlichen Befragungen telefonischer oder schriftlicher Art.

[228] Vgl. HAUPTMANNS (1999), S. 25.

[229] Vgl. FRIES (2006), S. 52.

[230] HAUPTMANNS (1999), S. 25.

zeichnet,[231] ist laut herrschender Rechtsprechung ein Eingriff in das allgemeine Persönlichkeitsrecht, sofern keine geschäftliche Beziehung vorliegt.[232]

Neben den hier dargestellten Nachteilen bleibt die mangelhafte Repräsentativität das Hauptproblem der Online-Marktforschung, wie in Kapitel eins erörtert. Das folgende Kapitel gibt einen Überblick über die aktuell bekannten und in der Praxis eingesetzten Lösungsansätze für das Repräsentativitäts-Problem bei Online-Befragungen.

[231] Vgl. HAUPTMANNS (1999), S. 23.

[232] Vgl. o.V. (2002), s. 45f.

„Manche benutzen die Statistik,
wie der Betrunkene die Straßenlaterne:
zum Festhalten, nicht zur Erleuchtung!"
(Urheber unbekannt)

3 Stand der Forschung zum Umgang mit dem Repräsentativitäts-Problem bei Online-Befragungen

In der Marktforschungspraxis lassen sich grob drei Vorgehensweisen im Umgang mit dem Problem mangelnder Repräsentativität bei Online-Befragungen voneinander abgrenzen:

Die erste Möglichkeit besteht darin, die Grundgesamtheit, für welche repräsentative Aussagen anhand der Online-Stichprobe getroffen werden sollen, an die Stichprobe anzupassen. Dabei wird die Struktur der Stichprobe dahingehend analysiert, welchen Teil der Grundgesamtheit sie genau abdeckt, und die Grundgesamtheit wird entsprechend zurecht gestutzt. Sind in der Stichprobe z.B. nur Teilnehmer aus dem Alterssegment der 14-49jährigen vertreten, werden auch nur für diese Gruppe in der Grundgesamtheit repräsentative Aussagen anhand der Stichprobe getroffen. Anders ausgedrückt bedeutet dies, dass jede Stichprobe stets für „irgendeine" Grundgesamtheit repräsentativ ist und diese zur Stichprobe passende Grundgesamtheit, *„für die die vorgefundene Menge von Daten eine repräsentative Stichprobe ist"*[233], nun definiert werden muss. KROMREY (1987) umschreibt dieses Vorgehen damit, dass die Stichprobe quasi *„'auf der Suche' nach der zugehörigen Grundgesamtheit"*[234] sei. TIEDE (1996) kritisiert dieses Vorgehen darin, dass *„der Datengewinnungsprozess sozusagen auf den Kopf gestellt"*[235] werde.

Rein formal ist diese Vorgehensweise nicht angreifbar. Sie ist jedoch nicht zum Ziel führend. Ziel jeder Stichprobenerhebung ist es, über die aktuellen Untersuchungsfälle hinaus zu Aussagen über die **vor der Erhebung definierte** Grundgesamtheit der möglichen Fälle zu kom-

[233] KROMREY (1987), S. 498.

[234] KROMREY (1987), S. 499.

[235] TIEDE (1996), S. 4.

men.[236] Die nachträgliche Anpassung der Grundgesamtheit an die erhobene Stichprobe führt nicht zu den vorher festgelegten Untersuchungszielen, und bietet damit keine Lösung für die der Erhebung zugrunde liegende Problemstellung.

Die zweite in der Praxis häufig anzutreffende Vorgehensweise, der Problematik nicht repräsentativer Online-Stichproben zu begegnen, ist die, das Problem als nicht zutreffend zu negieren, durch andere Positiv-Aspekte der Stichprobe (z.B. die Größe der Teilnehmerzahl o. ä.) herunter zu spielen oder schlichtweg überhaupt nicht zu erwähnen.[237]

So kritisiert STARSETZKI (2003) die große deutsche Web-Befragung „W3B“[238] von FITTKAU & MAAß, welche im Mai 2006 mit einer Teilnehmerzahl von über 100.000 Teilnehmern zum 22. Mal durchgeführt wurde:

„Nach herrschender Meinung können gerade diese Erhebungen aufgrund der unzureichenden Gütekriterien nicht zur Charakterisierung der Internetuser herangezogen werden. Auf die Voraussetzungen zur Erhebung repräsentativer und somit generalisierbarer Befragungsergebnisse wird nur kurz eingegangen.“[239]

DILLMAN/TORTORRA/CONRADT (1998) warnen vor dem Irrtum, aus großen Fallzahlen fälschlicherweise auf eine hohe Qualität der Befragung zu schließen:

„Large numbers of responses are sometimes viewed as indicative of the quality of a survey.“[240]

Große Stichproben sind in der Tat keineswegs ein Indiz für die Qualität der Ergebnisse. Als klassisches Beispiel für schlechte Ergebnisse bei großem Stichprobenumfang sei hier das in vielen Statistik-Lehrbüchern zitierte „Literary Digest Desaster“[241] aus den Kindertagen der Umfrageforschung erwähnt. Eine Befragung auf der Basis einer Zufallsstichprobe von 50.000

---

[236] Vgl. KROMREY (1998), S. 248.

[237] Vgl. STRAUSS (1996), S. 5 und VON DER LIPPE/KLADROBA (2002).

[238] Vgl. W3B (2006).

[239] STARSETZKI (2003), S. 42.

[240] DILLMAN/TORTORRA/CONRADT (1998), S. 2.

[241] Vgl. BRYSON (1976), S. 184f.

Personen zu ihrer Wahlabsicht im Vorfeld der US-Präsidentenwahl im Jahre 1936 erzielte deutlich bessere Ergebnisse als eine vom Literary Digest Magazine durchgeführte Umfrage, welche an 10 Millionen US-Bürger gerichtet war. Ursache für dieses Phänomen war die mangelnde Repräsentativität der Umfrage des Literary Digest aufgrund von Selbstselektionseffekten. Von den 10 Millionen angesprochenen Amerikanern beteiligten sich nämlich lediglich 2,3 Million an der Befragung, welche sich offensichtlich bezüglich ihrer Wahlabsicht von den knapp 8 Millionen „Nicht-Antwortern" deutlich unterschieden.

Die mangelnde Repräsentativität bleibt mithin das zentrale Problem von Online-Befragungen, wie in den vorangegangenen Kapiteln ausführlich beschrieben, und darf nicht unberücksichtigt bleiben. Das Problem wird durch bloße Nichtbeachtung nicht gelöst!

Die dritte Möglichkeit im Umgang mit dem Repräsentativitäts-Problem von Online-Befragungen besteht darin, die Stichprobe der interessierenden Grundgesamtheit anzupassen. Dies kann sowohl vor der Erhebung („ex ante") als auch danach („ex post") geschehen. Eine Reihe unterschiedlicher Lösungsansätze und Verfahren wurden in der wissenschaftlichen Methodenliteratur sowie aus der Praxis der Marktforschung heraus entwickelt, welche in den folgenden Abschnitten einzeln vorgestellt, beschrieben und kritisch betrachtet werden.

3.1 Lösungsansätze zur Realisierung repräsentativer Ergebnisse aus Online-Befragungen

3.1.1 Online-Panels

3.1.1.1 Beschreibung des Lösungsansatzes

Die Funktionsweise von Online-Panels wurde bereits im zweiten Kapitel der vorliegenden Arbeit ausführlich behandelt.[242] Durch den Aufbau eines Pools potentieller Befragungsteilnehmer als Grundlage und Quelle für spätere Erhebungen, welches durch spezielle Rekrutierungsmaßnahmen und Panelpflege als konstantes verkleinertes Abbild der Be-

[242] Vgl. Abschnitt 2.3.5.2.2.4.

völkerung aufrechterhalten wird, soll das Problem der mangelnden Repräsentativität entschärft werden. GÖRITZ (2003) ist der Meinung, dass bei „*Online-Panel-Studien das Problem des Interesse-Bias und damit der Repräsentativität vermindert werden, da sich bei selbstselegierten Panels die Panelisten nicht für individuelle Umfragen selbst auswählen, sondern lediglich für das Panel in seiner Gesamtheit.*“[243] Folglich kann sich das Problem der Selektion nur auf der ersten – allerdings wohl wichtigsten - Rekrutierungsstufe durchschlagen.[244]

Laut THEOBALD (2000) scheint die Nutzung von Online-Panels „*zur Zeit die beste Methode zu sein, um Verzerrungen bei den soziodemographischen Daten in der realisierten Stichprobe einer WWW-Befragung weitgehend zu vermeiden.*“[245] So erzielt z.B. MEDIATRANSFER[246] mit dem Einsatz von Online-Panels nach eigenen Angaben qualitativ durchaus mit traditionellen Marktforschungsmethoden vergleichbare Ergebnisse.[247]

3.1.1.2 Beurteilung des Ansatzes

Der Einsatz von Online-Panels vermag im Vergleich zu Online-Befragungen, welche auf eine gezielte Teilnehmeransprache[248] verzichten, den Effekt mangelnder Repräsentativität, wie im letzten Abschnitt gezeigt, in Ansätzen zu reduzieren. Hierfür werden die Teilnehmer oftmals bereits bei der Anmeldung anhand einer Vielzahl persönlicher Merkmale vorgruppiert, um bei den folgenden konkreten Befragungen über eine entsprechende Filterung zur Teilnahme zu gelangen. Dieser Prozess birgt jedoch verschiedene Gefahren der Stichprobenverzerrung in sich, welche die Repräsentativität der Befragungen negativ beeinflussen können.[249] HELLWIG/VON HEESEN/BOUWMEESTER (2003) bewerten Online-Panels ohne weitere Bear-

---

[243] GÖRITZ (2003), S. 232.

[244] Vgl. GÖRITZ (1999).

[245] THEOBALD (2000), S. 48.

[246] Vgl. MEDIATRANSFER (2006).

[247] Bei einer Befragung von Müttern über das WWW im Rahmen eines Produkttests z.B. unterschieden sich die Ergebnisse kaum von denen einer traditionell über ein Haushaltspanel durchgeführten Befragung von Müttern (vgl. O.V. (1998a), S. 43).

[248] Vgl. Abschnitt 2.3.5.2.2.3.

[249] Vgl. GÖRITZ/MOSER (2000), S. 157.

beitung durch Gewichtung als nicht geeignet, um repräsentative Aussagen über die Internet-Bevölkerung zu erzielen, da sie in ihrer Struktur, sowohl bezüglich soziodemographischer als auch primärer Internet-Nutzungs-Merkmale zu sehr von einem realistischen Abbild der deutschen Onliner abweichen.[250] Als Grund dafür sehen sie einen systematischen Bias im Rekrutierungsverfahren, wodurch verstärkt internet-affine Personen ins Panel gelangen. Auch wenn der zweite Schritt, die konkrete Auswahl der Teilnehmer aus dem Online-Panel für eine Befragung, in mit einer klassischen Zufallsauswahl vergleichbarer Weise geschieht, so sieht GRÄF (2003) doch die Gefahr, dass die bloße Abbildung eines Auswahlverfahrens auf das Internet nicht ausreichen dürfte, um Repräsentativität zu gewährleisten, da über die Verzerrungen bei den Selektionsschritten zur Teilnahme an einem Online-Panel zu wenig bekannt ist.[251]

Zusammenfassend lässt sich festhalten, dass der Einsatz von Online-Panels für die Online-Marktforschung die Verzerrungen bei Online-Befragungen möglicherweise reduzieren, jedoch keine in erschöpfender Weise befriedigende Lösung für das Problem bieten kann. Online-Panels sind eine geeignete Grundlage für die Gewinnung von Informationen über die interessierende Grundgesamtheit, bedürfen jedoch zusätzlicher Ansätze zur Lösung des Repräsentativitäts-Problems. Entsprechende weitere Ansätze, welche sich mit dem Einsatz von Online-Panels kombinieren lassen, werden in den folgenden Abschnitten vorgestellt.

3.1.2 Oversampling und Multiple-Site-Entry

Unter dem Begriff „Oversampling" wird die Vorgehensweise verstanden, die Stichprobengröße so groß zu wählen, dass mehr Personen befragt werden, als im Fall einer echten Zufallsauswahl erforderlich wäre.[252] So soll die Wahrscheinlichkeit, bestimmte Personengruppen der Grundgesamtheit nicht zu erfassen, verringert werden. Dies setzt eine möglichst breite Streuung der Akquisitions- und Rekrutierungsaktivitäten voraus.[253] Zusätzlich lässt sich die

[250] Vgl. HELLWIG/VON HEESEN/BOUWMEESTER (2003), S. 253.

[251] Vgl. GRÄF (2003), S. 267.

[252] Vgl. KEHOE/PITKOW (1996).

[253] Vgl. ARNDT (2003), S. 275.

sog. „Multiple-Site-Entry-Technik“[254] anwenden. Dabei wird zunächst erhoben, über welchen Weg die selbstselegierten Teilnehmer zur Befragung gelangt sind. Die Substichproben aus den unterschiedlichen Zugangswegen werden dann miteinander bezüglich der interessierenden Erhebungsmerkmale verglichen. Sind große Abweichungen zwischen den Untergruppen feststellbar, so ist dies als Ausdruck von Verzerrungen zu werten, welche bereits innerhalb des Mediums Internet stattgefunden haben.[255]

Zum Oversampling ist zu bemerken, dass die bloße Vergrößerung der Stichprobe nicht zwangsläufig zu besseren Ergebnissen führt, wie schon an früherer Stelle in dieser Arbeit gezeigt wurde.[256] Das Problem der Verzerrungen aufgrund von systembedingter Nichtteilnahme einzelner Gruppen der Grundgesamtheit lässt sich durch Oversampling nicht lösen, da die Ursache für die Nichtteilnahme nicht durch Vergrößerung des Stichprobenumfangs beseitigt wird.

Darüber hinaus bietet auch die Methode des Multiple-Site-Entrys keine wirkliche Lösung des Problems der mangelnden Repräsentativität von Online-Befragungen, sondern lediglich Anhaltspunkte für das Vorliegen von Verzerrungen. GÖRITZ (2003) stellt hierzu fest:

„Findet man hingegen vergleichbare Ergebnisse [bei den Substichproben der verschiedenen Zugangswege]*, so ist dies zwar noch kein Beleg, aber ein Indiz für die Verallgemeinerbarkeit der Ergebnisse auf die Internet-Nutzerschaft. Eine Überbrückung zur Offline-Welt kann mit dieser Methode allerdings nicht erreicht werden.*“[257]

Der Nachweis von Unterschieden zwischen den Substichproben ist demnach hinreichend für das Vorliegen von Verzerrungen in den erhobenen Daten. Es lassen sich jedoch keinerlei Hinweise ableiten, welchen Ausmaßes diese Verzerrungen sind. Und die Tatsache, dass keine Unterschiede zwischen den Substichproben bezüglich des interessierenden Erhebungsmerkmals nachgewiesen werden können, ist eine notwendige, aber nicht hinreichende Bedingung

[254] Vgl. REIPS (2000).

[255] Vgl. GÖRITZ (2003), S. 236.

[256] Vgl. die Einleitung zu Kapitel 3 auf S. 59ff.

[257] GÖRITZ (2003), S. 236.

für die Unverzerrtheit der erhobenen Daten. Damit sagt die Übereinstimmung der Substichproben für die Verallgemeinerbarkeit der Ergebnisse auf die Grundgesamtheit nichts aus.

3.1.3 Das Quoten-Verfahren

Das Quoten-Verfahren ist wohl das leistungsfähigste und daher in der Marktforschung am weitesten verbreitete Verfahren der bewussten Auswahl. Es steht im Ruf, sogar die Qualität von zufälligen Auswahlen zu übersteigen.[258]

HAMMANN/ERICHSON (2000) beschreiben das Vorgehen beim Quoten-Verfahren wie folgt:

„*Bei der Quotenauswahl wird versucht, die Repräsentanz der Teilauswahl dadurch herzustellen, dass die Verteilung bestimmter Merkmale in der Teilauswahl mit der Verteilung dieser Merkmale in der Grundgesamtheit übereinstimmt.*“[259]

Eine **Quote** ist dabei ein festgelegtes Verhältnis, nach dem bestimmte Ausprägungen eines Merkmals (auch „**Quotenmerkmal**“) in der Stichprobe enthalten sein sollen.[260] Auf der Grundlage dieser Quoten wird eine Stichprobe konstruiert, die in der Verteilung aller herangezogenen Quotenmerkmale für die Grundgesamtheit repräsentativ ist.[261] Sind z.B. 80% der Käuferschaft eines Konsumgutes männlich, so sind bei der Festlegung dieser Quote auch 80% der zu befragenden Personen männlich zu wählen, wenn man als interessierende Grundgesamtheit die Käuferschaft des Konsumgutes definiert.

Durch dieses Vorgehen wird erhofft, dass Repräsentativität bezüglich der interessierenden Erhebungsmerkmale erreicht wird.

NOELLE-NEUMANN/PETERSEN (2000) warnen davor, dabei die Funktion der Quoten miss zu verstehen:

---

[258] Vgl. BÖLTKEN (1976) und TIEDE/VOß (1982), S. 124.

[259] HAMMANN/ERICHSON (2000), S. 134.

[260] Vgl. HARTUNG/ELPELT/KLÖSENER (1993), S. 318.

[261] Vgl. GREEN/TULL (1982), S. 195f, HEYN (1960), S. 107, sowie MEIER/HANSEN (1999).

„Die Repräsentanz der Quotenstichprobe wird nicht gesichert, indem bestimmte ‚quotierte' Merkmale – Geschlecht, Alter, usw. genauso verteilt sind wie in der Grundgesamtheit. Man kann sich zahlreiche Stichproben denken – beispielsweise Patienten von Krankenhäusern oder Bahnreisende, die in ihrer Zusammensetzung nach Geschlecht, Alter, Berufsgruppe, regionaler Verteilung den Proportionen der erwachsenen Bevölkerung entsprechen, ohne deshalb in irgendeiner Weise eine repräsentative Stichprobe der erwachsenen Bevölkerung zu bilden.

Die wirkliche Funktion der Quoten ist: sie sollen den Interviewer zu einer Zufallsauswahl veranlassen, bei der jedes Mitglied der Grundgesamtheit praktisch die gleiche Chance hat, in die Stichprobe zu gelangen; ohne das Wirken eines solchen Zufalls-Mechanismus ist die Bildung einer repräsentativen Stichprobe nicht möglich.“[262]

Die weit verbreitete Meinung, das Ziel des Quoten-Verfahrens sei, durch Herstellung von Repräsentativität bezüglich der Quotenmerkmale in der Stichprobe automatisch Repräsentativität bezüglich aller interessierenden Erhebungsmerkmale zu gewährleisten, ist im Sinne von NOELLE-NEUMANN/PETERSEN damit falsch. Vielmehr charakterisieren sie das Quoten-Verfahren lediglich als Hilfsmittel für den Interviewer, eine Zufallsstichrobe zu realisieren. Ihrer Auffassung nach ist die Voraussetzung von Repräsentativität ein entsprechendes auf dem Zufallsprinzip beruhendes Auswahlverfahren.[263]

TIEDE/VOß (1982) sehen jedoch gerade in dieser Hinsicht wichtige Voraussetzungen verletzt, die für die Anwendung der Wahrscheinlichkeitstheorie erfüllt sein müssen:

„*Die bewusste Auswahl* [beim Quoten-Verfahren] *kommt jetzt darin zum Ausdruck, dass dem Interviewer in gewissen Grenzen die Auswahl der Personen überlassen bleibt. Trotz sorgfältiger Schulung durch den Auftraggeber besteht nun die Gefahr, dass der Interviewer nach persönlichem Ermessen handelt, das ihn sicher nicht selten dazu bewegen wird, rasch sein Programm zu erledigen und die gesuchten Personen auf möglichst engem Raum zu finden.*

---

[262] NOELLE-NEUMANN/PETERSEN (2000), S. 258.

[263] Diese Interpretation des Begriffes der Repräsentativität wird in Abschnitt 4.2 näher erläutert. Es handelt sich hierbei um die im Folgenden als „methodische Repräsentativität“ bezeichnete Auffassung des Repräsentativitätsbegriffes, welcher den Aspekt der Repräsentativität einer Stichprobe untrennbar mit dem Zugrundeliegen des Zufallsprinzips als Auswahlmethodik verknüpft.

[...] Die Auswahl der Stichprobeneinheiten erfolgt nicht zufällig; selbst wenn sich z.B. ein Interviewer strikt an das vorgegebene Quotenschema hält, können am Ende die nicht vorgegebenen sonstigen Merkmale der Stichprobenelemente in der Stichprobe stark über- oder unterrepräsentiert sein.“[264]

BAUSCH (1990) sieht die Voraussetzungen für die Anwendung der Wahrscheinlichkeitsrechnung beim Quoten-Verfahren ebenfalls nicht erfüllt:

„*Ein solches ‚Zufallsprinzip' ist damit nicht algorithmisch festgelegt und auch nicht mehr nachvollziehbar. Insofern unterscheidet sich dieser Auswahlmechanismus stark von denjenigen zufälliger Auswahlverfahren, die dann auch die Anwendung der Wahrscheinlichkeitsrechnung erlauben.*“[265]

Voraussetzung für die Anwendung des Quoten-Verfahrens ist die Kenntnis der Ausprägung der Quotenmerkmale in der Grundgesamtheit. Diese Vorinformationen stammen häufig aus der amtlichen Statistik, wie etwa der Anteil der weiblichen bzw. männlichen Bevölkerung, die Aufteilung auf Altersgruppen oder die Größe des Wohnortes.[266]

In der Online-Marktforschung wird ein Pendant des Quoten-Verfahrens insbesondere bei Online-Panels angewendet, um so „ex ante“ eine vorselektierte, von der soziodemographischen Struktur zur Grundgesamtheit passende Stichprobe zu erhalten. Diese Übertragung des Quoten-Verfahrens auf das Internet entspricht nicht der Anwendung im traditionellen Sinne. Ziel der Anwendung des Quoten-Verfahrens in der traditionellen Marktforschung ist es, den Interviewer zu einer Zufallsauswahl zu veranlassen, bei der jedes Mitglied der Grundgesamtheit praktisch die gleiche Chance hat, in die Stichprobe zu gelangen.[267] Bei der Anwendung des Quoten-Verfahrens auf Online-Panel-Befragungen wird vielmehr angestrebt, die soziodemographische Struktur der Grundgesamtheit in der Stichprobe maßstabsgetreu abzubilden, um durch diese Stichprobenstruktur auch Strukturgleichheit bezüglich der interessierenden Erhebungsmerkmale zwischen Stichprobe und Grundgesamtheit zu erzielen. GÖRITZ/MOSER

---

[264] TIEDE/VOß (1982), S. 125.

[265] BAUSCH (1990), S. 41.

[266] Vgl. NOELLE (1963), S. 133.

[267] Vgl. NOELLE-NEUMANN/PETERSEN (2000), S. 258.

(2000) weisen auf die strukturellen Schwächen eines solchen Ansatzes aufgrund der Entstehung des Online-Panels hin.[268] Handelt es sich bei dem Online-Panel um eine willkürlich rekrutierte Gruppe, so ist nach GÖRITZ/MOSER (2000) keine sinnvolle Stichprobenbildung auf Basis der Anwendung des Quoten-Verfahrens mehr möglich. Ein selbstselektiertes Online-Panel kann durch die Anwendung des Quoten-Verfahrens nicht nachträglich in ein repräsentatives Panel umgewandelt werden.

Schlimmstenfalls wird die durch die Effekte der Selbstselektion und Undercoverage hervorgerufene Verzerrung durch die Anwendung des Quoten-Verfahrens sogar noch vergrößert, da es sich beim Quoten-Verfahren im Grunde genommen um eine „Vor-Gewichtung" der Stichprobe mit dem Ziel der Strukturgleichheit zur Grundgesamtheit handelt. Damit gelten die Kritikpunkte für die im Folgenden beschriebenen Gewichtungs-Verfahren ebenso für das Quoten-Verfahren.[269]

3.1.4 Gewichtungs-Verfahren

Gewichtungen der Stichprobe dienen dem Zweck, diese strukturgleich zur Grundgesamtheit zu gestalten.[270] Damit sind Gewichtungs-Verfahren das ex post angewendete Pendant zum Quoten-Verfahren.[271] NOELLE-NEUMANN/PETERSEN (2000) beschreiben die Vorgehensweise bei Gewichtungs-Verfahren so:

„Das also ist die Gewichtung: Ein einfaches Verfahren, das man immer dann anwendet, wenn bestimmte für das Ergebnis einer Befragung wichtige Bevölkerungsgruppen (z.B. Akademiker bei der Buchmarktforschung, junge Alleinstehende bei Untersuchungen zu Fertiggerichten) über- oder unterrepräsentiert sind. Die jeweiligen Gruppen werden dann entsprechend ihres tatsächlichen Anteils an der Gesamtbevölkerung umgewichtet."[272]

---

[268] Vgl. GÖRITZ/MOSER (2000), S. 159f.

[269] Vgl. Abschnitt 3.1.4.

[270] Vgl. SCHEFFLER (2000), S. 76f.

[271] Vgl. Abschnitt 3.1.3.

[272] NOELLE-NEUMANN/PETERSEN (2000), S. 292.

In der traditionellen Statistik liegen die Gründe für eine Nachgewichtung der Stichprobe vorwiegend in einer systematischen Verzerrung aufgrund zu geringer Ausschöpfungsquoten. So sind z.B. Jungendliche mobiler und mit traditionellen Umfragemethoden schwerer zu erreichen, speziell ältere Frauen verweigern häufiger das Interview etc.[273] Die resultierenden Abweichungen zwischen der Struktur der Grundgesamtheit und der Stichprobe werden dann durch mathematische Gewichtungs-Verfahren, genannt „Redressment", ausgeglichen.[274]

Die nachträgliche Gewichtung der Stichprobe ist ein bei amerikanischen Online-Marktforschungsinstituten weit verbreitetes Verfahren, um Repräsentativität bei ihren Online- Panel-Erhebungen zu suggerieren und hierdurch ihre Marktchancen zu erhöhen.[275]

Solchen ex post angewendeten Verfahren zur Anpassung der Stichprobe an die Grundgesamtheit haftet ein zweifelhaftes Siegel von Seriosität an, da hierbei die Ergebnisse willkürlich-systematisch abgeändert werden, bevor sie der Öffentlichkeit zugänglich gemacht werden.[276] Das Münchner Nachrichtenmagazin FOCUS spricht in einem Artikel unter der Überschrift „Die getürkten Zahlen" in diesem Zusammenhang von „Zahlenakrobatik" und „Gewichtungs-Alchemie".[277]

Überdies bergen solche Anpassungen der Stichprobe an die Grundgesamtheit, egal ob ex ante durch Quoten-Verfahren oder ex post durch Gewichtung, die Gefahr, dass systematische Verzerrungen unter Umständen noch verstärkt werden können.[278] Ein konkretes Beispiel für die Gefahr, die Verzerrung zu vergrößern, liefern GÖRITZ/MOSER (2000): Eine mit der deutschen Bevölkerung strukturgleiche Stichprobe von 1000 Personen sollte etwa 85 Frauen über 65 Jahren beinhalten. Aufgrund der abweichenden Altersstruktur müssten die Angaben einer einzelnen 70jährige Dame, welche sich als einzige aus der vorgenannten Gruppe in einer hypothetischen Online-Stichprobe wieder findet, entsprechend 85fach höher gewichtet werden, damit diese Altersgruppe gemäß der Verteilung in der Bevölkerung auch in der Stichprobe

[273] Vgl. SCHEFFLER (2000), S. 77.

[274] Vgl. ROTHE (1990) und RÖSCH (1994).

[275] Vgl. LÜTTERS (2004), S. 138.

[276] Vgl. NOELLE-NEUMANN/PETERSEN (2003), S. 291.

[277] Vgl. O.V. (1994), S. 48.

[278] Vgl. SCHNELL (1993) sowie HAUPTMANNS (1995).

vertreten wäre. Damit stünde die besagte Teilnehmerin stellvertretend für die gesamte Gruppe der über 65jährigen Frauen der Bevölkerung. Es ist jedoch leicht einzusehen, dass diese Teilnehmerin sich gerade bedingt durch ihre Teilnahme an der Online-Befragung auch bezüglich vieler anderer Merkmale, Eigenschaften und Einstellungen (z.B. hohe Technik-Affinität) deutlich von ihren Altersgenossinnen unterscheiden wird. Würde diese Teilnehmerin z.B. die Frage nach der Häufigkeit der Nutzung von Mobiltelefonen zum Senden von MMS-Multimedianachrichten aufgrund ihres hohen Interesses an elektronischen Kommunikationsmedien mit „häufig" beantworten, entstünde durch die 85fache Höhergewichtung ein extrem verzerrtes Abbild dieser Altersgruppe. Allein schon aufgrund der sehr geringen Verbreitung von Mobiltelefonen bei den über 65jährigen ist davon auszugehen, dass der Schluss „Frauen über 65 Jahre versenden häufig MMS-Nachrichten mit Mobiltelefonen", absolut realitätsfern ist und die wahren Verhältnisse in der Grundgesamtheit völlig falsch wiedergibt.[279]

Dieses Beispiel zeigt deutlich, dass dann mit einer Verstärkung der Verzerrung zu rechnen ist, wenn ein Zusammenhang zwischen der Teilnahme an der Online-Befragung und dem Befragungsgegenstand besteht. Die Teilnahme der Dame aus dem oben beschriebenen Beispiel ist begründet durch ihre hohe Technik-Affinität. Diese steht in unmittelbarem Zusammenhang zum interessierenden Erhebungsmerkmal, der Nutzung von Mobiltelefonen zur Übermittlung von MMS-Nachrichten. Eben diesen Zusammenhang zwischen Erhebungsmerkmal und Befragungsteilnahme respektive Erreichbarkeit gilt es zu ermitteln, mathematisch zu beschreiben und aus den erhobenen Daten heraus zu rechnen.[280]

GÖRITZ (2003) bewertet den Einsatz von Verfahren zur Anpassung der Stichprobenstruktur an die Grundgesamtheit wie folgt:

„Es stellt keine Lösung des Repräsentativitäts-Problems dar, aus einem selbstselegierten Online-Panel Quotenstichproben nach demografischen Vorgaben der interessierenden Grundgesamtheit zu ziehen oder die Angaben der Panelisten nach der Häufigkeitsverteilung einzelner

---

[279] Vgl. GÖRITZ/MOSER (2000), S. 159.

[280] Vgl. Kriterium 4 in Abschnitt 5.1.

Merkmale in der Grundgesamtheit nachzugewichten, so dass äußerlich die bekannte Merkmalsverteilung in der jeweiligen Grundgesamtheit nachgebildet wird.“[281]

Die Anpassung der Stichprobe an die Grundgesamtheit durch Quoten- oder Gewichtungs-Verfahren bieten demnach ebenfalls keine zufrieden stellende Lösung für das Repräsentativitäts-Problem von Online-Befragungen.

Ein weiterer Ansatz zur Lösung des Repräsentativitäts-Problems ist der Versuch, Zufallsauswahlen im Internet zu realisieren. Dieser Ansatz wird im folgenden Abschnitt betrachtet.

3.1.5 Die „N^{th}-Viz“-Methode

Bei der „N^{th}-Viz“-Methode wird durch die Ansprache jedes *n*-ten Besuchers (engl.: „n^{th} visitor“) eines Web-Angebotes versucht, eine Zufallsauswahl von Befragungsteilnehmern zu realisieren.[282] Dies geschieht durch die Installation eines Software-Programms auf dem Server des Web-Angebotes, welches jedem *n*-ten Besucher an Stelle der eigentlichen Webseite einen Fragebogen mit der Bitte um Teilnahme an der Befragung einblendet.[283] Ein Vorteil dieser Methode ist, dass durch die Kenntnis der Anzahl der angesprochenen potentiellen Befragungsteilnehmer die Ausschöpfungsquote berechnet werden kann.

Die „N^{th}-Viz“-Methode ist jedoch aufgrund der technischen Gegebenheiten auf die Gewinnung von Stichproben ausschließlich aus der Menge der Nutzer des betreffenden Web-Angebotes beschränkt, da ihre Anwendung an die zugrunde liegende Webseite gebunden ist. Im übrigen erfüllt auch die „N^{th}-Viz“-Methode nicht die Kriterien einer echten Zufallsauswahl, welche das Problem der Selbstselektion löst, da die Wahrscheinlichkeit zur Auswahl für die Teilnahme an der Befragung unmittelbar mit der Nutzungsintensität des entsprechenden Web-Angebotes zusammenhängt.[284] FRIES (2006) sieht die „N^{th}-Viz“-Methode nicht einmal als

[281] GÖRITZ (2003), S. 236.

[282] Vgl. PFLEIDERER (2003), S. 387ff.

[283] Vgl. HOLZHAUER (1997), S. 31f.

[284] Vgl. LÜTTERS (2004), S. 76.

eigenständiges Auswahlverfahren, sondern bezeichnet sie lediglich als *„eine besondere Form der Werbung für die Befragung"*.[285]

Selbst bei der Annahme, dass sich durch die Anwendung der „Nth-Viz"-Methode eine echte Zufallsauswahl im Internet realisieren lässt, handelt es sich bei der Auswahlgesamtheit, aus der die Stichprobe gewonnen wird, bereits um eine verzerrte Sub-Population. Diese Verzerrung überträgt sich nach den Gesetzen der Wahrscheinlichkeitstheorie[286] durch die Zufallsauswahl unmittelbar auf die erhobene Stichprobe. Es ist nicht möglich aus einer verzerrten Untermenge der interessierenden Grundgesamtheit mit Hilfe einer Zufallsauswahl eine bezüglich der Grundgesamtheit unverzerrte Stichprobe zu gewinnen. Damit ist auch die „Nth-Viz"-Methode nicht geeignet, das Problem mangelhafter Repräsentativität von Online-Befragungen in erschöpfender Weise zu lösen.

Ein weiterer Ansatz zur Reduktion von Verzerrungen bei Online-Erhebungen besteht in der Kombination verschiedener Erhebungsmethoden. Dieser Ansatz wird im nächsten Abschnitt erläutert.

3.1.6 Kombination mehrerer Erhebungsformen

Die Kombination von Online-Erhebungen mit traditionellen Erhebungsformen wie der telefonischen oder schriftlichen Befragung bietet eine weitere Möglichkeit, die Reichweite der Erhebung zu erhöhen.[287] Dieses Vorgehen ist vergleichbar mit der Teilnehmerrekrutierung über verschiedene Kanäle wie bei der Multiple-Site-Entry-Technik.[288] Über die bloße Ansprache der Teilnehmer außerhalb des Internets hinaus wird den Teilnehmern dabei zusätzlich die Möglichkeit eingeräumt, die Befragungsform nach den persönlichen Präferenzen selbst auszuwählen. Laut COUPER (2000) entscheidet sich hierbei der überwiegende Teil noch für die

---

[285] FRIES (2006), S. 110.

[286] Zur Wahrscheinlichkeitstheorie vgl. FISHER (1925), FISHER (1926), FISHER (1935), NEYMAN (1933), NEYMAN (1934) und PEARSON (1927).

[287] Vgl. DILLMANN (2000), S. 217f, sowie MCDEVIN/SMALL (2002).

[288] Vgl. Abschnitt 3.1.2.

traditionellen Befragungsformen, während nur 1,4% der Online-Befragung den Vorzug geben.[289]

Auch für die Kombination der Online-Befragung mit den traditionellen Befragungsformen besteht aufgrund des Wechsels des Befragungsmediums und des damit verbundenen Medienbruchs die Gefahr starker methodisch bedingter Verzerrungen.[290]

Eine weitere Spezialisierung der hybriden Anwendung mehrerer Erhebungsformen ist die Angleichung einer Online-Befragung mittels Redressement-Gewichtung[291] an eine parallel durchgeführte traditionelle „Offline"-Befragung.[292] Für diese Kombination von Erhebungsformen treffen die in den vorangegangenen Abschnitten erläuterten Nachteile der Gewichtungs-Verfahren ebenso zu wie die oben erwähnten Gefahren der Vergrößerung der Verzerrung aufgrund des Medienbruchs. Überdies bedeutet die Anpassung der Online-Befragung an die „Offline"-Stichprobe im Grunde nichts anderes, als dass auf die Verteilung der interessierenden Erhebungsmerkmale in der Grundgesamtheit ausschließlich aus der „Offline"-Stichprobe geschlossen wird. Die Online-Erhebung ist damit inhaltlich völlig irrelevant. Sie suggeriert aufgrund der großen Teilnehmerzahl nur eine wesentlich stärkere Aussagekraft der Ergebnisse, indem die Masse an Befragungsteilnehmern den erhobenen Daten ein um ein vielfaches größeres Gewicht verleiht.[293]

3.1.7 „Omninet" von forsa

Der Versuch, auf der Basis der Gesamtbevölkerung ein Online-Panel aufzubauen, unabhängig davon, ob die jeweiligen Teilnehmer über einen Internet-Zugang verfügen oder nicht, ist laut COUPER (2000) der einzige Ansatz, der dem Anspruch der Repräsentativität für die Gesamtbevölkerung genügt.[294] Diesen Ansatz verfolgt das Marktforschungsinstitut FORSA mit seinem

---

[289] Vgl. COUPER (2000), S. 487.

[290] Vgl. HELLWIG/VON HEESEN/BOUWMEESTER (2003), S. 243, sowie HECKEL/KEMMERZELL (2001).

[291] Vgl. Abschnitt 3.1.4.

[292] Vgl. TJOSTHEIM/SOLHEIM/ALDRIN (1999).

[293] Vgl. hierzu auch die Einleitung zu Kapitel 3.

[294] Vgl. COUPER (2000), S. 488.

Online-Panel „OMNINET".[295] Der Begriff OMNINET ist dem Lateinischen angelehnt und bedeutet frei übersetzt soviel wie „Netz für alle". Die Kernidee dieses speziellen Online-Panels ist es, den Auswahlprozess der Teilnehmer komplett vom internetgestützten Erhebungs- und Befragungsprozess zu trennen und vorzulagern. Es findet eine echte Zufallsauswahl aus der Bevölkerung statt, um auf deren Basis für die spätere Auswertung der erhobenen Daten auf die Methoden der Wahrscheinlichkeitsrechnung und Inferenzstatistik zurückgreifen zu können. Um sämtliche Vorteile von Online-Erhebungen voll ausnutzen zu können, wird jedem Teilnehmer des Panels kostenlos eine technische Hard- und Softwarelösung in Form einer sog. Set-Top-Box zur Verfügung gestellt, die den Zugang zum Internet per Fernseher ermöglicht. Hierdurch wird die Erreichbarkeit für alle Personen der Grundgesamtheit gewährleistet. Ähnlich wie bei der Quotenauswahl wird angestrebt, dass für jede Person der Bevölkerung die Wahrscheinlichkeit in die Stichprobe zu gelangen gleich groß ist.

Das OMNINET-Panel von FORSA besteht derzeit aus etwa 10.000 Teilnehmern. Ein vergleichbares Panel in den USA wird vom amerikanischen Anbieter KNOWLEDGENETWORKS betrieben und umfasst laut dessen Angaben 100.000 Teilnehmer, welche in Anlehnung an die US-Census-Befragungen ausgewählt werden.[296] Es ist offensichtlich, dass Aufbau und Pflege eines solchen Panels schon allein aufgrund der notwendigen Soft- und Hardwareausrüstung jedes einzelnen Teilnehmers immense Kosten verursachen. Die Flexibilität des Panels ist überdies stark eingeschränkt, die Vorteile der Online-Marktforschung gegenüber den traditionellen Methoden bei dieser speziellen Form des Online-Panels werden entsprechend relativiert. Darüber hinaus steckt dieser Ansatz noch in den Anfängen und ist wissenschaftlich kaum erforscht. GÖRITZ (2003) gibt zu bedenken, dass sich auch bei dieser Methode Verzerrungen durch Nicht-Teilnahme ergeben, welche möglicherweise systematischen Ursprungs sind. So erwartet GÖRITZ, dass „*Individuen, die sich technisch für unversiert halten, eher die Mitarbeit verweigern.*"[297] Ebenso bemerkt LÜTTERS (2004), dass bei diesen neuen Panelformen „*Artefakte*" geschaffen werden, „*welche die Ansätze wiederum kritikanfällig erscheinen lassen.*"[298] LÜTTERS weist darauf hin, dass aufgrund der unterschiedlichen technischen

---

[295] Vgl. FORSA (2006) und SEVENONE MEDIA (2006).

[296] Vgl. COUPER (2000), S. 489.

[297] GÖRITZ (2003), S. 237.

[298] LÜTTERS (2004), S. 91.

Konstellationen und der individuellen Einrichtung jedes Panelisten (z.B. Größe, Alter und Typ des Fernsehgerätes etc.) mit Unterschieden in der Darstellung der jeweiligen Erhebung zu rechnen ist.

Überdies ist fraglich, ob die intendierte gleiche Teilnahmechance für die gesamte Bevölkerung durch diesen Ansatz tatsächlich erreicht wird. Die strikte Trennung von Auswahl- und Erhebungsprozess impliziert verschiedene Stufen von der Ansprache zur Panel-Teilnahme bis hin zur konkreten Befragung. Auf jeder dieser Stufen ist mit Ausfällen von potentiellen Befragungsteilnehmern zu rechnen. So berechnen WIEBE/EYERMAN/LOFT (2001) für eine Befragung des KNOWLEDGENETWORKS-Panels eine „Overall Response Rate", d.h. eine Gesamt-Rücklaufquote von lediglich 24,7% der Bevölkerung.[299]

Die Überlegungen, welche zum Aufbau eines solchen speziellen Online-Panels geführt haben, sind grundsätzlich beachtenswert und zu befürworten. Dennoch ist der Ansatz zurzeit wissenschaftlich noch nicht hinreichend erforscht. Überdies werden die wichtigen Vorteile der Methoden der Online-Marktforschung durch den massiven Aufwand der Teilnehmerausrüstung weitestgehend verspielt.

Ein weiterer Ansatz aus der Online-Marktforschungspraxis zur Lösung des Repräsentativitäts-Problems ist die bei der PERSPEKTIVE-DEUTSCHLAND-UMFRAGE[300] eingesetzte READ-Methode. Dieser Ansatz wird im folgenden Abschnitt detailliert betrachtet.

3.1.8 Die READ-Methode

Die READ-Methode[301] ist ein weiteres Verfahren zur Verminderung des Problems mangelnder Repräsentativität von Online-Befragungen und wird regelmäßig eingesetzt bei der Inter-

---

[299] Vgl. WIEBE/EYERMAN/LOFT (2001), sowie DENNIS (2001), S. 19.

[300] Vgl. PERSPEKTIVE-DEUTSCHLAND (2005).

[301] READ steht hierbei für REpresentatively ADjusted (vgl. PERSPEKTIVE-DEUTSCHLAND (2003) und PERSPEKTIVE-DEUTSCHLAND (2005)).

net-Umfrage PERSPEKTIVE-DEUTSCHLAND[302]. Die READ-Methode wurde entwickelt von MCKINSEY & COMPANY.

Die PERSPEKTIVE-DEUTSCHLAND-UMFRAGE wird seit 2001 jährlich mit wachsender Beteiligung im Internet von MCKINSEY & COMPANY unter anderem in Zusammenarbeit mit dem STERN, dem ZDF und WEB.DE unter der Schirmherrschaft des Alt-Bundespräsidenten RICHARD VON WEIZSÄCKER durchgeführt. Ziel der Umfragen ist die Gewinnung eines Stimmungsbildes der Bevölkerung unter wechselnden Leitmotiven. An der Umfrage PERSPEKTIVE-DEUTSCHLAND 2001 nahmen insgesamt rund 170.000 Personen teil.[303] An der fünften Auflage beteiligten sich von Oktober 2005 bis Januar 2006 mehr als 620.000 Menschen in Deutschland.[304]

3.1.8.1 Durchführung und Bereinigung der Umfrage

Die Teilnehmer werden über eine umfangreiche Rekrutierungskampagne für die Teilnahme an der Umfrage geworben. Dabei wird zurückgegriffen auf Banner und Newsletter, sowie umfangreiche Pressearbeit und Anzeigen in den Printmedien.

Die Initiatoren von PERSPEKTIVE-DEUTSCHLAND führen zwei Gründe dafür an, dass Online-Umfragen nicht repräsentativ sind. Zum einen besitzt bislang nicht jeder Haushalt einen Internetzugang (Internetverzerrung), und zum anderen wählen sich die Teilnehmer im Gegensatz zu konventionellen Umfragen selber aus (Teilnehmerverzerrung).[305] Zur Bereinigung wird im Rahmen von PERSPEKTIVE-DEUTSCHLAND eine klassische Offline-Umfrage durchgeführt. Der Fragebogen ist identisch mit der Online-Fassung. Zusätzlich werden die Teilnehmer danach gefragt, ob sie über einen Internetzugang verfügen.

Mit Hilfe der Ergebnisse dieser Offline-Umfrage wird die Wahrscheinlichkeit des Vorhandenseins eines Internetzugangs anhand bestimmter psychographischer und soziodemographi-

[302] Vgl. PERSPEKTIVE-DEUTSCHLAND (2006).

[303] Vgl. PERSPEKTIVE-DEUTSCHLAND (2002), S. 11.

[304] Vgl. PERSPEKTIVE-DEUTSCHLAND (2006).

[305] Vgl. PERSPEKTIVE-DEUTSCHLAND (2005), S. 127.

scher Variablen mittels Probit-Regression geschätzt. Die so erhaltenen inversen Gewichte werden zur Anpassung der Online-Datensätze verwendet.

Die folgende Abbildung zeigt schematisch das Vorgehen zur Bereinigung der Internetverzerrung.

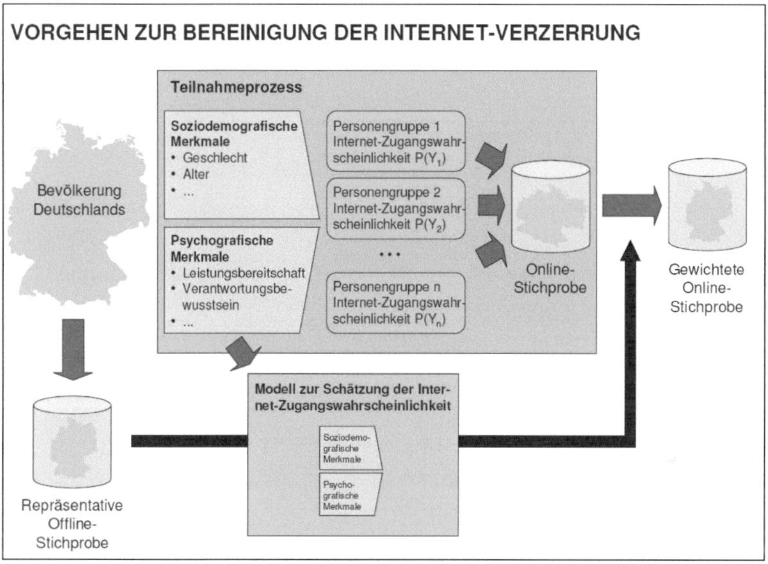

Abbildung 12: Vorgehen zur Bereinigung der Internet-Verzerrung bei Perspektive-Deutschland 2001
Quelle: FRIES (2006), S. 148

Zur Bereinigung der Selbstselektionseffekte wird das sog. Randausgleichsverfahren eingesetzt. Dabei handelt es sich um ein spezielles Verfahren der Redressement-Gewichtung.[306] Basierend auf der Kenntnis der tatsächlichen Verteilung bestimmter Merkmale in der Grundgesamtheit wurden bei PERSPEKTIVE-DEUTSCHLAND 2001 im Rahmen eines Randausgleichs-

[306] Vgl. Abschnitt 3.1.4.

verfahrens Gewichtungsfaktoren ermittelt, die auf den um die Internetverzerrung bereinigten Datensatz angewendet wurden. Quelle für die Ermittlung der tatsächlichen Verteilung relevanter Merkmale in der Grundgesamtheit sind, wo möglich, amtliche Statistiken bzw. insbesondere im Fall psychographischer Variablen die Offline-Umfrage.

In der folgenden, PERSPEKTIVE-DEUTSCHLAND entnommenen Abbildung werden die Verzerrungsproblematik der Umfrage und das zweistufige Vorgehen bei der Bereinigung verdeutlicht.

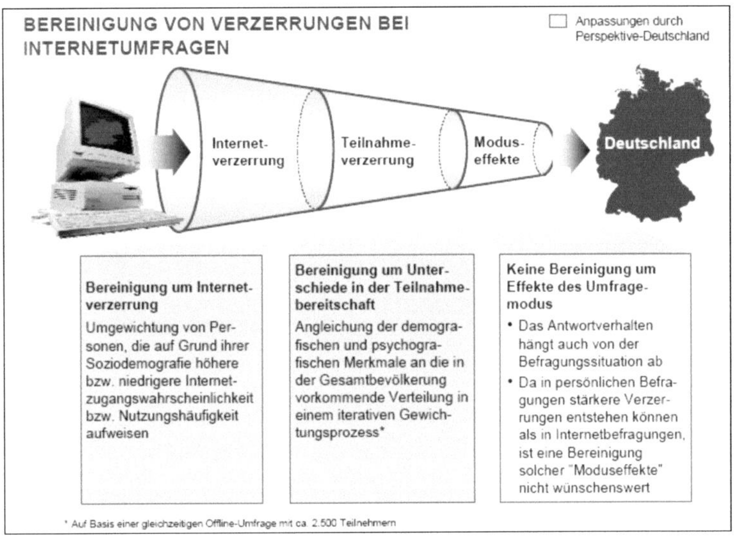

Abbildung 13: Bereinigung der Verzerrungen bei Perspektive-Deutschland

Quelle: PERSPEKTIVE-DEUTSCHLAND (2005), S. 129

3.1.8.2 Beurteilung des Ansatzes

Die Wissenschaft und auch die Marktforschung stehen dem bei PERSPEKTIVE DEUTSCHLAND angewendetem Ansatz von MCKINSEY & COMPANY kritisch gegenüber. Zur Qualitätssicherung von Online-Befragungen wurde im Mai 2001 vom ARBEITSKREIS DEUTSCHER MARKT-

UND SOZIALFORSCHUNGSINSTITUTE (ADM) eine Vereinbarung verabschiedet, welche vorsieht, dass selbstselektierte Stichproben im Rahmen von Online-Befragungen als unzulässiges Verfahren der Rekrutierung gelten.[307] Die PERSPEKTIVE-DEUTSCHLAND-Umfragen erfüllen folglich den von den Interessenvertretungen der deutschen Marktforschung geforderten Qualitätsstandard nicht, da sie auf selbstselektierten Stichproben beruhen.

Ferner entspricht die generelle Vorgehensweise bei der READ-Methode der in Abschnitt 3.1.6 beschriebenen Kombination einer Online-Erhebung mit einer traditionellen Befragung unter Anwendung von Gewichtungs-Verfahren. Diesem Gewichtungs-Verfahren bei der READ-Methode soll laut FRIES (2006) das Grundprinzip der Quotenauswahl zugrunde liegen, um so Strukturgleichheit zwischen Grundgesamtheit und Stichprobe bezüglich der Gewichtungsvariablen zu erreichen, damit dadurch *„die Stichprobe hinsichtlich der Untersuchungsvariablen z mit der Grundgesamtheit übereinstimmt.“*[308] Neben der falschen Interpretation des Quoten-Verfahrens[309] und der Tatsache, dass der Online-Datensatz an die Offline-Stichprobe und nicht unmittelbar an die Grundgesamtheit angepasst wird, ist auch der Schluss falsch, dass eine auf der ex post durchgeführten Gewichtung basierende Strukturgleichheit zwischen Stichprobe und Grundgesamtheit bezüglich der Gewichtungsvariablen automatisch die identische Verteilung zwischen Stichprobe und Grundgesamtheit bezüglich aller anderen Erhebungsmerkmale impliziert.[310]

Die READ-Methode basiert im Wesentlichen auf den in früheren Abschnitten beschriebenen Verfahren der Redressement-Gewichtung.[311] Die dort angeführten Kritikpunkte gelten damit auch hier: Das bloße Höhergewichten von unterrepräsentierten Teilnehmergruppen birgt die Gefahr, die Verzerrung noch zu vergrößern, wenn ein Zusammenhang zwischen Erhebungsmerkmal und Auswahlwahrscheinlichkeit besteht.

SCHNAPP (2003) stellt im Zusammenhang mit der PERSPEKTIVE-DEUTSCHLAND-BEFRAGUNG die Frage: *„Wie zeigen die Organisatoren der Studie, dass dieses Verfahren zuverlässig*

[307] Vgl. ADM (2001).

[308] FRIES (2006), S. 120 u. 123.

[309] Vgl. Abschnitt 3.1.3 sowie NOELLE-NEUMANN/PETERSEN (2000), S. 258.

[310] Vgl. Abschnitt 3.1.4.

[311] Vgl. ebenda.

ist?“[312] In polemischer Weise liefert SCHNAPP gleich selbst die Antwort: „*Durch das PbN-Testverfahren (Proof by Nobelprice)*“.[313] Dies ist eine Anspielung auf die Tatsache, dass in nahezu allen Veröffentlichungen von Ergebnissen der PERSPEKTIVE-DEUTSCHLAND-UMFRAGE auf den Mitbegründer DANIEL MCFADDEN der READ-Methode als Nobelpreisträger hingewiesen wird, um so der Studie das mit diesem Preis verbundene Maß an wissenschaftlicher Seriosität und den Ergebnissen der Studie damit mehr Gewicht zu verleihen.

LÜTTERS (2004) stellt bei der PERSPEKTIVE-DEUTSCHLAND-UMFRAGE gleich generell die Aussagekraft der Online erhobenen Daten in Frage:

„*Bei der Betrachtung der erhobenen Daten drängt sich die Frage auf, welchen Erkenntniszuwachs die Online-Stichprobe von 170.000 Teilnehmern gegenüber der klassisch erhobenen Stichprobe erzeugt. Die mediale Bewerbung der Erhebung über das Argument ‚größte Befragung Deutschlands' macht deutlich, dass die Stichprobengröße in diesem Fall eher als ein Instrument der Kommunikationspolitik anzusehen ist. Eine Notwendigkeit der Ausdehnung der Erhebungseinheiten ist im Rahmen der Datenerhebung nicht zu erkennen.*“[314]

Damit erklärt LÜTTERS die gesamte Online-Befragung bei der PERSPEKTIVE-DEUTSCHLAND-ERHEBUNG für den Informationsgewinn völlig überflüssig, da die Ergebnisse ausschließlich aus der traditionellen Stichprobe abgeleitet werden.[315] Die groß angelegte Online-Befragung dient offensichtlich nur dem Erreichen immens hoher Teilnehmerzahlen, welche den Ergebnissen durch die Tendenz zu einer Totalerhebung mehr Gewicht verleihen sollen. In Wahrheit sind jedoch auch solche Großumfragen weit entfernt von einer Totalerhebung. Selbst eine Teilnehmerzahl von absolut 170.000 Personen entspricht bei einer Bevölkerung von über 80 Millionen einer Beteiligung von lediglich 0,2 % der Grundgesamtheit.

Damit ist auch die READ-Methode kein geeignetes Instrument, das Repräsentativitäts-Problem von Online-Erhebungen zu lösen. Es findet vielmehr eine Zweckentfremdung der

[312] SCHNAPP (2003), S. 25.

[313] SCHNAPP (2003), S. 26.

[314] LÜTTERS (2004), S. 125f.

[315] Vgl. Abschnitt 3.1.6 sowie die Einleitung zu Kapitel 3.

hohen Teilnehmerzahlen der Online-Befragung zu reinen Werbezwecken statt, während die inhaltlichen Ergebnisse der Online-Erhebung völlig ungenutzt bleiben.

Der folgende Abschnitt fasst die wichtigsten Erkenntnisse dieses Kapitels noch einmal zusammen.

3.2 Fazit zum Stand der Forschung

Das Problem der mangelnden Repräsentativität bei Online-Befragungen ist bisher nicht zufrieden stellend gelöst.

In der Praxis wird das Problem häufig ignoriert mit dem Hinweis auf die große Anzahl an Befragungsteilnehmern und der dadurch vermeintlich implizierten Aussagekraft der Ergebnisse. Systematische Verzerrungen in der Stichprobe führen jedoch zu falschen Schlüssen unabhängig von der Größe der realisierten Stichprobe. Wie in der Einleitung dieses Kapitels gezeigt, liefern kleinere repräsentative Stichproben bessere Ergebnisse als Stichproben mit großen Fallzahlen, die verzerrt sind.

Oft wird über das Problem fehlender Repräsentativität völlig hinweg gesehen, ohne es zu erwähnen, aus Ermangelung an einer adäquaten Lösung.

Die eingesetzten Verfahren zur Realisierung repräsentativer Stichproben führen ebenfalls nicht zum Ziel, wie in den vorangegangenen Abschnitten gezeigt wurde.

Das Ziehen echter Zufallsstichproben aus bereits verzerrten Untermengen der interessierenden Grundgesamtheit wie beim N^{th}-Viz-Verfahren hebt die Verzerrung nicht auf, sondern überträgt sie nach den Gesetzen der Zufallsauswahl proportional verkleinert auf die realisierte Stichprobe und bietet damit keine Lösung für das Problem mangelnder Repräsentativität.

Das Anpassen der Zusammensetzung der Stichprobe an die Grundgesamtheit bezüglich soziodemographischer Merkmale ex ante durch Quotierung oder ex post mittels Gewichtung reicht nicht aus, um Repräsentativität bezüglich der interessierenden Erhebungsmerkmale zu garantieren. Diese Vorgehensweise vergrößert die Verzerrung oft noch, wie in den vorangegangenen Abschnitten gezeigt wurde.

Der Hauptgrund, weshalb die vorgestellten Verfahren nicht funktionieren, ist die Tatsache, dass sie der eigentlichen Ursache des Problems der Verzerrung von Online-Befragungen nicht direkt entgegenwirken. Die Verzerrung wird verursacht durch ungleiche Auswahlchancen der Grundgesamtheitselemente!

Einzig der „OMNINET"-Ansatz von FORSA und KNOWLEDGENETWORKS geht auf die Problematik der unterschiedlichen Erreichbarkeit der Personen der Grundgesamtheit ein, indem angestrebt wird, die Auswahlchancen für alle Personen anzugleichen durch die technische Nachrüstung der Internetzugänge für alle Befragungsteilnehmer. Dieses sehr aufwendige Verfahren verspielt jedoch die Vorteile von Online-Erhebungen durch den Verlust eines Großteils der Flexibilität und den enormen Anstieg des finanziellen Aufwands.

Um zu einer Lösung für das Problem mangelhafter Repräsentativität zu kommen, muss zunächst die gesamte Problematik auf einer formaleren Ebene betrachtet, eine eindeutige Definition des Begriffes der Repräsentativität gegeben und das Problem mathematisch-statistisch formuliert werden. Dies geschieht im folgenden Kapitel.

„Statistische Daten und Kenntnisse bloß zu sammeln,
ist genau so schlecht wie Geld zu horten.
Auch Wissen will umgesetzt sein."
(ROBERT FROST)

4 Repräsentativität von Online-Befragungen

Was in der Marktforschung gemeint ist, wenn von der Eigenschaft der Repräsentativität die Rede ist, ist sehr diffus und nicht eindeutig definiert. HAUPTMANNS (1999) stellt die zentrale Frage, was unter Repräsentativität zu verstehen ist, und wie sie in einer Stichprobe erreicht wird.[316] Er beantwortet seine Frage in anklagender Weise wie folgt:

„In der Beschreibung von WWW-Umfragen finden sich dazu die interessantesten Theorien – z.B. bei einer Umfrage auf einer Web-Seite an der Uni Marburg der Hinweis, man möge doch zahlreich an der Befragung teilnehmen, denn ‚Je mehr Leute sich beteiligen, desto representativer wird die Umfrage' <http://www.fb03.uni-marburg.de/~laufer/umfrage.htm>. Offensichtlich gilt auch (und gerade) für Web-Umfragen die ‚Magie der großen Zahl'[317] mehr als ein Blick in die Literatur."[318]

Um dem Umstand der ungenauen Definition des Repräsentativitätseigenschaft Abhilfe zu schaffen und den Begriff der Repräsentativität vor einem fundierten statistischen Hintergrund zu definieren, enthält der folgende Abschnitt zunächst einen Exkurs in die Grundlagen der Statistik und insbesondere der Stichprobentheorie.

4.1 Exkurs: Grundlagen der Statistik und der Stichprobentheorie

In der Statistik versteht man unter einer **Grundgesamtheit** (auch **Population** oder **Auswahlgesamtheit**) eine Menge von Elementen (Merkmalsträger), über die bezüglich eines Merk-

[316] Vgl. HAUPTMANNS (1999), S. 26.

[317] Vgl. die Einleitung zu Kapitel 3.

[318] HAUPTMANNS (1999), S. 26.

mals oder mehrerer Merkmale Informationen beschafft werden sollen.[319] In der Praxis ist die Untersuchung eines oder mehrerer Merkmale dieser Objekte oft nicht so durchführbar, dass alle Objekte in die Untersuchung eingehen, also eine **Totalerhebung** (auch **Vollerhebung**) durchgeführt wird, sondern es wird lediglich eine Teilmenge der Grundgesamtheit erhoben. Eine solche Teilmenge der Grundgesamtheit mit *n* Elementen nennt man **Stichprobe vom Umfang *n***.[320] Das Wort „Stichprobe" entstammt angeblich der Berg- und Hüttensprache, in der es den „Stich zur Probe" in den Hochofen bedeutet.[321] Die Bedeutung der Stichprobe verdeutlicht COCHRAN (1972) in der Einleitung seines Standardwerkes:

„Unser Wissen, unsere Einstellung und unser Handeln stützt sich weitgehend auf Stichproben. Diese Feststellung ist gleichermaßen im Alltag und in der Forschung gültig. Die meisten Menschen beurteilen so große Institutionen wie Banken nur nach den wenigen Filialen, die sie im Laufe der Zeit kennen gelernt haben. Ein anderes, nicht selten bespötteltes Beispiel ist der Amerikaner, der zehn Tage in einem unterentwickelten Land verbringt, um dann in einem Buch die Bewohner zu belehren, wie ihre Industrie in Gang zu bringen ist, wie ihr politisches System reformiert werden sollte, wie eine ausgeglichene Zahlungsbilanz erreicht und wie die private und öffentliche Versorgungslage verbessert werden kann. Eigentlich unterscheidet er sich von einem politischen Fachmann, der 20 Jahre seines Lebens braucht, um sein Land kennen zu lernen, nur geringfügig: Der Amerikaner zieht seine Schlüsse lediglich aus einer viel kleineren Stichprobe. Vermutlich ist er sich seiner Lücken auch nicht so genau bewusst. In der Wissenschaft und sonst fehlt uns meistens die Fähigkeit, uns mehr als einem kleinen Teilgebiet hinzuwenden, auf dem wir unser Wissen vielleicht ein wenig vertiefen können."[322]

COCHRAN beschreibt hier bereits die wesentlichen Vorzüge der Stichprobenverfahren. Sie sind billiger und schneller als Vollerhebungen, da der für die Erhebung und Auswertung benötigte Kosten- und Zeitaufwand geringer ist. Ferner liefern Stichprobenerhebungen gelegentlich genauere Ergebnisse, da ihre Genauigkeit aufgrund ihrer Überschaubarkeit wesentlich einfacher handhabbar ist, als bei Vollerhebungen.

---

[319] Vgl. BOMSDORF (1989), S. 103.

[320] Vgl. ebenda, S. 103.

[321] Vgl. MORGENSTERN (1968), S. 87.

[322] COCHRAN W. G.: Sampling Techniques. Deutsche Übersetzung von BÖING (1972), S. 15.

4.1.1 Auswahlverfahren für Stichproben

In der heutigen Praxis lassen sich grob zwei Methoden der Stichprobenerhebung unterscheiden. Dies sind zum einen die **Zufallsauswahlen** (random samples), welche auf der in den 1930er Jahren entwickelten Wahrscheinlichkeitstheorie von FISHER, NEYMAN und PEARSON[323] beruhen, und zum anderen die **nicht zufälligen Beurteilungsstichproben** (purposive selection, auch **bewusste Auswahl**), welche in den Grundzügen bereits Ende des 19. Jahrhunderts zur Bereitstellung von Datenmaterial für volks- und sozialwissenschaftliche Untersuchungen entwickelt wurden. Ein wesentlicher Unterschied zur Zufallsauswahl besteht darin, dass bei der bewussten Auswahl nicht angegeben werden kann, wie groß die Wahrscheinlichkeit dafür ist, eine bestimmte Auswahl zu realisieren.[324] KOPPS (1977) differenziert die nicht zufälligen Stichproben noch einmal in willkürliche und bewusste Auswahlverfahren, wobei er darauf hinweist, dass die Grenzen fließend sind.[325] Aus diesem Grund wird hier diese Trennung nicht vorgenommen und der Begriff der bewussten Auswahl als Synonym für alle nicht zufälligen Auswahlverfahren verwendet.

Eine Übersicht über die Grundformen der Auswahlverfahren beinhaltet die folgende Abbildung 14. Die wichtigsten Verfahren werden in den folgenden Abschnitten ausführlicher behandelt.

---

[323] Zur Wahrscheinlichkeitstheorie nach FISHER, NEYMAN und PEARSON siehe: FISHER (1925), FISHER (1926), FISHER (1935), NEYMAN (1933), NEYMAN (1934) sowie PEARSON (1927).

[324] Vgl. TIEDE/VOẞ (1982), S. 123.

[325] Vgl. KOPS (1977), S. 99.

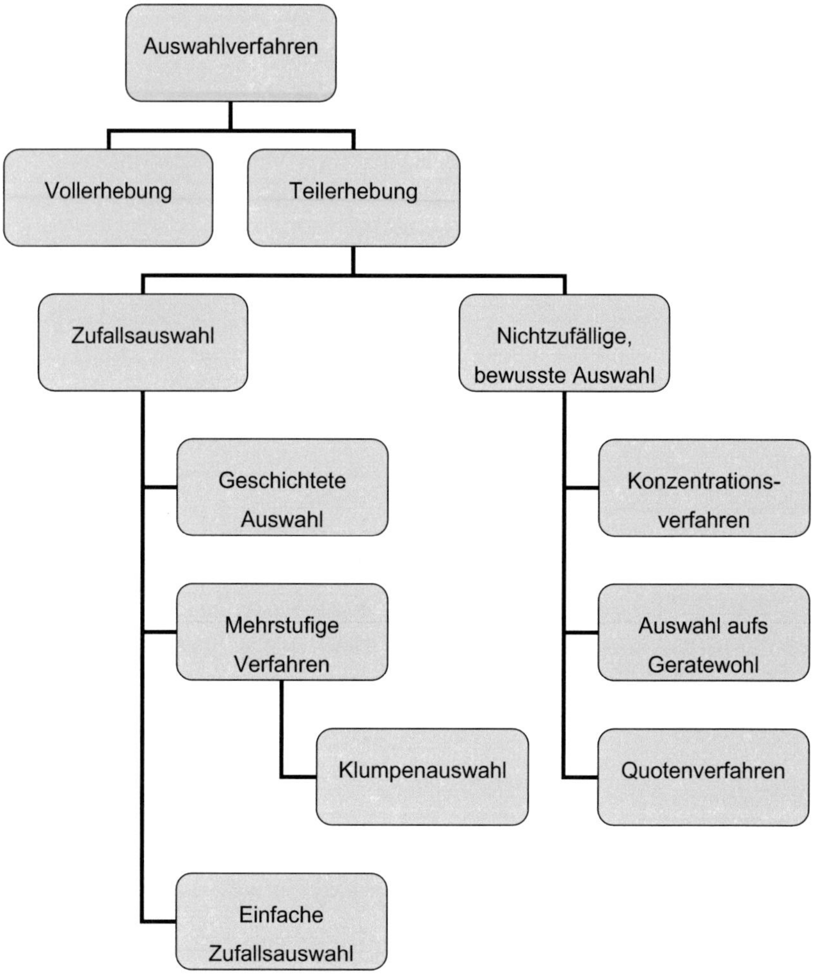

Abbildung 14: Grundformen von Auswahlverfahren

Quelle: in Anlehnung an BEREKOVEN/ECKERT/ELLENRIEDER (2001), S. 62 und HAMMANN/ERICHSON (2000), S. 133

4.1.1.1 Zufallsauswahl (random samples)

Wie der Name bereits beinhaltet, erfolgt bei der Zufallsauswahl die Auswahl der Stichprobenelemente durch einen Zufallsprozess (durch Auslosen, Zufallszahlen, systematische Auswahl mit Zufallsstart, Schlussziffernauswahl, etc.).

Die Verfahren der Zufallsauswahl setzen voraus, dass alle Einheiten der Grundgesamtheit bekannt und in irgendeiner Form identifizierbar sind (Karteikarte, Nummerierung, etc.).[326]

Basierend auf der Wahrscheinlichkeitstheorie[327] liegt das Prinzip zugrunde, dass jedes Element der Grundgesamtheit eine von Null verschiedene Auswahlwahrscheinlichkeit haben muss, um die Stichprobe zu gelangen. Im Unterschied zur willkürlichen oder bewussten Auswahl lässt sich damit der Stichproben- bzw. Zufallsfehler mathematisch berechnen.[328]

Die Verfahren der Zufallsauswahl sind bei Online-Befragungen nicht anwendbar, da die Voraussetzungen für ihre Anwendbarkeit nicht erfüllt sind. Nicht alle Elemente der Grundgesamtheit sind im Internet erreichbar, wie später noch erläutert wird.[329] Damit sind keine echten Zufallsstichproben im Internet möglich. Für eine ausführliche Betrachtung der Verfahren der Zufallsauswahl sei auf die entsprechende Literatur verwiesen.[330]

4.1.1.2 Bewusste Auswahl

4.1.1.2.1 Auswahl aufs Geratewohl

Stichprobenerhebungen, bei denen kein kontrollierter Auswahlmechanismus vorgegeben ist, werden häufig als „Auswahl aufs Geratewohl"[331] oder „chunks"[332] bezeichnet. Im Rahmen

[326] Vgl. MEFFERT (2000), S. 151.

[327] Vgl. Fußnote 323.

[328] Vgl. BEREKOVEN/ECKERT/ELLENRIEDER (2001), S. 51, sowie Abschnitt 4.1.2.

[329] Vgl. Abschnitt 4.3.1 zum Phänomen der sog. „Undercoverage".

[330] Vgl. z.B. BILLETER (1970), S. 14ff., TIEDE/VOß (1982), S. 126ff., BAUSCH (1990), S. 42ff. oder RAO (2000), S. 7ff.

[331] Vgl. LEINER (1985), S. 10.

der Online-Marktforschung fallen hierunter beispielsweise die oben beschriebenen Spaßbefragungen.[333] Die Auswahlbasis ist nicht vorgegeben und damit ist auch keine methodische Definition des Auswahlmechanismus möglich. Beispiele aus der traditionellen Marktforschung für solche willkürlichen Auswahlen sind zum Beispiel die aus den Medien bekannten „Blitzumfragen“ an der Straßenecke.

4.1.1.2.2 Konzentrationsverfahren

Beim Konzentrationsverfahren beschränkt man sich bewusst auf die Erhebung aus einem bestimmten Teil der Grundgesamtheit.[334] Diese Konzentration erfolgt dabei mit der Begründung, dass eben jene Elemente aus der Grundgesamtheit, auf die die Konzentration stattfindet, in Hinblick auf den Untersuchungsgegenstand besonders wichtig oder bezeichnend sind.

Einen Grenzfall stellt das Verfahren der „**Monographie**“[335] (Fallstudie) dar. Dabei werden nach dem „Prinzip der typischen Einzelfälle“[336] ein oder mehrere Elemente der Grundgesamtheit ausgewählt, welche mit den vorgegebenen Rahmenbedingungen, die für die Grundgesamtheit bekannt sind, möglichst gut übereinstimmen.[337]

4.1.1.2.3 Quoten-Verfahren

Das Quoten-Verfahren wurde bereits in Kapitel drei ausführlich behandelt.[338]

[332] Vgl. DEMING (1960), S. 30.

[333] Vgl. Abschnitt 2.3.5.2.2.3 und COUPER (2000), S. 476ff.

[334] Vgl. HAMMANN/ERICHSON (2000), S. 136f.

[335] Vgl. BAUSCH (1990), S. 38.

[336] Vgl. MENGES (1959), S. 80.

[337] Vgl. KELLERER (1963), S. 5.

[338] Vgl. Abschnitt 3.1.3.

4.1.2 Grundlegende statistische Begriffe und Definitionen

Bereits in der Einleitung von Abschnitt 4.1 wurden einige wichtige Begriffe als Grundlage der Stichprobentheorie erwähnt. Im Folgenden werden die für die weitere Betrachtung notwendigen statistischen Grundbegriffe formal definiert. Die folgenden Definitionen orientieren sich dabei insbesondere an BOMSDORF (2002a) und BOMSDORF (2002b).

Definition 1: Zufallsexperiment, Ereignis, Ergebnis

Unter einem **Zufallsexperiment** wird ein wiederholbares Experiment verstanden, dessen Ergebnis nicht mit Sicherheit vorhersagbar ist. Die nichtleere, abzählbare Menge

$$\Omega = \{\omega_i | i=1,2,...\} = \{\omega_1, \omega_2,...\}$$

aller möglichen **Ergebnisse** ω heißt **Ergebnismenge** (auch **Ergebnisraum**, **Grundraum**, **Stichprobenraum**).

Jede Teilmenge von Ω wird als Ereignis bezeichnet. Die einelementigen Teilmengen von Ω heißen **Elementarereignisse**.

Definition 2: Diskreter Wahrscheinlichkeitsraum, Wahrscheinlichkeitsmaß

Ein diskreter Wahrscheinlichkeitsraum (kurz W-Raum) ist ein Paar (Ω,P), wobei Ω ein Grundraum und P eine auf der Potenzmenge $\wp(\Omega)$ definierte reellwertige Abbildung mit folgenden Eigenschaften sind:

$P(A) \geq 0, \forall A \subset \Omega$ (Nichtnegativität)

$P(\Omega) = 1$ (Normiertheit)

$P(\sum_{j=1}^{\infty} A_j) = \sum_{j=1}^{\infty} P(A_j)$ (σ-Additivität)

für jede Folge $(A_j)_{j \in IN}$ paarweise disjunkter Ereignisse.

P heißt **Wahrscheinlichkeitsmaß** (kurz: W-Maß) oder auch **Wahrscheinlichkeitsverteilung** auf Ω. $P(A)$ heißt die **Wahrscheinlichkeit** des Ereignisses A.

Definition 3: Zufallsvariable

Eine Abbildung X, von Ω in die reellen Zahlen $\mathbb{R}$ heißt **Zufallsvariable**:

$$X\colon \Omega \rightarrow \mathbb{R}$$

$$\omega \rightarrow X(\omega).$$

Der Funktionswert $X(\omega)$ bezeichnet eine **Realisation der Zufallsvariablen** X.

Definition 4: Verteilungsfunktion einer Zufallsvariablen

Sei X eine Zufallsvariable. Die Funktion F_X,

$$F_X\colon \mathbb{R} \rightarrow [0,1]$$

$$x \rightarrow F_X(x) = P(X \leq x) = P(\{\omega \in \Omega \mid \omega \leq x\}),$$

heißt **Verteilungsfunktion** der Zufallsvariablen X.

Sie gibt die Wahrscheinlichkeit dafür an, dass die Zufallsvariable X einen Wert kleiner oder gleich x annimmt und wird mit F abgekürzt.

Definition 5: Dichtefunktion einer stetigen Zufallsvariablen

Eine Zufallsvariable X und ihre Verteilungsfunktion F_X heißen **stetig**, falls eine Funktion

$$f_X\colon \mathbb{R} \rightarrow [0,\infty[\text{ mit}$$

$$F_X(x) = \int_{-\infty}^{x} f_X(t)dt \quad \text{für alle } x \in \mathbb{R}$$

existiert.

Die Funktion f_X heißt **Dichtefunktion** oder **Wahrscheinlichkeitsdichte** von X.

Definition 6: Erwartungswert, Varianz und Standardabweichung einer stetigen Zufallsvariablen

Sei X eine stetige Zufallsvariable mit der Verteilungsfunktion F_x.

Dann heißt die Größe

$$\mu_X = \mu = E(X) = \int_{-\infty}^{\infty} x f_X dx \text{, falls das Integral endlich ist,}$$

der **Erwartungswert** der Zufallsvariablen X.

Die Größe

$$\sigma^2_X = \sigma^2 = V(X) = E(X - \mu^2_X) = \int_{-\infty}^{\infty} (x - \mu_X)^2 f_X(x) dx$$

heißt die **Varianz** von X und $\sigma_x = \sqrt{\sigma_X^2}$ die **Standardabweichung** von X.

Definition 7: Quantilfunktion und Median

Sei X eine Zufallsvariable mit Verteilungsfunktion F_X. Die Funktion Q_X

$$Q_X\colon]0,1[\rightarrow \mathrm{I\!R}$$

$$p \rightarrow Q_X(p) = x_p = \min\{x \in \mathrm{I\!R} | F_X(x) \geq p\},$$

heißt **Quantilfunktion** von X, und $x_p = Q_X(p)$ ist das ***p*-Quantil** von X $(0 < p < 1)$.

Das p-Quantil von X ist gleich dem kleinsten Wert x, für den die Verteilungsfunktion F_X größer oder gleich p ist. Ein spezielles Quantil ist der **Median** von X (auch **Zentralwert**), gegeben durch

$x_{Med} = \tilde{x} := x_{0,5}$.

Der Median ist neben dem Erwartungswert ein weiterer Lageparameter von Verteilungen, der die „Mitte“ der Verteilung von X in der Form charakterisiert, dass er die Wahrscheinlichkeitsmasse in zwei gleich große Hälften aufteilt.

Definition 8: Grundgesamtheit

Es sei Ω (in Anlehnung an den Ereignisraum) die endliche **Grundgesamtheit** (auch Population oder Auswahlgesamtheit), bestehend aus N verschiedenen Elementen (auch statistische Einheiten oder Merkmalsträger), aus der die Stichprobe zu ziehen ist. Die Schreibweise für diese Grundgesamtheit ist:

$\Omega = \{\omega_1, \ldots, \omega_N\}$ (mit den Merkmalsträgern ω_i)

$N = \#(\Omega)$ = Anzahl der Elemente in Ω.

Im Folgenden wird # stets als Symbol für die Anzahl benutzt.

Definition 9: Stichprobe

Eine Teilmenge s der Grundgesamtheit Ω der Form

$s = (\omega_1, \ldots, \omega_n)$ (dabei ist ω_i das i-te Element von s)

heißt **Stichprobe** vom Umfang n aus Ω.

Definition 10: Merkmal

Ein (Untersuchungs-, Erhebungs-) **Merkmal** X ist eine Zuordnung von Ω in die reellen Zahlen:

$X: \Omega \rightarrow \mathbb{R}$.

Die reelle Zahl

$$x_i = X(\omega_i) \text{ resp. } x = X(\omega)$$

heißt **Merkmalswert** des Elements $\omega_i \in \Omega$ resp. $\omega \in \Omega$.

Die $x_1,..., x_N$ heißen auch **Populations-Parameter**.

Funktionen von $x_1,..., x_N$ heißen **Parameter-Funktionen**. Von Interesse sind insbesondere:

Definition 11: Mittelwert

$$\mu = \mu_X = \tfrac{1}{N}\sum_{i=1}^{N} x_i = \tfrac{1}{N}\sum_{\omega\in\Omega} X(\omega)$$

heißt der **Mittelwert** von X (in Ω).

Definition 12: Varianz und Standardabweichung

$$\sigma^2 = \sigma_X^2 = \tfrac{1}{N}\sum_{i=1}^{N}(x_i - \mu)^2 = \tfrac{1}{N}\sum_{\omega\in\Omega}(X(\omega) - \mu)^2$$

heißt **Varianz** (Streuung) von X (in Ω).

$$\sigma = \sqrt{\sigma^2}$$

heißt **Standardabweichung** von X (in Ω).

Bemerkungen:

(1) In der Literatur findet man verbreitet Schreibweisen wie $\overline{X}$ statt μ und S^2 statt σ^2. Damit sind jedoch Gefahren der Verwechslung bei der Notation von Statistiken wie dem arithmetischen Mittel oder der Streuung von Stichproben gegeben. Die hier gewählte Schreibweise macht deutlich, dass es sich (bei unveränderter Grundgesamtheit) um unveränderliche Populations-Parameter handelt.

(2) X kann auch aufgefasst werden als eine auf Ω definierte Zufallsvariable, wobei Ω identifiziert wird mit der Menge der möglichen Ergebnisse des Zufallsexperiments „Ziehe ein Element aus Ω“. Die zugehörige Wahrscheinlichkeitsverteilung ist die **uniforme Verteilung** gegeben durch

$P_0(\omega) = 1/N \ \forall \omega \in \Omega$.
Damit ist $E(X) = \mu$ und $V(X) = \sigma^2$.

Definition 13: Stichprobe aus einem Merkmal

Es sei X ein Merkmal auf Ω. Dann lassen sich folgende n Zufallsvariable $X_1,\ldots, X_n$ definieren durch:

$X_j(s) := x_j := X(\omega_j)$ für eine Stichprobe s aus Ω.

$X_j(s)$ ist also der Merkmalswert x_j der j-ten Komponente ω_j von s.

Dann heißt

$X(s) = (X_1,\ldots, X_n)$

Stichprobe aus X der Länge n.

Das Verfahren, nach dem s gezogen und $X(s)$ ermittelt wird, heißt **Erhebungsverfahren**.

Die beobachteten Werte des Merkmals X führen zu Realisierung der Stichprobe $(x_1,\ldots, x_n)$.

Definition 14: Statistik

Eine reellwertige Funktion

$$T = T(X_1, \ldots, X_n),$$

die nicht von unbekannten Parametern abhängt, heißt **Statistik** oder **Stichprobenfunktion**.

<u>**Bemerkung**</u>:

T ist als Funktion von Zufallsvariablen wieder eine Zufallsvariable. Die Verteilung von *T* heißt **Stichprobenverteilung**, die Varianz wird auch als **Fehlervarianz** und die Standardabweichung als **Standardfehler** bezeichnet.[339]

Stichprobenfunktionen, welche im Weiteren insbesondere interessieren, sind gegeben durch

$$\overline{X} := \tfrac{1}{n}\sum_{i=1}^{n} X_i$$ **(Stichprobenmittelwert** bzw. **Stichprobenmittel)**,

$$S^2 := \tfrac{1}{n}\sum_{i=1}^{n} (X_i - \overline{X})^2$$ **(Stichprobenvarianz)**,

$$S := \sqrt{S^2}$$ **(Standardabweichung der Stichprobe)**,

$$S^{*2} := \tfrac{1}{n-1}\sum_{i=1}^{n} (X_i - \overline{X})^2$$ **(korrigierte Stichprobenvarianz)**,

$$S^* := \sqrt{S^{*2}}$$ **(Wurzel aus der korrigierten Stichprobenvarianz)**.

339 Vgl. BOMSDORF (2002b), S. 136.

Definition 15: Schätzfunktion für μ

Eine **Schätzfunktion** (auch **Punktschätzung**, **Schätzer** oder **Schätzung**) $\hat{\mu}$ von μ ist eine Stichprobenfunktion $T = T(X_1,X_2,...,X_n)$, mit der aus der Stichprobe $(X_1,X_2,...,X_n)$ auf den unbekannten Parameter μ geschlossen werden kann. Als Stichprobenfunktion ist $\hat{\mu}$ eine Zufallsvariable. Der Wert, den sie für eine konkrete Stichprobe $(x_1,x_2,...,x_n)$ annimmt, heißt Schätzwert für μ.

Definition 16: Verzerrung, Erwartungstreue und mittlerer quadratischer Fehler eines Schätzers

Sei $\hat{\mu}$ ein Schätzer von μ. Dann heißt

$$b(\hat{\mu})=E(\hat{\mu}) - \mu$$

Verzerrung oder **Bias** von $\hat{\mu}$, und

$$E((\hat{\mu} - \mu)^2) = V(\hat{\mu}) + b(\hat{\mu})^2$$

heißt **mittlerer quadratischer Fehler** oder **Mean Square Error** von $\hat{\mu}$.

Falls gilt:

$$\mathrm{E}(\hat{\mu}) = \mu \ \forall \mu \in \mathbb{R} \text{ und } \forall n \in \mathbb{N},$$

so heißt $\hat{\mu}$ **erwartungstreu** oder **unverzerrt.**

Sofern diese Eigenschaft nur asymptotisch wie folgt gilt:

$$\lim_{n\to\infty} \mathrm{E}(\hat{\mu}) = \mu,$$

heißt $\hat{\mu}$ **asymptotisch erwartungstreu.**

<u>**Bemerkung**</u>:

Die Eigenschaft der Erwartungstreue oder Unverzerrtheit eines Schätzers bedeutet anschaulich, dass, wenn man unendlich viele Stichproben aus der Grundgesamtheit zieht, das arithmetische Mittel über alle Schätzwerte den gesuchten unbekannten Parameter genau trifft. Die Verzerrung (i. e. die Abweichung des Schätzwertes vom unbekannten Parameter) kann somit als Indikator für die Güte eines Schätzers dienen. Ebenso gibt der mittlere quadratische Fehler als Streuungsmaß des Schätzers einen Hinweis auf die Güte der Schätzung. Je geringer ein Schätzer um seinen Erwartungswert streut, desto „treffsicherer“ ist die realisierte Schätzung.

Um die mittlere quadratische Abweichung durch geeignete Wahl einer Schätzfunktion möglichst klein zu machen, besteht häufig ein **Zielkonflikt zwischen Verzerrung und Varianz**.

Für den unsinnigen Schätzer $\hat{\mu} = \mu^*$ mit einem festen Wert μ^* gilt nämlich:

$$V(\hat{\mu}) = 0 \text{ und } b(\hat{\mu}) = \mu^* - \mu \;\forall \mu \in \mathbb{R}.$$

Dieses Beispiel zeigt, dass auf Kosten der Erwartungstreue stets Schätzer mit verschwindender Varianz existieren.

Im Allgemeinen sucht man nach erwartungstreuen Schätzern mit möglichst geringer Varianz.[340] Der Schätzer mit der geringsten Varianz unter allen erwartungstreuen Schätzern wird auch als **effizienter** Schätzer bezeichnet.

So ist z.B. das arithmetische Mittel

$$\overline{X} = \tfrac{1}{n}\sum_{i=1}^{n} X_i$$

ein effizienter Schätzer für den Parameter μ einer normalverteilten Zufallsvariablen X unter der Voraussetzung einer einfachen Zufallsstichprobe.[341]

[340] Bei einem erwartungstreuen Schätzer ist die Varianz gleich dem mittleren quadratischen Fehler, da $E(\hat{\mu})$ gerade gleich μ ist.

Trotzdem sollten nicht nur erwartungstreue Schätzer in Betracht gezogen werden. Es kann nämlich sein, dass für ein spezielles Schätzproblem überhaupt kein erwartungstreuer Schätzer existiert, oder dass ein erwartungstreuer Schätzer, von anderen Kriterien aus beurteilt, unsinnig sein kann.[342]

Kann kein erwartungstreuer Schätzer gefunden werden, ist der Schätzer entsprechend so zu wählen, dass Verzerrung und mittlerer quadratischer Fehler möglichst klein werden.

Definition 17: Mediantreue

Sei $\hat{\mu}$ ein Schätzer von μ. Falls gilt

$$P(\hat{\mu} < \mu) = P(\hat{\mu} > \mu) = \frac{1}{2},$$

dann heißt der Schätzer $\hat{\mu}$ **mediantreu** für μ.

Definition 18: Rang

Gegeben sei eine geordnete Statistik $x_1, x_2, ..., x_n$ mit $x_1 \leq x_2 \leq ... \leq x_n$.

Dann heißt

$$Rang(x_i) := i = \#\{x_j \in \{x_1, x_2, ..., x_n\} | x_j \leq x_i\}$$

der **Rang** von x_i.

Treten zwei oder mehr Elemente gleichen Wertes $x_i = x_j$ $(i \neq j)$ in der geordneten Statistik auf, so spricht man von **Bindungen** (ties). Die an einen Wert gebundenen Beobachtungen werden jeweils zu einer **Bindungsgruppe** zusammengefasst. Die Ränge sind dann nicht mehr eindeutig zu bilden. Als Ausweg wird die von BÜNING/TRENKLER (1994) beschriebene Methode

[341] Vgl. BOMSDORF (2002b), S. 166.

[342] Vgl. HENZE (1995), S. 160.

angewendet, Durchschnittsränge zu bilden.[343] Dabei wird für alle Elemente jeder Bindungsgruppe das arithmetische aus jeweils allen Rangzahlen, die für die Bindungsgruppe insgesamt zu vergeben sind, als Rang vergeben.

Definition 19: Korrelationskoeffizient

Gegeben seien zwei Zufallsvariablen X und Y mit Erwartungswerten $E(X)$ und $E(Y)$ und Varianzen $V(X)$ und $V(Y)$.

Dann heißt

$$\rho_{X,Y} := \frac{E((X - E(X))(Y - E(Y)))}{\sqrt{V(X)}\sqrt{V(Y)}}$$

der **Korrelationskoeffizient** von X und Y. Dieser ist ein Maß für den linearen Zusammenhang zwischen X und Y.

Bemerkung:

Die Größe

$$\sigma_{XY} = Cov(X,Y) := E((X - E(X))(Y - E(Y))),$$

welche den Zähler des Korrelationskoeffizienten bildet, heißt **Kovarianz** von X und Y.[344]

Als empirisches Pendant ist der **Korrelationskoeffizient von Bravais-Pearson** zweier Merkmale X und Y gegeben durch

$$r_{XY} := S_{XY}/S_X S_Y,$$

343 Vgl. Büning/Trenkler (1994), S. 45

344 Vgl. Bomsdorf (2002b), S. 123.

wobei S_X und S_Y die Standardabweichungen von X und Y sind und S_{XY} die empirische Kovarianz zwischen X und Y definiert durch

$$S_{XY} := \tfrac{1}{n}\sum_{i=1}^{n}(X_i - \overline{X})(Y_i - \overline{Y}) \text{ ist.}$$ [345]

Der Korrelationskoeffizient nimmt Werte im Intervall [-1;1] an und ist ein Maß für den linearen Zusammenhang zwischen X und Y. Ein Wert für den Korrelationskoeffizienten von Null bedeutet, dass die beiden Variablen linear unabhängig voneinander sind. Ein Wert vom Betrag Eins entspricht einem streng linearen Zusammenhang maximal möglicher Stärke. Das Vorzeichen des Koeffizienten gibt dabei die Richtung des Zusammenhangs wieder. Ein negatives Vorzeichen (negative Korrelation bzw. negativer Zusammenhang) bedeutet, dass Y tendenziell fällt, wenn X steigt.

Aufbauend auf diesen Exkurs in die Statistik und die Stichprobentheorie folgt im nächsten Abschnitt eine formale Definition des Repräsentativitäts-Begriffes aus statistischem Blickwinkel heraus. Diese statistische Definition von Repräsentativität soll als Ausgangspunkt für eine problemorientierte Lösung des Problems der fehlenden Repräsentativität von Online-Befragungen dienen.

4.2 *Repräsentativität aus statistischer Perspektive*

Die beiden in Abschnitt 4.1.1 unterschiedenen Methoden der Stichprobenerhebung, Zufallsauswahl und nicht zufällige Beurteilungsstichproben werden zum ersten Mal 1926 von der Berichtskommission des INTERNATIONALEN STATISTISCHEN INSTITUTS erwähnt und als gleichgewichtige **repräsentative Methoden** wie folgt zusammengefasst:

„*The term **The Representative Method** is used as a collective designation for the two undermentioned methods, both of which are aiming at securing a representative sample in order to make it possible to generalise the result obtained from the partial investigation. The term Partial Investigation is used as a collective designation for all those statistical inquiries,*

[345] Vgl. BOMSDORF (2002a), S. 134f.

where not the whole domain about which it is desired to obtain knowledge, is investigated, but only a part of that domain, whether the part investigated has come to hand incidentally or has been selected for investigation."[346]

Damit wird unter einer repräsentativen Stichprobe eine Teilmenge der Grundgesamtheit verstanden, deren Ergebnisse sich auf die Grundgesamtheit verallgemeinern lassen.

NOELLE (1963) verwendet eine formalere Definition:[347]

Sei A^t eine unbekannte Datenmatrix zum Zeitpunkt t der Form:

$$A^t = \begin{pmatrix} a_{11}^t & a_{12}^t & \cdots & a_{1M}^t \\ a_{21}^t & a_{22}^t & \cdots & a_{2M}^t \\ \vdots & \vdots & \ddots & \vdots \\ a_{N1}^t & a_{N2}^t & \cdots & a_{NM}^t \end{pmatrix},$$

wobei a_{ij}^t die Ausprägung des j-ten Merkmals beim i-ten Element der Grundgesamtheit zum Zeitpunkt t ist. Dann ist eine repräsentative Stichprobe eine Teilmatrix von A^t, die in ihrer Zusammensetzung bezüglich der ausgewählten Elemente und der betrachteten Merkmale ein gleichwertiges, lediglich verkleinertes Modell von A^t darstellt.

Weniger formal definiert KREIENBROCK (1989) eine repräsentative Stichprobe mit folgender, nahezu tautologischer Beschreibung:

"*Eine Stichprobe ist <u>repräsentativ,</u> wenn aus ihr der Schluss auf die zugrunde gelegte Grundgesamtheit erlaubt ist.*"[348]

Zur Überprüfung der Stichprobenqualität wird demnach gerade die fehlende sichere Information über die Grundgesamtheit benötigt.

---

[346] MENGES (1959), S. 59, aus « Bulletin de l'Institut International de Statistique », Bd. XXIII, 1ère Livraison, Roma 1926, S359ff.

[347] NOELLE (1963), S. 110.

[348] KREIENBROCK (1989), S. 9.

Eine solche Definition kann nicht zur Lösung der Frage nach der Repräsentativität einer Stichprobe beitragen, da es gerade das Ziel einer repräsentativen Stichprobenauswahl ist, von der Stichprobe auf die Grundgesamtheit zu schließen. STUART (1984) bezeichnet dieses Problem als **central paradox of sampling**:

„*The central paradox of sampling is that it is impossible to know, from examination of a sample, whether or not it is a "good" sample in the sense of being free from selection bias. Of course, if we know some details of the population, we can compare the sample to the population in respect of these details; but we can never know everything about the population and in any case, if we could we should have no reason for sampling it.*"[349]

Eine exakte Definition einer repräsentativen Stichprobe ist in der wissenschaftlichen Literatur nicht gegeben. Diese Situation hat zur Folge, dass der Begriff der Repräsentativität in der Methodenliteratur kritisch diskutiert wird. Dabei lassen sich die beiden folgenden Positionen unterscheiden:

Die erste Position sieht die Repräsentativität als empirisches Konzept. Eine Stichprobe ist dann repräsentativ, wenn sie hinsichtlich der als relevant erachteten Merkmale ein unverzerrtes verkleinertes Abbild der Grundgesamtheit darstellt. Der Begriff der Repräsentativität bezieht sich auf die Relevanz der Forschungsfragestellung: Es gebe keine Repräsentativität als solche, da eine Stichprobe immer nur im Hinblick auf bestimmte Merkmale oder Merkmalskombinationen repräsentativ sein könne. Der entscheidende Punkt sei die Relevanz dieser Merkmale für die Forschungsfrage.[350]

Im Rahmen der vorliegenden Arbeit wird diese Auffassung von Repräsentativität als **inhaltliche Repräsentativität** bezeichnet. Hiermit wird ausgedrückt, dass das Verständnis der Repräsentativität sich auf den möglichen Schluss von der Stichprobe auf die Grundgesamtheit bezüglich des Befragungs**inhalts** bezieht. Das STATISTISCHE BUNDESAMT (1960) definiert den Begriff der Repräsentativität ebenfalls mit inhaltlichem Fokus wie folgt:

---

[349] STUART (1984), S. 4.

[350] vgl. KRIZ/LISCH (1988), S. 220.

„Eine Teilmasse heißt repräsentativ, wenn sie in der Verteilung aller interessierenden statistischen Merkmale der Gesamtmasse entspricht, d.h. ein verkleinertes aber sonst wirklichkeitsgetreues Abbild der Gesamtheit darstellt.“[351]

Hiervon unterscheidet sich die zweite, prinzipienorientierte Position. In der quantitativ orientierten Methodenliteratur der Wirtschafts- und Sozialwissenschaften existiert überwiegend die Festlegung, nur dann von repräsentativen Stichproben zu sprechen, wenn es sich um echte Zufallsauswahlen (random samples) handelt.[352] Hier steht die Erhebungsmethodik im Vordergrund, mit deren Hilfe Unverzerrtheit sichergestellt werden soll: in Stichproben, die über Verfahren der Zufallsziehung gewonnen wurden, ist die Wahrscheinlichkeit der Unverzerrtheit bezüglich aller möglichen Merkmale hoch, und Konfidenzintervalle statistischer Parameter lassen sich berechnen. Als entscheidendes Gütekriterium für eine Stichprobe in der Sozialforschung könne demnach nur gelten, ob die Auswahl eine Zufallsauswahl darstellt oder nicht.[353]

So interpretiert der ARBEITSKREIS DEUTSCHER MARKT- UND SOZIALFORSCHUNGSINSTITUTE E.V. (ADM) den Begriff Repräsentativität wie folgt:

„Eine Stichprobe ist dann repräsentativ, wenn jedem Element der Grundgesamtheit die gleiche, von Null verschiedene Auswahlchance zugeordnet werden kann und die einzelnen Stichprobenelemente zufällig ausgewählt werden.“[354]

SCHNELL/HILL/ESSER bemerken hierzu:

“Die Bezeichnung einer Stichprobe als 'repräsentativ' ist somit nur im Sinne des Prinzips der Zufallsauswahl zu verstehen: beide Begriffe sind im obigen Sinne synonym.”[355]

Diese Auslegung von Repräsentativität wird im Folgenden **methodische Repräsentativität** genannt, um sie von der inhaltlichen Repräsentativität abzugrenzen.

---

[351] STATISTISCHES BUNDESAMT (1960), S. 13.

[352] Vgl. MAYNTZ ET AL. (1969), S. 70, SAHNER (1971), S. 14, KERLINGER (1978), S. 109.

[353] Vgl. SCHNELL/HILL/ESSER (1995), S. 281.

[354] ADM/AG.MA (1999), S. 28.

[355] SCHNELL/HILL/ESSER (1995), S. 280.

Häufig wird bei der Frage nach der Repräsentativität einer Stichprobe auch auf die Größe der Stichprobe verwiesen. Bei einer einfachen Zufallsauswahl wird mit steigendem Stichprobenumfang die Wahrscheinlichkeit einer großen Abweichung der Merkmalsverteilungen von der Grundgesamtheit aufgrund des Gesetzes der großen Zahlen kleiner.[356] SCHNELL/HILL/ESSER (1995) ziehen hieraus den Schluss, dass für die Bestimmung des notwendigen Stichprobenumfangs die Variabilität der untersuchten Merkmale sowie die Toleranzgrenze der Konfidenzintervallsgröße der Schätzer wesentlich sind.[357] Stichprobenumfänge zwischen 1000 und 3000 Personen werden von ihnen mit Verweis auf SCHEUCH (1974) für bevölkerungsrepräsentative Aussagen als ausreichend erachtet.[358]

Die allgemeine Gleichsetzung, dass repräsentative Stichproben einen großen Stichprobenumfang aufweisen müssen und umgekehrt große Stichproben automatisch repräsentativ sind, gilt nicht unbedingt. KRIZ/LISCH (1988) schreiben hierzu:

"*Der Begriff der Repräsentativität wird häufig falsch gebraucht. So wird er immer wieder im Sinne großer Stichproben verwendet, obwohl große Fallzahlen nicht automatisch Repräsentativität bedeuten.*"[359]

Systematische Verzerrungen können auch bei großen Stichproben auftreten und die Ergebnisse verfälschen. Die Größe einer Stichprobe allein sagt nichts über ihre Qualität oder Repräsentativität aus.[360]

Mit Blick auf das auf Stichprobenerhebungen bezogene Zitat von ZERR (2003) – „*Das Endergebnis zählt!*"[361] – lässt sich festhalten, dass der Begriff Repräsentativität vor dem Hintergrund des angestrebten Zieles einer Stichprobe, „*über die aktuellen Untersuchungsfälle hinaus zu Aussagen über die Gesamtheit der möglichen Fälle zu kommen*",[362] definiert werden muss.

---

[356] Vgl. KROMREY (1998), S. 275. Zum Gesetz der großen Zahlen vgl. BOMSDORF (2002b), S. 126ff. und SCHIRA (2005), S. 395ff.

[357] Vgl. SCHNELL/HILL/ESSER (1995), S. 259f.

[358] Vgl. SCHEUCH (1974), S. 51f.

[359] KRIZ/LISCH (1988), S. 220.

[360] Vgl. auch die Einleitung zu Kapitel 3.

[361] ZERR (2003), S. 14.

[362] KROMREY (1998), S. 248.

Bei der Anwendung der Zufallsauswahl als Erhebungsmethodik lässt sich wahrscheinlichkeitstheoretisch beweisen, dass inferenz-statistische Schlüsse von der Stichprobe auf die Grundgesamtheit möglich sind.[363]

Auf dieser Gegebenheit fußt die oben vorgestellte methodische Definition von Repräsentativität.[364] Diese Definition, welche Repräsentativität mit dem Vorliegen einer Zufallsauswahl gleichstellt,[365] wird dem Begriff jedoch nicht in ausreichender Weise gerecht. Der Repräsentativitäts-Begriff wird zu eng gefasst. THEOBALD (2000) bemerkt hierzu:

„*Aus diesen Gründen ist es nicht nur nützlich, sondern auch angebracht und legitim, die strenge Definition der Repräsentativität zu lockern und anzupassen, damit sie auch sinnvoll angewendet werden kann.*“[366]

Das Vorliegen einer Zufallsstichprobe ist hinreichend für die Begründung, dass aufgrund der Erhebungsmethodik basierend auf der Stichprobe wahre Aussagen über die Grundgesamtheit getroffen werden können. Der Begriff der Repräsentativität muss jedoch weiter gefasst werden, da unter bestimmten Voraussetzungen auch von einer nicht auf der Zufallsauswahl beruhenden Stichprobe wahre Aussagen bezüglich eines interessierenden Erhebungsmerkmals über die Verhältnisse in der Grundgesamtheit getroffen werden können. RAO (2000) schreibt hierzu:

„*In some situations without a proper sampling procedure, it may become convenient to obtain the required information from the readily available population units. Estimates and predictions from these types of nonprobability sampling procedures can sometimes be close to the population values.*“[367]

Im Übrigen führt die Gleichsetzung von Repräsentativität mit dem Zugrundeliegen einer Zufallsstichprobe für die Online-Marktforschung zu einer unbefriedigenden Lösung der Repräsentativitätsfrage. Die Methodik der Zufallsstichprobe ist bei Online-Befragungen nicht an-

---

363 Vgl. BEREKOVEN/ECKERT/ELLENRIEDER (2001), S. 51, sowie BOMSDORF (2002b), S. 141ff.

364 vgl. z.B. die Definition des Repräsentativitätsbegriffs vom ADM (ADM/AG.MA (1999), S. 28).

365 Vgl. MAYNTZ ET AL. (1969), S. 70, SAHNER (1971), S. 14, KERLINGER (1978), S. 109, ADM/AG.MA (1999), S. 28, sowie SCHNELL/HILL/ESSER (1995), S. 280f.

366 THEOBALD (2000), S. 120.

367 RAO (2000), S. 8.

wendbar, denn im Internet ist nach deren Definition keine Zufallsauswahl möglich. Voraussetzung für eine echte Zufallsauswahl ist die vollständige Erreichbarkeit der Grundgesamtheit.[368] Diese Voraussetzung ist bei Online-Befragungen oft nicht erfüllt.[369] BAMERT/HEIDINGSFELDER (2001) bemerken hierzu:

„Bei WWW-Umfragen mit Online-Rekrutierung ist eine Zufallsauswahl in der Regel nicht möglich, d.h. die potentiellen Teilnehmer haben nicht alle die gleiche Wahrscheinlichkeit, in die Stichprobe zu gelangen. Zudem ist die Stichprobe in der Regel selbstselektierend, d.h. z.B. nur Besucher eines bestimmten Web-Angebots können an einer Umfrage teilnehmen.“[370]

Damit wären alle aus Stichprobenerhebungen im Internet gewonnenen Daten im Sinne der streng methodischen Definition von Repräsentativität völlig wertlos und unbrauchbar. Nach Meinung von KROMEY (1987) ist die mangelnde Repräsentativität nach dieser strengen Definition jedoch kein ausreichendes Argument, um die Möglichkeit der Verallgemeinerung der Stichprobenergebnisse auf die Grundgesamtheit komplett zu negieren.[371] Er schließt lediglich die auf der Wahrscheinlichkeitstheorie beruhende Inferenzstatistik als „automatisches“ Instrument zur Verallgemeinerung aus.

Um dennoch Stichproben, welche nicht auf dem Zufallsprinzip beruhen, in angemessener Weise bewerten zu können, ist eine Loslösung bei der Definition des Begriffes „Repräsentativität“ von der Zufallsauswahl notwendig. Damit muss die Definition eher der in Abschnitt 4.2 vorgestellten inhaltlichen Definition folgen, wie sie z.B. vom STATISTISCHEN BUNDESAMT (1960) verwendet wird.[372]

Die bisher gegebene inhaltliche Definition von Repräsentativität ist auf die Zielsetzung einer Stichprobe ausgerichtet, *„über die aktuellen Untersuchungsfälle hinaus zu Aussagen über die Gesamtheit der möglichen Fälle zu kommen“*,[373] und entsprechend praktisch und wenig

---

[368] Vgl. Abschnitt 4.1.1.1.

[369] Vgl. SCHNELL (1991), SCHNELL/HILL/ESSER (1995), S. 257, sowie COUPER (2000).

[370] BAMERT/HEIDNINGSFELDER (2001), S. 168.

[371] Vgl. KROMEY (1987), S. 498ff.

[372] Vgl. STATISTISCHES BUNDESAMT (1960), S. 13.

[373] KROMREY (1998), S. 248.

mathematisch formuliert. HAUPTMANNS (1999) beschreibt, wie diese Zielsetzung mathematisch zu interpretieren ist:

„Eine Stichprobe wird i.d.R. als repräsentativ bezeichnet, wenn sie die Grundgesamtheit gut abbildet, d.h. wenn die Parameter der Stichprobe (Mittelwerte, Varianzen) als gute Schätzung der Parameter der Grundgesamtheit angesehen werden können.“[374]

Mit anderen Worten ist die Lösung des Repräsentativitäts-Problems damit gleich zu setzen, eine „gute“ Schätzfunktion für die gesuchten Grundgesamtheitsparameter zu finden.

DEMING (1950) verwendet zur Veranschaulichung des Repräsentativitäts-Problems die folgende Metapher:[375] Er vergleicht eine Repräsentativerhebung mit den Schüssen eines Schützen auf eine Zielscheibe. Wenn das Gewehr einwandfrei ist und der Schütze gut, so ist die Streuung der Treffer klein und die Erhebung weist keinen Defekt (im Sinne einer Verzerrung) auf. Schießt ein schlechter Schütze mit einem einwandfreien Gewehr, wird die Streuung größer, doch die Erhebung weist noch keinen Defekt auf. Ist das Korn des Gewehrs verklemmt, doch der Schütze gut, ist die Streuung klein, doch die Erhebung weist einen Defekt auf, d.h. der gesuchte Parameter wird nicht „getroffen“. Der schlimmste Fall ist der, dass ein schlechter Schütze mit einem defekten Gewehr schießt. Dadurch wird die Streuung groß und der Parameter wird systematisch verfehlt.

Wie im Exkurs in die Grundlagen der Statistik und Stichprobentheorie in Abschnitt 4.1.2 erörtert wurde, ist im statistischen Sinne unter einer „guten“ Schätzfunktion ein Schätzer für den gesuchten Grundgesamtheitsparameter mit möglichst geringer Verzerrung (analog zu einem einwandfreien Gewehr) und geringer Varianz (analog zu einem guten Schützen) zu verstehen. Im besten Fall wird ein effizienter Schätzer gesucht, welcher unter allen erwartungstreuen Schätzern die geringste Varianz hat, sofern ein solcher Schätzer existiert.

Damit lässt sich **Repräsentativität im statistischem Sinne** wie folgt definieren:

---

[374] HAUPTMANNS (1999), S. 26.

[375] Vgl. DEMING (1950), S. 19f.

Eine **repräsentative Schätzung** für einen unbekannten Grundgesamtheitsparameter θ eines interessierenden Merkmals X liegt genau dann vor, wenn anhand einer Stichprobe $X_1, X_2, \ldots, X_n$ der gesuchte Grundgesamtheitsparameter θ mit Hilfe einer Schätzfunktion $\hat{\theta}$ effizient geschätzt wird. Existiert kein effizienter Schätzer, so ist $\hat{\theta}$ derart zu wählen, dass θ möglichst unverzerrt und mit möglichst geringer Varianz geschätzt wird.

Diese statistische Interpretation von Repräsentativität soll als Ausgangspunkt für eine problemorientierte Lösung der fehlenden Repräsentativität von Online-Befragungen dienen. Durch sie ist die **Zielsetzung** zur Lösung des Repräsentativitäts-Problems klar vorgegeben:

Zur Lösung des Problems der mangelhaften Repräsentativität von Online-Befragungen ist ein Schätzverfahren zu entwickeln, welches möglichst unverzerrte Schätzungen mit minimaler Varianz für die interessierenden Grundgesamtheitsparameter erzeugt.

Die Vorgehensweise zur Lösung des Repräsentativitäts-Problems ergibt sich daraus als logische Konsequenz: Um die Verzerrungen zu minimieren, sind zunächst die ursächlichen Faktoren dieser Verzerrungen und damit für die mangelhafte Repräsentativität bei Online-Befragungen zu identifizieren. Dies leistet der folgende Abschnitt!

4.3 Ursachen für mangelnde Repräsentativität bei Online-Befragungen

In der wissenschaftlichen Literatur werden die Ursachen für die fehlende Repräsentativität bei Online-Befragungen in unterschiedlicher Weise klassifiziert. Meist werden der Aspekt der Undercoverage (auch Coverage-Error)[376] der Selbstselektionseffekt[377] und der Non-Response-

[376] Mit Coverage-Error bzw. Undercoverage ist die Tatsache gemeint, dass bestimmte Gruppen aus der Grundgesamtheit durch die Stichprobe nicht „abgedeckt" werden, da sie aufgrund von methodischen Gegebenheiten keine Chance haben, in die Stichprobe zu gelangen. Vgl. SCHNELL (1991), SCHNELL/HILL/ESSER (1995), S. 257, sowie COUPER (2000).

[377] Der Begriff „Selbstselektion" bezeichnet das Phänomen, dass sich die Teilnehmer bei Online-Befragungen selbst aktiv für die Teilnahme an der Befragung auswählen und nicht z.B. in Form einer Zufallsstichprobe aus der interessierenden Grundgesamtheit ausgewählt werden. Vgl. z.B. BANDILLA (1999), S. 13, BATINIC/BOSNJAK (2000), sowie THEOBALD (2000), S. 89ff.

Error (auch als „Drop-Out" oder „Ausfälle" bezeichnet)[378] mit weiteren Unterformen unterschieden. Diese werden in den folgenden Abschnitten näher betrachtet.

4.3.1 Undercoverage

Bestimmte Nutzergruppen sind besser im Internet erreichbar, andere schlechter, und bestimmte Gruppen der Bevölkerung verfügen gar nicht über einen Internet-Anschluss. Dies führt dazu, dass bestimmte Teile der Bevölkerung bzw. der interessierenden Grundgesamtheit gar keine Chance haben, in die Stichprobe zu gelangen. Das Phänomen, dass bei einer Stichprobenerhebung aus erhebungstechnischen (z.B. zu geringe Telefondichte bei Telefonbefragungen) oder –methodischen Gründen nicht alle Personen aus der interessierenden Grundgesamtheit die Möglichkeit haben, in die Stichprobe zu gelangen, wird auch als **„Undercoverage"**[379] oder **„Coverage-Error"**[380] bezeichnet.[381]

Durch die notwendige Voraussetzung eines Internet-Zugangs zur Teilnahme an Online-Befragungen ist ein gewichtiger Teil der Gesamtbevölkerung von vorne herein methodisch bei dieser Befragungsart ausgeschlossen. Die Allgemeinbevölkerung und die Internet-Nutzerschaft, welche lediglich eine Teilmenge der ersteren darstellt, unterscheiden sich deutlich bezüglich ihrer soziodemographischen Struktur[382] und sind deshalb in mehrerlei Hinsicht nicht miteinander vergleichbar.[383]

Eine graphische Veranschaulichung des Problems der Undercoverage bietet die folgende Abbildung 15.

---

[378] Mit „Non-Response" ist das Nicht-Antworten von (potentiellen) Befragungsteilnehmern auf einzelne Fragen oder die gesamte Befragung aus unterschiedlichen Gründen gemeint. Vgl. z.B. BOSNJAK (2001), BANDILLA/BOSNJAK (2000), S. 20ff., RAO (2000), S. 215ff sowie COCHRAN (1977), S. 359f.

[379] Vgl. SCHNELL/HILL/ESSER (1995), S. 257.

[380] Vgl. COUPER (2000).

[381] Vgl. SCHNELL (1991).

[382] Strukturerhebungen der Internetnutzerschaft ergeben, dass sich unter den Internetnutzern im Vergleich zur Gesamtbevölkerung verhältnismäßig mehr jüngere Personen, mehr Personen mit höherem Einkommen, höherer Bildung sowie mehr Männer befinden. (vgl. z.B. HAUPTMANNS (1999), S. 30ff.).

[383] Vgl. GÖRITZ (2003), S. 234.

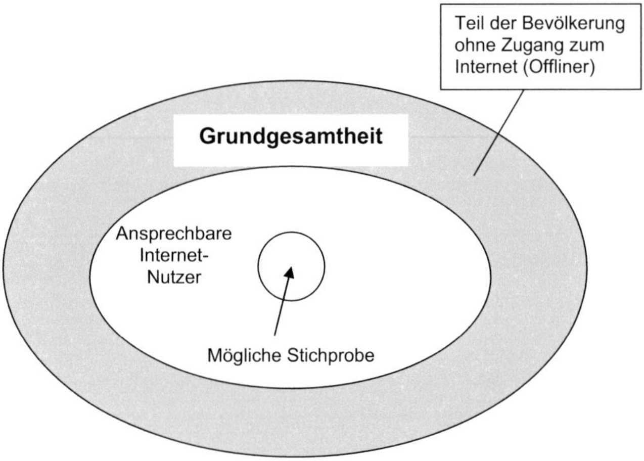

Abbildung 15: Das Problem der Undercoverage

Quelle: Vereinfachte Darstellung in Anlehnung an BREITER (1997), S. 137

In der Abbildung 15 ist veranschaulicht, dass die in einer Online-Befragung ansprechbaren Personen häufig lediglich eine Teilmenge der Grundgesamtheit darstellen. Die Grundgesamtheit wird nicht vollständig durch die mit der Befragung erreichbare Gruppe abgedeckt. Daher auch der englische Begriff „Undercoverage" (zu Deutsch: „Unterabdeckung"). Der grau markierte Bereich bildet die „Offliner" der Grundgesamtheit, d.h. die nicht mit der Online-Befragung erreichbaren Personen in der Grundgesamtheit.

Die mögliche Gefahr, die der Effekt der Undercoverage mit sich bringt, wenn sich die Gruppe der durch die Befragung erreichbaren Personen von der Gruppe der nicht erreichbaren in der Grundgesamtheit strukturell unterscheidet, veranschaulicht EATON (1997) wie folgt:

"You cannot ask men for the opinions of women, Republicans for the beliefs of Democrats or users for the thoughts of non-users. In statistical terms, a sample represents the universe from which it was drawn - and no one else."[384]

Damit lassen sich laut EATON anhand einer Online-Umfrage keine Aussagen über die Menge der nicht durch die Umfrage erreichbaren Personen der interessierenden Grundgesamtheit treffen. HAUPTMANNS/LANDER (2003) formulieren die zu klärende Frage wie folgt:

„Die Frage, die sich dabei stellt, um zumindest ansatzweise die Qualität der Stichprobe beurteilen zu können, ist nun, ob zwischen den Teilnehmern einer Befragung und den Nichtteilnehmern systematische Unterschiede existieren. Entscheidungen potentieller Befragter über eine Befragungsteilnahme wirken sich immer dann problematisch auf die Zusammensetzung und damit auf die Qualität der Befragung und ihrer Ergebnisse aus, wenn sich die Teilnehmer von den Nicht-Teilnehmern in wichtigen, für die Untersuchung relevanten Merkmalen unterscheiden."[385]

Das Phänomen der Undercoverage ist streng genommen nur ein Teilaspekt des komplexen Auswahlprozesses bei Befragungen im Internet. Auch die Gruppe der im WWW ansprechbaren Personen ist bezüglich ihrer Erreichbarkeit keineswegs homogen. Die Erreichbarkeit variiert stark zwischen den einzelnen Personen dieser Gruppe, und die Auswahlwahrscheinlichkeit ist individuell verschieden. FRIES (2006) bemerkt hierzu, dass es in der Gruppe der „Erreichbaren" Personen gibt, *„die aufgrund ihres Nutzungsverhaltens eine höhere Wahrscheinlichkeit haben, auf eine Werbemaßnahme für die Umfrage zu stoßen, als andere"*.[386] HAUPTMANNS/LANDER (2003) unterscheiden entsprechende Untergruppen der Internet-Nutzer.[387] HELLWIG/VON HEESEN/BOUWMEESTER (2003) identifizieren die Internet-Affinität als einen starken Einflussfaktor auf die Teilnahmebereitschaft und differenzieren diesbezüglich zwischen den „Internetprofis" und den „Internetamateuren".[388]

---

384 EATON (1997).

385 HAUPTMANNS/LANDER (2003), S. 34.

386 FRIES (2006), S. 51.

387 Vgl. HAUPTMANNS/LANDER (2003), S. 35f.

388 Vgl. HELLWIG/VON HEESEN/BOUWMEESTER (2003), S. 242.

Um einen ersten Hinweis auf mögliche Verzerrungen in der Stichprobe zu erhalten, ist zu untersuchen, ob sich die verschiedenen Gruppen (Viel- bzw. Wenig-Nutzer, Umfrage-affine bzw. Umfrage-averse Personen) im Hinblick auf die zu untersuchenden Merkmale unterscheiden.[389] Entsprechend wird die Gruppe der „Erreichbaren" anhand der Intensität der Internet-Nutzung in die Gruppen der „Extremnutzer", der „Normalnutzer" und der „Minimalnutzer" unterteilt. Dabei wird vereinfachend angenommen, dass die Erreichbarkeit der Gruppe der Extremnutzer am höchsten und die der Minimalnutzer am niedrigsten ist.[390] Einen Hinweis darauf, ob die Verteilung des interessierenden Erhebungsmerkmals abhängig ist von der Erreichbarkeit, d.h. diesbezüglich Unterschiede bestehen zwischen der Gruppe der Erreichbaren und der Nicht-Erreichbaren, gibt der Vergleich der Verteilung des interessierenden Erhebungsmerkmals in den oben definierten drei Nutzergruppen. HAUPTMANNS/LANDER (2003) definieren die zugrunde liegende Fragestellung wie folgt:

„*Die Entscheidende Fragestellung ist somit nicht, nach welchen Kriterien ziehe ich meine Stichprobe, sondern die Frage ist, mit welcher Wahrscheinlichkeit die WWW-Nutzer überhaupt in die Untersuchungsstichprobe gelangen können.*"[391]

Mit anderen Worten ist die Frage zu beantworten, ob und in welchem Maße das interessierende Erhebungsmerkmal mit dem Auswahlprozess zusammenhängt, d.h. ob die unterschiedlich gut erreichbaren Nutzergruppen sich bezüglich der Ausprägung des Erhebungsmerkmals unterscheiden. Diese Idee verdeutlicht die folgende Abbildung 16.

---

389 Vgl. O.V. (1998b).

390 BANDILLA (1999) bemerkt hierzu: "*So hängt z.B. die Wahrscheinlichkeit, einen Hinweis auf eine Umfrage zu finden* [und damit die Erreichbarkeit], *stark von der Nutzungsintensität dieses Mediums ab. D.h. bei solchen Umfragen ist ein Bias in Richtung Vielnutzer des Internets anzunehmen.*" (BANDILLA (1999), S. 12).

391 HAUPTMANNS/LANDER (2003), S. 34.

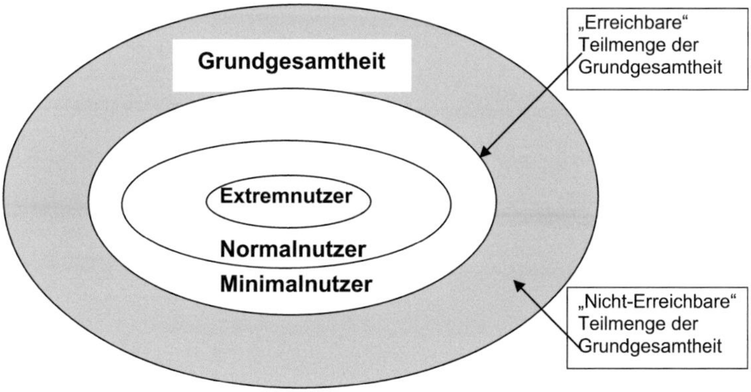

Abbildung 16: Unterteilung der "Erreichbaren" nach Nutzungsintensität des Internets[392]

In der Abbildung 16 oben lassen sich die Ellipsen vergleichen mit „Höhenlinien“ aus der geographischen Kartographie von Gebirgen. Diese Linien charakterisieren anstelle der geographischen Höhe die Erreichbarkeit der einzelnen Nutzergruppen. Je näher ein Nutzer am Zentrum liegt, desto höher ist seine Erreichbarkeit respektive seine Auswahlwahrscheinlichkeit bei der der Online-Befragung zugrunde liegenden Stichprobe.

Hinweise auf einen Zusammenhang zwischen dem interessierenden Erhebungsmerkmal und der Erreichbarkeit liefert der Vergleich der Verteilung des Erhebungsmerkmals in den drei Nutzergruppen. Dies soll das folgende Beispiel deutlich machen:

Beispiel:

Bei einer Online-Befragung sei das interessierende Erhebungsmerkmal das Alter. Die erhobene Stichprobe wird gemäß der Internet-Nutzungsintensitäten der Befragten Personen unterteilt in die Extremnutzer, Normalnutzer und Minimalnutzer. Die arithmetischen Mittel der

---

392 In Anlehnung an Abbildung 15.

Altersvariablen in der Stichprobe für die drei Teilgruppen sind dargestellt in der folgenden Abbildung 17.

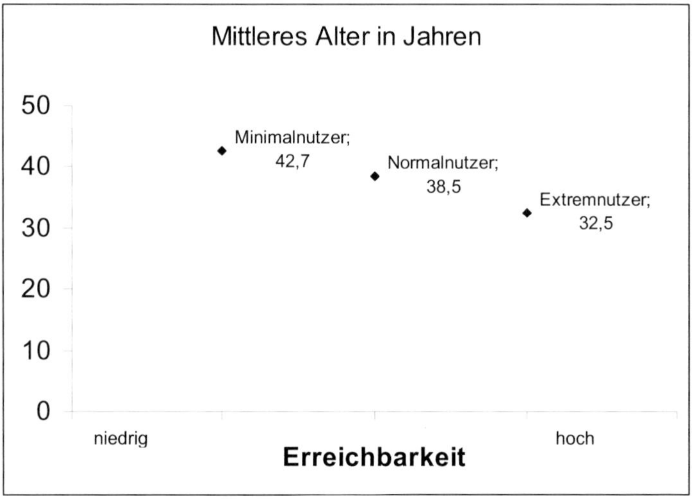

Abbildung 17: Mittleres Alter in den drei Nutzergruppen einer Online-Stichprobe

In der Abbildung 17 oben ist zu erkennen, dass das mittlere Alter in den drei Nutzergruppen in der gezogenen Online-Stichprobe unterschiedlich ist. In der am besten erreichbaren Gruppe der Extremnutzer ist das mittlere Alter mit 32,5 Jahren am geringsten. In der am schlechtesten erreichbaren Gruppe der Minimalnutzer ist das Durchschnittsalter mit 42,7 Jahren am höchsten. Dieser Sachverhalt ist ein deutlicher Indikator dafür, dass die Verteilung der Altersvariablen in der Gruppe der „Nicht-Erreichbaren“ nicht mit der Gruppe der „Erreichbaren“ übereinstimmt.[393] Die Extrapolation des sich in der Abbildung abzeichnenden Trends einer Alterszunahme mit fallender Erreichbarkeit deutet darauf hin, dass in der Gruppe der „Nicht-Erreichbaren“ das mittlere Alter noch höher liegt als in der Gruppe der Minimalnutzer und

[393] Vgl. hierzu auch die Bemerkung von GÖRITZ (2003) zum Multiple-Site-Entry in Abschnitt 3.1.2

damit auch höher als in der Gruppe der „Erreichbaren“ insgesamt. Die Verteilung der Altersvariablen hängt demnach deutlich mit der Erreichbarkeit zusammen.

Das Phänomen der Undercoverage ist auf den komplexen Auswahlprozess bei Online-Befragungen zurück zu führen, welcher verursacht, dass bestimmte Teile der Grundgesamtheit besser erreichbar sind, andere schlechter und wieder andere überhaupt nicht. Diese Erreichbarkeit ist abhängig von der Auswahlwahrscheinlichkeit einer jeden Person der interessierenden Grundgesamtheit. Diese ist nicht wie bei einer einfachen Zufallsauswahl für alle Personen gleich groß, sondern individuell verschieden.

Die Schätzer für ein interessierendes Erhebungsmerkmal sind entsprechend verzerrt, wenn das Erhebungsmerkmal mit dem Auswahlprozess, genauer gesagt mit der Erreichbarkeit zusammenhängt.

Im folgenden Abschnitt wird der Effekt der Selbstselektion als Ursache für mangelnde Repräsentativität und Verzerrungen bei Online-Befragungen näher betrachtet.

4.3.2 Selbstselektion

Die „**Selbstselektion**“ wurde in früheren Abschnitten schon des Öfteren erwähnt.[394] Der Begriff umschreibt die Tatsache, dass sich die Befragten bei Online-Befragungen letzten Endes selbst für die Teilnahme an der Befragung auswählen und nicht z.B. in Form einer Zufallsstichprobe aus der interessierenden Grundgesamtheit gezogen werden. HAUPTMANNS/LANDER (2003) beschreiben die Problematik der Selbstselektion wie folgt:

„Eine WWW-Stichprobe ist also als echte Zufallsauswahl kaum zu realisieren. Was bleibt, ist fast immer eine selbstselektierte Stichprobe. Die Frage, die sich dabei stellt, um zumindest ansatzweise die Qualität der Stichprobe beurteilen zu können, ist nun, ob zwischen den Teilnehmern einer Befragung und den Nichtteilnehmern systematische Unterschiede existieren. Entscheidungen potentieller Befragter über eine Befragungsteilnahme wirken sich immer dann problematisch auf die Zusammensetzung und damit die Qualität der Befragung und ihre

[394] Vgl. die Abschnitte 2.3.5.2.2.3 und 2.3.5.2.2.4.

Ergebnisse aus, wenn sich die Teilnehmer von den Nicht-Teilnehmern in wichtigen, für die Untersuchung relevanten Merkmalen unterscheiden.“[395]

Das Problem der Selbstselektion ist nicht internetspezifisch, sondern tritt auch bei traditionellen Befragungen in Form einer „Ausfallquote“ auf.[396] Die Selbstselektion tritt in mehr oder weniger starker Ausprägung bei allen Befragungsformen der Marktforschung auf, da die Teilnahme an jeder Befragung letzten Endes freiwillig und auf Basis der Teilnahmebereitschaft des Befragten und damit selbst selektiert erfolgt. YOFFIE (1998) bemerkt hierzu:

„*The issue of self-selection is a factor in sampling for all forms of market research. Research participation always is voluntary, and we never know what differenciates those who agree to be interviewed from those who do not.*“[397]

HAUPTMANNS/LANDER (2003) beschreiben den Sachverhalt wie folgt:

„*Grundsätzlich liegt, einmal abgesehen von Pflichtbefragungen wie der Volkszählung, natürlich die Entscheidung, an einer Erhebung teilzunehmen, letztendlich immer beim Befragten selbst.*“[398]

Vor der gesamten Befragung (und ebenfalls bei jeder einzelnen Frage) erfolgt beim Befragten ein Entscheidungsprozess, in dem sich der Teilnehmer bewusst für oder gegen die Teilnahme (bzw. die Beantwortung der einzelnen Frage) entscheidet. Selbstselektion findet entsprechend statt bei schriftlichen Befragungen, wenn der Adressat den Fragebogen in den Papierkorb wirft, bei mündlichen Befragungen, wenn der Angesprochene den Interviewer ignoriert und weiter geht bzw. diesem die Tür vor der Nase verschließt und bei telefonischen Befragungen, wenn der Angerufene schlicht den Hörer auflegt.[399]

ESSER ET AL. (1989) bemerken zur Gefahr systematischer Verzerrungen bei allen Formen der Datenerhebung auf freiwilliger Basis der Teilnehmer:

---

[395] HAUPTMANNS/LANDER (2003), S. 34.

[396] Vgl. FRIEDRICHS (1990), S. 133.

[397] YOFFIE (1998), S. 32.

[398] HAUPTMANNS/LANDER (2003), S. 33.

[399] Vgl. KEHOE/PITKOW (1996).

„Demnach bestimmen Ausmaß und Selektivität der Ausfälle, ob die Datenqualität freiwilliger Erhebungen ausreichend ist oder nicht.“[400]

Damit ist die Selbstselektion eng verknüpft mit dem Phänomen der Nicht-Beantwortung. Dieses wird im folgenden Abschnitt näher betrachtet.

4.3.3 Non-Response

BANDILLA/BOSNJAK (2000) unterscheiden beim **Non-Response-Error** zwischen „**volitionalem**“, d.h. willentlich gesteuerter und „**nicht-volitionalem Non-Response**“, d.h. nicht willentlich gesteuerter Nicht-Teilnahme.[401] Damit ist die volitionale Nicht-Teilnahme mit einem speziellen Typus der Selbstselektion gleichzusetzen – der Befragte entscheidet sich selbst aktiv und willentlich für die Nicht-Teilnahme. Man könnte in diesem Zusammenhang den volitionalen Non-Response auch „Selbst-Deselektion“ nennen, da sich der potentielle Befragungsteilnehmer selbst aktiv von der Befragung ausschließt. BOSNJAK (2003), bezeichnet die absichtliche Teilnahme- bzw. Antwortverweigerung als „*'echte' Selbstselektion*“.[402] THEOBALD (2000) benutzt für die Verweigerung den Ausdruck „*abgeschwächte Form der Selbstselektion*“.[403] THEOBALD will damit den Unterschied zur aktiven Selbstrekrutierung der Befragungsteilnehmer bei Befragungen mit ungezielter Ansprache (z.B. TED-Befragungen und ähnliche Telefon-Abstimmungen bei Fernsehsendungen etc.)[404] herausstellen, welche für ihn die eigentliche Erscheinungsform der Selbstselektion darstellt.

Nicht-volitionalen Non-Response definieren BANDILLA/BOSNJAK (2000) derart, dass „[...] *bestimmte Formen des Nonresponse durch technische Artefakte oder sonstige externe Hinderungsgründe verursacht* [werden...].“[405] Wird unter diese externen Hinderungsgründe auch

---

400 ESSER ET AL. (1989), S. X.

401 Vgl. BANDILLA/BOSNJAK (2000), S. 22.

402 BOSNJAK (2003), S. 60.

403 THEOBALD (2000), S. 89.

404 Vgl. Abschnitt 2.3.5.2.2.3.

405 BANDILLA/BOSNJAK (2000), S. 22.

das Nicht-Vorhandensein eines Internet-Zugangs gefasst, ist damit das oben genannte Problem der Undercoverage eine Form des nicht-volitionalen Non-Response.

In ähnlicher Weise unterscheiden PREIN/KLUGE/KELLE (1994) zwischen der „Verweigerung", i. e. volitionaler Non-Response, und der „Nicht-Erreichbarkeit", i. e. nicht-volitionaler Non-Response bzw. Undercoverage, als Formen von Ausfällen bei Stichprobenerhebungen. Sie sehen ebenfalls die Problematik, dass die interessierenden Erhebungsmerkmale mit der Teilnahme zusammenhängen können:

„Das Hauptproblem liegt hierbei darin, dass die Ausfälle mit Merkmalen korrelieren können, die mit dem Untersuchungsziel zusammenhängen und die Ausfälle zum Teil in hohem Maße mit einer Vielzahl von Faktoren der persönlichen Lebensumstände, des Sozialverhaltens, von Erfahrungen und Einstellungen der für die Befragung ausgewählten Personen korrespondieren."[406]

Bereits zur Zeit der Anfänge der Umfrageforschung wird die Problematik der mangelhaften Repräsentativität von Stichprobenbefragungen in der wissenschaftlichen Methodenliteratur diskutiert. So nennt MENGES (1959) folgende 15 Gruppen von Defektmöglichkeiten bei Repräsentativerhebungen:[407]

1. *Fehlerhafte Problemstellung,*
2. *fehlerhafter Fragebogen,*
3. *Einflüsse der verschiedenen Arten der Durchführung einer Erhebung (Erhebung durch Post, Telephon, Telegraph, Direktinterview; intensives oder extensives Interview; mehr oder weniger zahlreiche Antwortmodalitäten; vorfixierte oder „freie" Antwortgebung; usw.),*
4. *mangelhafte Definition der Grundgesamtheit und mangelhafte Erhebungsgrundlage,*
5. *falsche oder unpräzis formulierte Erhebungsrichtlinien und Definitionen,*
6. *Antwortverweigerung,*
7. *verspätete Beantwortung,*
8. *beabsichtigte oder unbeabsichtigte Fehler in der Beantwortung,*

[406] PREIN/KLUGE/KELLE (1994), S. 13ff.

[407] MENGES (1959), S. 85ff.

9. *Unterschiede in der Antwortgebung in Abhängigkeit von sozialen Merkmalen,*
10. *Verzerrungen der Antwortgebung durch Interviewereinflüsse,*
11. *Verzerrungen der Antwortgebung durch unterschiedliche Zielsetzungen (Es hat sich erwiesen, dass die Antwortgebung je nachdem beeinflusst wird, ob private oder öffentliche Institutionen usw. die Erhebung durchführen.),*
12. *mangelhafte Sorgfalt der Interviewer,*
13. *mangelhaft organisierte Außenarbeit,*
14. *falsche Wahl des Zeitpunktes oder Zeitraumes der Erhebung,*
15. *inadäquate Aufbereitung und Tabellierung.*

MENGES sieht die unter 1, 2, 4, 5, 12, 13, 14 und 15 genannten Möglichkeiten als nicht spezifisch für Repräsentativerhebungen an, denn *„ihre Vermeidung ist ein technisch-organisatorisches Problem in der ganzen Statistik, obgleich das Präzisionsinstrument Stichprobenverfahren ein besonders großes Maß an Sorgfalt bei der praktischen Anwendung erforderlich macht."*[408]

Die Möglichkeit 8 der beabsichtigten oder unbeabsichtigten Fehler in der Beantwortung wertet MENGES als *„vom stichprobentheoretischen Standpunkt aus von geringerem Interesse"*.[409] Auch wenn sie sich *„ernsthaft auf das Gelingen einer Repräsentativerhebung auswirken können, die Lösung der durch sie bezeichneten Probleme gehört eher in den Kompetenzbereich des Psychologen als des Statistikers."*[410] Damit charakterisiert MENGES das Problem der bewussten Antwortverfälschung durch den Befragten als nicht statistisch, sondern vielmehr psychologisch. In Analogie dazu lassen sich auch die willentlich gesteuerte Antwortverweigerung, also der oben beschriebene volitionale Non-Response und damit der Effekt der Selbstselektion an sich als nicht statistische sondern vielmehr psychologische Probleme interpretieren. Der volitionale Non-Response bzw. die Selbstselektion sind damit keine internetspezifisch methodischen Probleme, welch mit dem Auswahlprozess im Internet zusammenhängen, sondern vielmehr generelle, inhaltlich begründete Probleme von Befragungen allgemein und mit Thematik und Inhalt der jeweiligen Befragung verknüpft. Überdies tritt das Phänomen der

[408] MENGES (1959), S. 86.

[409] MENGES (1959), S. 87.

[410] MENGES (1959), S. 87.

Antwortverweigerung auch bei Vollerhebungen auf und führt zu Verzerrungen, was deutlich zeigt, dass dieses Phänomen vom Auswahlprozess bzw. dem zugrunde liegenden Stichprobenverfahren unabhängig ist. Non-Response und Selbstselektion sind weder ein internetspezifisches noch ein stichprobenspezifisches Problem. Sie können bei jeder Form der Befragung auftreten.

Als weiterer Faktor, der das Antwortverhalten der Teilnehmer oftmals in entscheidendem Maße beeinflusst, ist die „soziale Erwünschtheit" zu erwähnen. Damit wird das Phänomen umschrieben, dass die Befragungsteilnehmer ihr Antwortverhalten danach ausrichten, was der Interviewer ihrer Meinung nach bevorzugt hören möchte. Dieser Aspekt spielt vor allem bei Befragungen zu sensiblen bzw. Tabu-Themen wie zum Beispiel Drogenkonsum eine Rolle. BRADBURN/SUDMAN (1980) stellen fest, dass der Effekt der sozialen Erwünschtheit bei Befragungen mit direktem persönlichen Kontakt zum Interviewer stärker ausfällt, als in anonymeren Befragungssituationen (z.B. telefonisch).[411] Wie bereits in früheren Abschnitten erwähnt, führt die bei Online-Befragungen gegebene hohe Anonymität zu ehrlicheren bzw. „extremeren" Antworten.[412] Ein möglicher Grund hierfür ist, dass der Aspekt der sozialen Erwünschtheit im Internet durch die gegebene Anonymität der Teilnehmer selbst bei sensibleren Themen eine untergeordnete Rolle spielt.

FORTIN (1998) stellt heraus, dass die Probleme der Selbstselektion bei Online-Befragungen nicht geringer oder größer sind als bei traditionellen Methoden.[413] Auch für das im vorangegangenen Kapitel beschriebene „Literary Digest Desaster"[414] als klassische schriftliche Befragung aus dem Jahre 1936 ist als Ursache „voluntary response" und die Selbstselektion der Teilnehmer verantwortlich.[415]

Die Teilnahmequoten bei den traditionellen Methoden der Befragung sind rückläufig und liegen laut PORST (1996) bei unter 65%.[416] Bei der mündlich durchgeführten Allgemeinen

---

[411] Vgl. BRADBURN/SUDMAN (1980), S. 7ff.

[412] Vgl. Abschnitt 2.3.6.

[413] Vgl. FORTIN (1998), S. 762f.

[414] Vgl. die Einleitung zu Kapitel 3.

[415] Vgl. BRYSON (1976), S. 185 und BANDILLA (1999), S. 13.

[416] Vgl. PORST (1996), S. 44.

Bevölkerungsumfrage der Sozialwissenschaften (ALLBUS) im Jahr 1996 konnte nur etwa jedes zweite Interview realisiert werden. Die Ausschöpfungsquote lag bei 54%. Unter den Ausfällen bildeten die Verweigerer mit etwa einem Drittel die am stärksten besetzte Ausfallgruppe.[417] BANDILLA (1999) kommentiert diesen Sachverhalt treffend wie folgt:

„*Hier kann man nur hoffen, dass durch die Ausfälle keine systematischen Verzerrungen in den Daten auftraten.*“[418]

BAUSCH (1990) kritisiert in diesem Zusammenhang, dass bei den traditionellen auf der Zufallsauswahl basierenden Erhebungsverfahren immer die reibungslose Umsetzung des Stichprobenplans in der Praxis unterstellt wird:

„*In der Herleitung der zufälligen Stichprobenverfahren wurde immer davon ausgegangen, dass nach der Auswahl der Untersuchungseinheiten eine vollständige Befragung dieser Teilmenge der Grundgesamtheit G realisierbar ist. Dies ist eine Voraussetzung für jede Untersuchung, die von systematischen Fehlern frei ist.*“[419]

Wie oben gezeigt liegen die Rücklaufquoten gerade bei den traditionellen Stichprobenerhebungen oft nur bei etwa 50%. BAUSCH (1990) gibt aufgrund dieser Tatsache folgendes zu bedenken:

„*Es stellt sich damit jedoch unmittelbar die Frage, ob die Fehlerrechnung einer zufälligen Stichprobe in solchen Situationen nicht genauso ‚unseriös' ist, wie die Pseudoqualitätsangaben von Beurteilungsstichproben, da der systematische Fehler in keinem Fall angegeben werden kann. Wenn die Fehlerabschätzung für den praktischen Anwendungsfall als fragwürdig zu bezeichnen ist, so muss konsequenterweise auch bezweifelt werden, ob denn die im theoretisch fundierten Idealfall als besser eingestuften Zufallsstichproben ihre guten Eigenschaften bei multivariaten Befragungen mit hoher Antwortverweigerungsrate beibehalten.*“[420]

---

[417] Vgl. WASMER ET AL. (1996), S. 65.

[418] BANDILLA (1999), S. 12.

[419] BAUSCH (1990), S. 65.

[420] BAUSCH (1990), S.65f.

In ähnlicher Weise kritisieren PREIN/KLUGE/KELLE (1994) die auf der Zufallsauswahl basierenden Erhebungsverfahren:

„Hiermit wird deutlich, dass in der praktischen Umsetzung auch Verfahren der Zufallsauswahl nicht automatisch die Ziehung unverzerrter, valider Stichproben garantieren können und diese vor allem dann problematisch werden können, wenn bei der Erhebung mit hohen Ausfällen zu rechnen ist.“[421]

Dies zeigt noch einmal deutlich, dass die Selbstselektion bzw. die Teilnahmeverweigerung kein der Online-Marktforschung eigenes Problem ist, welches auf die Unmöglichkeit der Durchführung von echten Zufallssauswahlen im Internet zurück zu führen ist. Vielmehr handelt es sich dabei um ein generelles Problem von Befragungen, welches auch bei zugrunde liegender Zufallsauswahl die Befragungsergebnisse in nicht kontrollierbarer Weise verfälschen kann.

Der folgende Abschnitt fasst die wichtigsten Punkte über die Ursachen von Verzerrungen bei Online-Befragungen noch einmal zusammen und bildet damit die Grundlage für die Entwicklung eines neuen Lösungsansatzes für das Repräsentativitäts-Problem.

4.3.4 Fazit zu den Ursachen für mangelnde Repräsentativität bei Online-Befragungen

Zusammenfassend lässt sich zu den Ursachen von Verzerrungen bei Online-Befragungen folgendes festhalten: Die Ursachen lassen sich unterteilen in statistisch-methodische, welche den Auswahlprozess betreffen, und inhaltliche, welche auf psychologische Entscheidungsprozesse der Teilnehmer zurückzuführen sind.

Statistisch kontrollierbar und relevant sind zunächst nur die methodischen Ursachen. Bei Online-Befragungen lässt sich der Auswahlprozess nicht als einfache Zufallsauswahl mit gleichen Auswahlwahrscheinlichkeiten modellieren. Der Auswahlprozess ist wesentlich komplexer aufgrund der Tatsache, dass jede Person der interessierenden Grundgesamtheit im

421 PREIN/KLUGE/KELLE (1994), S. 14.

Internet unterschiedlich gut erreichbar ist. Jede Person der Grundgesamtheit hat eine individuelle Auswahlwahrscheinlichkeit, welche durch unterschiedliche Faktoren wie z.B. die Nutzungshäufigkeit und -intensität des Internets, sowie andere sozio- und psychodemographische Faktoren bestimmt wird. Falls ein Zusammenhang zwischen dem interessierenden Erhebungsmerkmal und der Erreichbarkeit besteht, so ist mit verzerrten Schätzungen der Grundgesamtheitsparameter des Erhebungsmerkmals zu rechnen. Eine Lösung zur Reduktion der methodisch bedingten Verzerrungen bei Online-Befragungen wird im nächsten Kapitel erarbeitet.

Die inhaltlichen Ursachen von Verzerrungen bei Online-Befragungen und die damit verbundene fehlende Repräsentativität liegen im psychologischen Entscheidungsprozess bei jedem potentiellen Teilnehmer der Befragung begründet, in welchem er sich willentlich für oder gegen die Teilnahme bzw. die Beantwortung entscheidet. Dieser Entscheidungsprozess findet bei allen Befragungen, egal ob schriftlich, mündlich, Voll- oder Stichprobenerhebung statt. Das Problem tritt nur dann nicht auf, wenn die Erhebung der Merkmalsausprägungen keinen Entscheidungsprozess der Merkmalsträger einschließt. Dies ist z.B. bei naturwissenschaftlichen Messvorgängen der Fall. Bei allen Formen der Befragung wird die Datenerhebung jedoch durch den Entscheidungsprozess der Merkmalsträger in nicht kontrollierbarem Maße beeinflusst. Dieser Einfluss zeigt sich bei Befragungen in Gestalt von Teilnahmeverweigerung oder Mehrfachteilnahme, sowie speziell bei Online-Befragungen in Form von aktiver Selbstrekrutierung zur Teilnahme an der Befragung.

Die Stärke dieser Effekte lässt sich weder bei traditionellen Befragungsformen noch bei Online-Befragungen angeben, da sie in keinem Fall kontrollier- oder messbar sind. Ein entsprechender Vergleich der einzelnen Befragungsformen bezüglich der Stärke des Einflusses dieser Effekte auf die Befragungsergebnisse bzw. die jeweiligen Parameterschätzungen steht noch aus.

Mit statistischen Methoden sind die inhaltlichen Ursachen von Verzerrungen bei Befragungen kaum in den Griff zu bekommen. Hierzu ist vielmehr ein Rückgriff auf das Instrumentarium der Psychologie notwendig, wie von MENGES (1959) bereits konstatiert.[422] Für Online-Befra-

---

[422] Vgl. MENGES (1959), S. 87.

gungen speziell sowie für die Marktforschungspraxis ganz allgemein bedeutet dies, dass die Phänomene der Teilnahmeverweigerung, Mehrfachteilnahme und Selbstselektion durch entsprechende Maßnahmen möglichst zu minimieren sind. In diesem Zusammenhang sind z.B. die Motivation der Teilnehmer, die Gestaltung des Fragebogens, die möglichst neutrale Formulierung der Fragen, etc. zu nennen, welche mit den Worten von MENGES (1959) ausgedrückt „*ein besonders großes Maß an Sorgfalt bei der praktischen Anwendung erforderlich*" machen.[423] Für das konkrete praktische Vorgehen bei der Planung und Durchführung von Online-Befragungen vor diesem Hintergrund sei auf die entsprechende Literatur verwiesen.[424]

Das nächste Kapitel betrachtet das methodische Defizit aufgrund des komplexen Auswahlprozesses bei Online-Befragungen genauer. Aus dieser Betrachtung heraus werden die Anforderungen an eine Lösung für das Problem methodisch bedingter Verzerrungen bei Online-Befragungen hergeleitet und mit dem Erreichbarkeitsrang-Verfahren ein entsprechendes Lösungsverfahren konstruiert.

[423] MENGES (1959), S. 86.

[424] Vgl. z.B. THEOBALD (1999), S. 79ff, GRÄF (2003), S. 264ff. sowie THEOBALD (2003), S. 203ff.

„Statistik: Nicht das Maß aller Dinge, doch sie misst viele Dinge."
(Urheber unbekannt)

5 Das Erreichbarkeitsrang-Verfahren

5.1 Anforderungen an eine Lösung des Repräsentativitäts-Problems von Online-Befragungen

Zur Lösung des Repräsentativitäts-Problems bei Online-Befragungen ist, wie im letzten Kapitel deutlich wurde, ein Modell für den im Internet zugrunde liegenden komplexen Auswahlprozess zu entwickeln. MENGES (1959) fasst für das Repräsentativitäts-Problem bei Befragungen allgemein die Problematik der Entwicklung eines passenden Zufallsmodells treffend zusammen:

„Wenn wir uns nun der Frage der Peristasenrepräsentation zuwenden, so wird die Realisierung von Glücksspielbedingungen in der Empirie und damit also die Art des Auswahlmechanismus selber zum zentralen Problem. Einer in zahlreichen Stufen und Schichten zu denkenden Mannigfaltigkeit ist ein Zufallsmodell zu kongruieren, d.h. das ‚sachlogische' Interesse ist gleichsam wahrscheinlichkeitstheoretisch zu materialisieren.

Es ist vorab einzusehen, dass man mit den unter vereinfachenden Annahmen stehenden Modellen [...] nicht auskommen kann. Nun hätten wir aber, trieben wir die Absicht zur Exaktheit zur letzten Konsequenz, ein Zufallsmodell von unendlich großer Komplexität zu entwickeln. Zwischen dieser inoperablen Utopie und dem elementaren Modell der uneingeschränkten Zufallsauswahl ist infolgedessen ein Kompromiss zu finden: Es ist ein Modell zu entwickeln, das praktisch operabel ist und das doch der Peristasenvielfalt hinlänglich gerecht wird."[425]

Entsprechend gilt es im Besonderen für die Online-Marktforschung, ein adäquates Modell zu finden, welches dem komplexen Auswahlprozess bei Online-Befragungen in ausreichender Weise gerecht wird und dabei methodisch und praktisch handhabbar bleibt.

---

[425] MENGES (1959), S. 83.

Ziel eines Lösungsansatzes für die Online-Marktforschung ist es, anhand der erhobenen Online-Stichprobe zutreffende Aussagen über die interessierende Grundgesamtheit treffen zu können.[426]

Das **erste „Repräsentativitäts-Kriterium"** muss folglich sein, dass die interessierende **Grundgesamtheit festgelegt** und definiert ist.[427]

Das **zweite Repräsentativitäts-Kriterium** leitet sich aus der Tatsache ab, dass Repräsentativität keine absolute Eigenschaft einer Stichprobe, sondern eine **merkmalsbezogene** Eigenschaft ist.[428] Folglich muss ein Lösungsansatz für das Problem die Stichprobe bezüglich der Repräsentativitäts-Eigenschaft **für jedes interessierende Erhebungsmerkmal einzeln** betrachten und die Frage beantworten, ob Informationen bezüglich der Verteilungsparameter des Merkmals in der Grundgesamtheit aus der Stichprobe ableitbar sind.

Wie aus der Definition von Repräsentativität im statistischen Sinne und der daraus resultierenden Zielsetzung für die Lösung des Repräsentativitäts-Problems hervorgeht,[429] entspricht dem Versuch einer Aussage über Verteilungsparameter der Grundgesamtheit anhand der Stichprobe auf mathematisch-statistischer Ebene die Suche nach einer Schätzfunktion der interessierenden Verteilungsparameter.[430] Hieraus lässt sich das **dritte Repräsentativitäts-Kriterium** formulieren: Der Lösungsansatz muss eine Schätzfunktion für die gesuchten Grundgesamtheitsparameter beinhalten, deren **Verzerrung und Varianz**[431] unter den gegebenen Voraussetzungen **möglichst gering** sind.

Sofern eine solche Schätzfunktion mit minimaler Verzerrung und Streuung auf wahrscheinlichkeitstheoretischer Grundlage wegen der fehlenden Voraussetzung des Zufallsprinzips nicht konstruierbar ist, muss der Lösungsansatz der Ursache der Verzerrung entgegenwirken, um so die Verzerrung zu minimieren.

---

426 Vgl. KROMREY (1998), S. 248, sowie Abschnitt 4.2.

427 Vgl. ZERR (2003), S. 14, sowie Abschnitt 1.1.

428 Vgl. ebenda, sowie KRIZ/LISCH (1988), S. 220.

429 Vgl. Abschnitt 4.2.

430 Vgl. Abschnitt 4.1.2.

431 Hier sind Verzerrung und Streuung im streng statistischen Sinne aus Abschnitt 4.1.2 unter Definition 15 zu verstehen als Eigenschaft und Gütekriterium eines Schätzers.

Da als Ursache für die Verzerrung, wie in Kapitel 4 gezeigt, der zugrunde liegende Auswahlprozess in Gestalt der unterschiedlichen Erreichbarkeit der einzelnen Personen der Grundgesamtheit identifiziert werden kann,[432] lässt sich das **vierte Repräsentativitäts-Kriterium** wie folgt formulieren: Der Lösungsansatz muss die Unterschiedliche Erreichbarkeit der Personen der Grundgesamtheit als Ursache für die Verzerrung berücksichtigen, messbar machen und den **Zusammenhang zwischen der Erreichbarkeit und dem interessierenden Erhebungsmerkmal** analysieren.

Unter der Einhaltung dieser Kriterien sind Schätzungen von Grundgesamtheitsparametern der interessierenden Erhebungsmerkmale auf der Basis einer erhobenen Stichprobe möglich, welche die wahren (jedoch unbekannten) Werte möglichst unverzerrt und damit „repräsentativ" schätzen.

Die Tabelle 3 fasst die Anforderungskriterien an einen Ansatz zur Lösung des Problems mangelnder Repräsentativität bei Online-Befragungen noch einmal in übersichtlicher Form zusammen.

[432] Vgl. Abschnitt 4.3.

Kriterium 1: Grundgesamtheitskriterium	Die interessierende Grundgesamtheit muss eindeutig definiert, abgrenzbar und zahlenmäßig erfassbar sein.
Kriterium 2: Merkmalsbezogenheit	Die Möglichkeit, Informationen aus der erhobenen Stichprobe über die interessierende Grundgesamtheit abzuleiten, muss für jedes Erhebungsmerkmal einzeln betrachtet werden.
Kriterium 3: Schätzfunktion	Es muss eine Schätzfunktion für die Grundgesamtheitsparameter jedes interessierenden Erhebungsmerkmals konstruiert werden, bei welcher Verzerrung und Streuung minimal sind.
Kriterium 4: Erreichbarkeitskriterium	Der Lösungsansatz muss bei Vorliegen erhebungsmethodisch bedingter Verzerrungen aufgrund der unterschiedlichen Erreichbarkeit der Personen der Grundgesamtheit den Zusammenhang zwischen dieser Erreichbarkeit und jedem interessierenden Erhebungsmerkmal untersuchen und ggf. eliminieren.

Tabelle 3: Anforderungskriterien an einen Lösungsansatz des Repräsentativitäts-Problems bei Online-Befragungen

In den nächsten Abschnitten wird auf der Basis der hier abgeleiteten Anforderungskriterien an eine Lösung für das Repräsentativitäts-Problem von Online-Befragungen das Erreichbarkeitsrang-Verfahren als neuer Lösungsansatz entwickelt.

5.2 Kernidee des Lösungs-Ansatzes

Im Kapitel 4 wurde gezeigt, dass die Hauptursache für die mangelnde Repräsentativität von Online-Befragungen die unterschiedliche Erreichbarkeit der einzelnen Personen aus der Grundgesamtheit ist.[433] Die Kernidee des nun folgenden Lösungsansatzes ist es, in einem

[433] Vgl. Abschnitt 4.3.4.

ersten Schritt den bei Online-Befragungen zugrunde liegenden komplexen Auswahlprozess mit Hilfe der Erreichbarkeit wie von MENGES (1959) gefordert praktisch operabel und dabei hinlänglich genau zu modellieren.[434] Hierzu wird im folgenden Abschnitt eine Größe definiert, welche die Erreichbarkeit bei einer Online-Befragung messbar macht. Mit Hilfe dieser Größe wird der Einfluss des Auswahlprozesses auf das interessierende Erhebungsmerkmal transparent. Im zweiten Schritt des Lösungsansatzes wird der Zusammenhang zwischen der Erreichbarkeit und dem Erhebungsmerkmal funktional dargestellt und mittels linearer Regression extrahiert. Dadurch lassen sich durch den komplexen Auswahlprozess verursachte Verzerrungen bei Online-Befragungen quantifizieren und aus den erhobenen Daten heraus rechnen.

Der nächste Abschnitt beinhaltet die formale Beschreibung des Lösungsansatzes.

5.3 Formale Definition des Ansatzes und praktisches Vorgehen

Im Beispiel zur Undercoverage wurde die im Internet erreichbare Teilmenge der Grundgesamtheit nach Nutzungsintensität und damit nach Erreichbarkeit unterteilt in „Extremnutzer“, „Normalnutzer“ und „Minimalnutzer“.[435] Um den Zusammenhang zwischen der Erreichbarkeit und der Verteilung des interessierenden Erhebungsmerkmals genauer zu analysieren, wird die komplette Grundgesamtheit in ähnlicher Weise, allerdings mit einer größeren Detailschärfe unterteilt. Im Grenzfall fällt jede Person der Grundgesamtheit in ihre eigene Teilmenge mit einer individuellen Erreichbarkeit. Auf diese Weise werden genau N einelementige Teilmengen aus der Grundgesamtheit gebildet, wobei die erste Teilmenge per Definitionem die Person beinhalten soll, die am schlechtesten erreichbar ist und die N-te Teilmenge gerade die Person mit der besten Erreichbarkeit aus der Grundgesamtheit. Folglich gilt für die Person aus der i-ten Teilmenge, dass genau i - 1 Personen aus der Grundgesamtheit schlechter erreichbar sind. Eine solche Teilmenge mit nur einem Element ω_i aus der Grundgesamtheit Ω entspricht gerade einem Elementarereignis.[436] Die Rangnummer i des i-ten Elementarereig-

[434] Vgl. Abschnitt 5.1, sowie MENGES (1959), S. 83.

[435] Vgl. Abschnitt 4.3.1 und Abbildung 16.

[436] Vgl. Definition 1 in Abschnitt 4.1.2.

nisses $\{\omega_i\}$ entspricht gerade dem Rang der Auswahlwahrscheinlichkeit p_i, wobei P das der Stichprobe zugrunde liegende Wahrscheinlichkeits-Maß ist. Auf diese Art wird der Auswahlprozess eindeutig beschrieben. Die formale Definition des Erreichbarkeitsranges lautet entsprechend wie folgt:

Definition 20: Erreichbarkeitsrang

Es sei (Ω,P) ein Wahrscheinlichkeitsraum, X ein Merkmal auf Ω mit Mittelwert μ und Varianz σ^2, $(x_1,..., x_n)$ eine Realisierung einer Stichprobe $(X_1,..., X_n)$.

Seien die Elemente ω_i mit

$$P(\{\omega_i\}) = p_i, \forall i = 1,..., N$$

in Ω. Dabei sei vorausgesetzt, dass für alle $\{\omega_i\}$ gilt, dass $p_i > 0$ ist. D.h. jede Person der Grundgesamtheit hat eine positive Auswahlwahrscheinlichkeit. Für die Personen aus der Gruppe der „Nicht-Erreichbaren" sei diese jedoch vernachlässigbar gering.

Seien o.B.d.A. die p_i derart geordnet, dass gilt: $p_1 \leq p_2 \leq ... \leq p_N$, und sei x_j die zur Person $\omega_i \in \Omega$ gehörige Ausprägung des Merkmals X. Dann heißt

$$ER := ER(\omega_i) = i = Rang(p_i)$$

der **Erreichbarkeitsrang** (kurz die Erreichbarkeit) von Person ω_i, welche die Ausprägung x_j des Erhebungsmerkmals X trägt. Dabei gibt ER an, wie viele Elemente schlechter als ω_i erreichbar sind und eine kleinere Auswahlwahrscheinlichkeit als p_i haben, in die Stichprobe zu gelangen.

Dementsprechend gilt: je kleiner ER, desto schlechter bzw. kleiner ist die Erreichbarkeit der betreffenden Person. Die Person mit Erreichbarkeit ‚1' ist demnach die am schwersten erreichbare Person der Grundgesamtheit mit der geringsten Teilnahme- bzw. Auswahlwahrscheinlichkeit. Die Person mit Erreichbarkeit ‚N', wobei $N = \#\Omega$, gleich der Anzahl Elemente in der Grundgesamtheit ist, hat die größte Chance in die Stichprobe zu gelangen und ist damit am besten erreichbar.

Der so definierte Erreichbarkeitsrang bildet die Grundlage des nun folgenden Lösungsansatzes. Aus diesem Grund wird der Ansatz im Folgenden als „Erreichbarkeitsrang-Verfahren" bzw. kurz „*ER*-Verfahren" bezeichnet.

In den folgenden Abschnitten werden die beiden Schritte des *ER*-Verfahrens im Einzelnen erläutert.

5.3.1 Schritt eins des ER-Verfahrens: Die Modellierung des Auswahlprozesses

Der Erreichbarkeits-Rang dient im Rahmen des *ER*-Verfahrens dazu, den Auswahlprozess bei Online-Befragungen zu modellieren. Im Unterschied zur einfachen Zufallsauswahl, wo die Erreichbarkeit ebenso wie die Auswahlwahrscheinlichkeit für alle Elemente der Grundgesamtheit gleich groß und damit bekannt ist, ist die Erreichbarkeit bei Online-Befragungen unbekannt und muss geschätzt werden. Diese Schätzung bildet den ersten Schritt des *ER*-Verfahrens.

Für jedes Element ω_i der Stichprobe muss die Erreichbarkeit ER_i geschätzt werden. Hierzu ist notwendig, die Variablen zu identifizieren, die einen möglichen Einfluss auf die Erreichbarkeit haben. Entsprechend müssen diese Variablen vor der Befragung festgelegt und mit abgefragt werden. Im Wesentlichen lassen sich hierbei folgende Kategorien von Variablen voneinander abgrenzen:

Zum einen sind dies **soziodemographische Variablen** wie Alter, Geschlecht, Bildungsstand etc., bezüglich derer ein signifikanter Unterschied zwischen Grundgesamtheit und Internet-Nutzerschaft besteht, und die entsprechend einen potentiellen Einfluss auf die Erreichbarkeit der einzelnen Personen durch die Online-Befragung haben.

Davon sind **befragungsmethodische Variablen** zu unterscheiden, wie zum Beispiel Nutzungsintensität und -häufigkeit des Internets, die aufgrund der Befragungsmethodik die Auswahlwahrscheinlichkeit beeinflussen.

Überdies ist denkbar, dass sich auch die befragungsinhaltlich bedingten Verzerrungen aufgrund von Selbstselektion, Teilnahmebereitschaft bzw. -verweigerung[437] mit dem beschriebenen Ansatz reduzieren lassen. Hierzu sind bei der Modellierung des Auswahlprozesses Variablen, welche die Teilnahmebereitschaft an der Befragung potentiell beeinflussen, also **die Teilnahmebereitschaft betreffende Variablen** zu berücksichtigen. Hierunter fallen Variablen wie die Technik- und Internet-Affinität, die generelle Bereitschaft zur Teilnahme an Befragungen, die subjektive Selbsteinschätzung der Teilnahmebereitschaft und Erreichbarkeit für die jeweilige Befragung, das Interesse am Thema der Befragung, usw., die ebenfalls einen Einfluss auf die individuelle Teilnahmewahrscheinlichkeit einer Person der Grundgesamtheit haben.

In Anlehnung an FRIES (2006) sind die relevanten soziodemografischen und psychografischen Variablen und die Stärke ihres jeweiligen Einflusses in Expertengesprächen und auf der Grundlage von Erfahrungen aus vergangenen Befragungen zu identifizieren, deren Verteilung in der Grundgesamtheit zu erfassen und auf deren Basis ein Schätzmodell für die Teilnahmewahrscheinlichkeit abzuleiten.[438] Als potentielle Kandidaten von Variablen, welche die Teilnahmewahrscheinlichkeit und damit die Erreichbarkeit *ER* beeinflussen, schlägt FRIES (2006) die folgenden Variablen vor:[439]

- Alter
- Geschlecht
- Beruf
- Bildung
- Erwerbstätigkeit
- Einkommen
- Wohnsitz
- Familienstand

---

[437] Vgl. die Abschnitte 4.3.2, 4.3.3 und 4.3.4.

[438] Vgl. FRIES (2006), S. 124.

[439] Vgl. ebenda, S. 125f.

- Kinder
- Leistungsbereitschaft
- Verantwortungsbewusstsein
- Risikobereitschaft
- Bereitschaft zur Selbständigkeit
- Technikaffinität
- Anzahl der Kinder im schulfähigen Alter im Haushalt
- Besitz eines Mobiltelefons
- Besitz eines Faxgeräts

Welche Variablen tatsächlich einen Einfluss auf die Erreichbarkeit und auf die interessierenden Erhebungsmerkmale haben und wie groß dieser Einfluss ist, lässt sich ausschließlich empirisch ermitteln. Die Antworten auf diese Fragen lassen sich in einem fortlaufenden Lernprozess finden, der im folgenden Abschnitt näher beschrieben wird.

5.3.1.1 Die systematische Verbesserung des Auswahlprozess-Modells als Lernprozess

Die praktische Anwendbarkeit des *ER*-Verfahrens lässt sich ausschließlich in der Praxis wirklich nachweisen. Hauptverantwortlich dafür ist die Schwierigkeit der Modellierung des der jeweiligen Befragung zugrunde liegenden Auswahlprozesses. Als Ziel der Modellierung des Auswahlprozesses formuliert Menges (1959):

„Einer in zahlreichen Stufen und Schichten zu denkenden Mannigfaltigkeit ist ein Zufallsmodell zu kongruieren, d.h. das ‚sachlogische' Interesse ist gleichsam wahrscheinlichkeitstheoretisch zu materialisieren.

Es ist vorab einzusehen, dass man mit den unter vereinfachenden Annahmen stehenden Modellen […] nicht auskommen kann. Nun hätten wir aber, trieben wir die Absicht zur Exaktheit zur letzten Konsequenz, ein Zufallsmodell von unendlich großer Komplexität zu entwickeln. Zwischen dieser inoperablen Utopie und dem elementaren Modell der uneingeschränkten

Zufallsauswahl ist infolgedessen ein Kompromiss zu finden: Es ist ein Modell zu entwickeln, das praktisch operabel ist und das doch der Peristasenvielfalt hinlänglich gerecht wird."[440]

Um ein solches praktisch operables und der Peristasenvielfalt hinlänglich gerecht werdendes Modell für den Auswahlprozess zu konstruieren, ist zunächst die Frage zu beantworten, welches die für die Modellbildung relevanten Faktoren sind.

Konkret ist zu klären, welche Variablen einen Einfluss auf die Auswahlwahrscheinlichkeit und damit die Erreichbarkeit *ER* haben und im Modell des Auswahlprozesses berücksichtigt werden müssen. Weiter muss untersucht werden, wie stark der jeweilige Einfluss ist. Schließlich ist zu überprüfen, ob der Auswahlprozess und damit seine Modellierung abhängig sind von der jeweiligen Befragungsthematik oder der interessierenden Zielgruppe, über die eine Aussage getroffen werden soll, z.B. eine bestimmte Konsumenten- oder ähnlich abgrenzbare Populationsgruppe.

Die Verbesserung der Modellierung des Auswahlprozesses lässt sich als fortlaufender Lernprozess[441] auffassen, in dem die Ergebnisse jeder Befragung zur systematischen Verbesserung der Auswahlprozess-Modelle bei den folgenden Befragungen beitragen. Nach BERGMANN (2003), erfolgt der Lernprozess in Form von Double-Loop-Learning oder Deutero-Learning[442] idealer Weise dem Prozessmuster des Lern- und Lösungszyklus (Solution-Cycle)[443]. Dabei wird sich im ersten Schritt mit dem Lernfeld langsam vertraut gemacht, dann werden die Möglichkeiten probiert, weitere Schritte geplant und immer wieder reflektiert.

---

[440] MENGES (1959), S. 83.

[441] Lernen ist hier im Sinne von BERGMANN (2003), S.189ff. als Aneignung neuen Wissens zu verstehen. Lernen ist der Prozess, Wissen das Resultat. BERGMANN unterscheidet dabei nach ARGYRIS/SCHÖN (1978) und BATESON (1981) die Lerntypen des Single-Loop-Learnings (Veränderungs-Lernen: Lernen neuartiger Wissenselemente, Verfahrensweisen und Methoden), des Double-Loop-Learnings (Lernen zu lernen: Die Prozeduren des Lernens selbst werden reflektiert und verändert.) und des Deutero-Learnings (Reflektierendes Beobachten zweiter Ordnung: Der Lernprozess wird durchlaufen, um ein neues Niveau zu einem Spiralprozess zu erreichen).

[442] Zu den Lerntypen vgl. ARGYRIS/SCHÖN (1978) und BATESON (1981) und Fußnote 441.

[443] Vgl. BERGMANN (2001).

Als Ausgangsbasis für den Lernprozess der Modellierung des Auswahlprozesses dienen Initial-Befragungen, in denen Variablen abgefragt werden, deren Verteilung in der Grundgesamtheit bekannt ist. Hierzu bieten sich z.B. die Mikrozensus[444]-Variablen an.

Ziel der Verbesserung des Auswahlprozess-Modells ist es, die Abweichung

$$\Delta_{ER} := \mu - \hat{\mu}_{ER}$$

zwischen dem wahren Grundgesamtheitsparameter μ des interessierenden Erhebungsmerkmals X und dem Schätzwert $\hat{\mu}_{ER}$ zu minimieren. Bei späteren „realen" Befragungen, bei denen der wahre Wert des Grundgesamtheitsparameters μ des interessierenden Erhebungsmerkmals X unbekannt ist, wird der gesuchte Parameter zunächst durch eine klassische Befragung[445] durch $\hat{\mu}_{offline}$ geschätzt. Dieser Schätzer wird als erwartungstreu angenommen und nimmt den Platz des unbekannten Parameterwerts μ ein. Als zu minimierende Abweichung bei der Verbesserung des Auswahlprozess-Modells dient in diesem Fall

$$\Delta_{ER} := \hat{\mu}_{offline} - \hat{\mu}_{ER} .$$

Die Verbesserung des Auswahlmodells geschieht auf folgende Weise:

Seien $V_1,\dots, V_K$ die berücksichtigten Einflussvariablen, welche die Erreichbarkeit ER beeinflussen. Diese werden zur Vereinheitlichung und zur besseren Handhabbarkeit des Modells auf folgende Weise in binär kodierte Variablen umgewandelt:

Falls die Einflussvariable V_i nicht bereits in Klassen eingeteilt sondern in metrischer Form vorliegt, wird für die Variable zunächst eine Klasseneinteilung in J disjunkte Klassen vorgenommen.[446]

---

[444] *„Der Mikrozensus ist die amtliche Repräsentativstatistik über die Bevölkerung und den Arbeitsmarkt, an der jährlich 1% aller Haushalte in Deutschland beteiligt sind (laufende Haushaltsstichprobe). Insgesamt nehmen rund 370 000 Haushalte mit 820 000 Personen am Mikrozensus teil; darunter etwa 160 000 Personen in rund 70 000 Haushalten in den neuen Bundesländern und Berlin-Ost.*" (vgl. STATISTISCHES BUNDESAMT (2006)).

[445] D.h. eine „offline" z.B. schriftlich oder telefonisch durchgeführte Befragung einer echten Zufallsauswahl

[446] Die Klassenbildung erfolgt dabei wie beschrieben bei BOMSDORF (2002a), S. 23ff.

Die zur j-ten Klasse von V_i gehörige binäre Variable B_{ij} nimmt den Wert 1 an, wenn die Ausprägung von V_i in die j-te Klasse fällt und 0 sonst.

Damit lässt sich der Erreichbarkeitsrang ER als Funktion von den Binärvariablen $B_{11},\ldots,$ $B_{1J1},\ldots, B_{K1},\ldots, B_{KJK}$ darstellen.

Die Modellierung des der Befragung zugrunde liegenden Auswahlprozesses erfolgt durch die Schätzung von ER anhand der Ausprägungen der in binäre Form transformierten Einflussvariablen durch folgendes Modell:

$$\hat{ER} = \lambda \sum_{i=1}^{K} \sum_{j=1}^{J_i} \alpha_i \beta_{ij} B_{ij} \ ,$$

mit den Koeffizienten λ, $\alpha_1,\ldots, \alpha_K$ und $\beta_{11},\ldots, \beta_{KJK}$.

Dabei sind die Koeffizienten wie folgt definiert:

Der Koeffizient β_{ij} ist der Gewichtungsfaktor der j-ten Klasse bei der i-ten Einflussvariablen. Er ist definiert durch

$$\beta_{ij} = R_{ij}/r_{ij},$$

wobei R_{ij} den Anteil der j-ten Klasse bei Einflussvariable i in der Grundgesamtheit und r_{ij} der entsprechende Anteil in der realisierten Stichprobe sind. Durch diese Gewichtung wird die Verteilung der Variablen-Ausprägungen von V_i in der Stichprobe der Verteilung in der Grundgesamtheit angepasst.

Der Koeffizient α_i gibt die Stärke des Einflusses der i-ten Einflussvariablen auf die Schätzung des gesuchten Grundgesamtheitsparameters μ wieder. Die α_i werden iterativ bestimmt. Als Initial-Lösung wird $\alpha_1 = \ldots = \alpha_K = 1$ gesetzt. Dann sukzessive jeweils ein $\alpha_i = 0$ gesetzt, d.h. die zugehörige Einflussvariable V_i bleibt im Modell unberücksichtigt.

Falls sich durch den Wegfall der Einflussvariablen V_i die Schätzung des Grundgesamtheitsparameters nur sehr gering ändert, wird der Einfluss der Variablen als marginal angesehen. Die Variable wird aus dem Modell ausgeschlossen:

Falls $\left|\frac{\hat{\mu}_{ER} - \hat{\mu}_{\text{ohne } V_i}}{\hat{\mu}_{ER}}\right| < 0{,}01$, so wird $\alpha_i = 0$ gesetzt.

Bleibt die Einflussvariable V_i hingegen aufgrund ihres vorhandenen Einflusses im Modell, und sei o.B.d.A. $\alpha_1 \neq 0$. Dann wird $\alpha_1 = 1$ gesetzt und $\alpha_i = \left|\frac{\hat{\mu}_{ER} - \hat{\mu}_{\text{ohne } V_i}}{\hat{\mu}_{ER} - \hat{\mu}_{\text{ohne } V_1}}\right|$. Dadurch werden die α_i zueinander ins gleiche Verhältnis gesetzt, wie die Stärke des Einflusses der zugehörigen Variablen V_i auf die Schätzung des gesuchten Grundgesamtheitsparameters.

Der Koeffizient λ normiert den Erreichbarkeitsrang $\hat{ER}$ auf [1:N], wenn N Anzahl der Personen in der Grundgesamtheit ist. Hierzu wird λ wie folgt definiert:

$\lambda = \frac{N}{\sum_{i=1}^{K}\sum_{j=1}^{J_i} \alpha_i \max_j(\beta_{ij})}$, wobei der Nenner gerade das Maximum ist, welches $\hat{ER}$ ohne den Normierungs-Koeffizienten λ annehmen kann.

Im Rahmen eines Double-Loop-Learning-Prozesses wird während der Phase der Initial-Befragungen mit für die Grundgesamtheit bekannten Ergebnissen und bei den späteren „echten“ Befragungen die Modellierung des Auswahlprozesses fortlaufend nach obigem Schema verbessert. In diesem Lernprozess ist systematisch zu prüfen, welche Variablen einen Einfluss auf den Auswahlprozess und die interessierenden Erhebungsmerkmale haben und wie groß dieser Einfluss ist. Weiter ist durch den Lernprozess zu erforschen, ob das Modell des Auswahlprozesses abhängig von der Thematik der Befragung oder der interessierenden Populationsgruppe ist, d.h. ob sich ein statisches Modell des Auswahlprozesses für alle Befragungen finden lässt, oder ob für bestimmte Befragungsinhalte und bestimmte Zielgruppen jeweils eigene Modelle konstruiert werden müssen, und wie differenziert dies zu erfolgen hat. Weiter lässt sich im Rahmen dieses Lernprozesses erkennen, ob und wie sich die Modelle, die zu berücksichtigenden Einflussvariablen und ihre zugehörigen Koeffizienten zeitlich ändern, wenn sich die Struktur der Grundgesamtheit und der zugrunde liegende Auswahlprozess ändern.

Die Schätzung des Erreichbarkeitsrangs ER anhand der Einflussvariablen $V_1, V_2, \ldots, V_K$ sowie die systematische Verbesserung von Schritt eins im Rahmen eines Lernprozesses sind hier nur ansatzweise dargestellt. Um zu ermitteln, welche Variablen die Erreichbarkeit in welchem Maße beeinflussen, sind Erfahrungswerte aus der empirischen Praxis notwendig. Diese Informationen liefern die Basis für ein passendes Modell des zugrunde liegenden Auswahlprozesses in Form der Schätzung der Erreichbarkeit der Befragungsteilnehmer.

Der folgende Abschnitt beschreibt den zweiten Schritt des *ER*-Verfahrens.

5.3.2 Schritt zwei des ER-Verfahrens: Schätzung des funktionalen Zusammenhangs zwischen ER und Erhebungsmerkmal

Im zweiten Schritt des *ER*-Verfahrens wird der funktionale Zusammenhang zwischen *ER* und dem interessierenden Erhebungsmerkmal modelliert und mit Hilfe des angepassten Modells die gesuchten Parameter des Erhebungsmerkmals geschätzt.

Für die im Beispiel aus Abschnitt 4.3.1 beschriebene Altersvariable ist der Zusammenhang zum Erreichbarkeitsrang bei einer realisierten Online-Stichprobe dargestellt in der folgenden Abbildung 18.

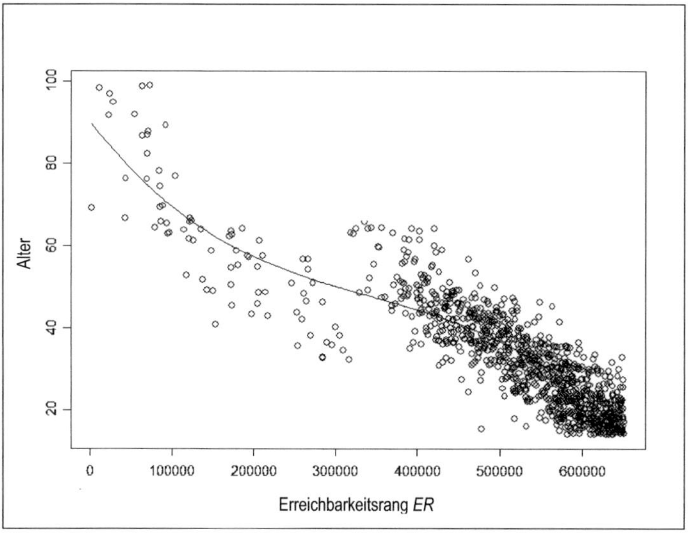

Abbildung 18: Funktionaler Zusammenhang zwischen Erreichbarkeitsrang *ER* und Alter

Der funktionale Zusammenhang zwischen dem interessierenden Erhebungsmerkmal X und dem Erreichbarkeitsrang ER lässt sich bei einer realisierten Stichprobe $x_1, x_2,..., x_n$ schätzen durch die Anpassung eines multiplen linearen Regressionsmodells[447] der Form

$$X = \beta_0 + \beta_1 f_1(ER) + ... + \beta_{p-1} f_{p-1}(ER) + u,$$

mit dem Koeffizienten-Vektor $\beta = (\beta_0, \beta_1,..., \beta_{p-1})'$, den reellwertigen Funktionen $f_1, f_2,..., f_{p-1}$ von ER zur Linearisierung des Zusammenhangs zwischen X und ER und der Störgröße u mit $E(u) = 0$ und $V(u) = \sigma^2$.

Die Schätzung des Koeffizientenvektors β erfolgt mit Hilfe der Methode der Kleinsten Quadrate[448]. Aus der Lösung der Normalengleichungen[449] berechnet sich der Schätzer $\hat{\beta} = (\hat{\beta}_0, \hat{\beta}_1,..., \hat{\beta}_{p-1})'$ für den Koeffizienten-Vektor β.

---

[447] Einen Einblick in die Theorie der multiplen Linearen Regressionsmodelle geben z.B. HINKELMANN/KEMPTHORNE (1994),S. 60ff. oder MOOD/GRAYBILL/BOES (1974), S. 482ff.

Mit Hilfe des angepassten Modells lässt sich für alle Elemente ω_i der Grundgesamtheit die Ausprägung des Erhebungsmerkmals schätzen als

$$\hat{X}_i = \hat{\beta}_0 + \hat{\beta}_1 f_1(ER_i) + \hat{\beta}_2 f_2(ER_i) + ... + \hat{\beta}_{p-1} f_{p-1}(ER_i).$$

Mit diesen Schätzwerten lassen sich alle möglichen statistischen Kennzahlen und Verteilungsparameter des Erhebungsmerkmals für die Grundgesamtheit berechnen. Der Fokus der vorliegenden Arbeit liegt dabei auf der Schätzung des Mittelwertes μ von X. Der auf dem *ER*-Verfahren beruhende Schätzer für μ ist wie folgt definiert:

Definition 21: *ER*-Schätzer für den Mittelwert eines Merkmals *X*

Es sei (Ω,P) ein Wahrscheinlichkeitsraum, X ein Merkmal auf Ω mit Mittelwert μ und Varianz σ^2, $(x_1,..., x_n)$ eine Realisierung einer Stichprobe $(X_1,..., X_n)$, $(\hat{X}_1,...,\hat{X}_N)$ die mittels Anpassung eines Linearen Modells der Form

$$\hat{X}_i = \hat{\beta}_0 + \hat{\beta}_1 f_1(ER_i) + \hat{\beta}_2 f_2(ER_i) + ... + \hat{\beta}_{p-1} f_{p-1}(ER_i)$$

errechneten Schätzwerte der Merkmalsausprägungen von X in der Grundgesamtheit. Dann heißt

$$\hat{\mu}_{ER} := \hat{\bar{X}} = \frac{1}{N}\sum_{i=1}^{N} \hat{X}_i$$

der ***ER*-Schätzer** für den Mittelwert des Merkmals X.

---

[448] Vgl. MOOD/GRAYBILL/BOES (1974), S. 498ff.

[449] Vgl. ebenda, S. 487.

5.4 Kritische Betrachtung des Ansatzes

Das Erreichbarkeitsrang-Verfahren erfüllt die vier in Abschnitt 5.1 formulierten Kriterien, denen ein Lösungsansatz für das Repräsentativitäts-Problem bei Online-Befragungen genügen muss. Bei der Anwendung des Verfahrens wird zunächst die interessierende Grundgesamtheit exakt definiert (Kriterium eins: Grundgesamtheitskriterium). Im weiteren Prozess der Anwendung wird für jedes einzelne Element der Grundgesamtheit für jedes Merkmal getrennt ein Schätzwert für die Merkmalsausprägung berechnet. Damit sind auch die Kriterien zwei (Merkmalsbezogenheit) und drei (Schätzfunktion) erfüllt. Der Ansatz erfüllt ferner auch das vierte Kriterium (Erreichbarkeitskriterium), da der Zusammenhang zwischen der Erreichbarkeit als Ursache für die Verzerrung und jedem einzelnen interessierenden Erhebungsmerkmal durch Anpassung eines Regressionsmodells quantifiziert und funktional beschrieben wird.

Das *ER*-Verfahren besteht wie dargestellt aus zwei Schritten. Schritt eins besteht aus der Modellierung des der Befragung zugrunde liegenden Auswahlprozesses anhand der individuellen Erreichbarkeit der Teilnehmer. Im zweiten Schritt wird anhand der geschätzten Erreichbarkeitsränge $\hat{ER}_i$ der Stichprobenelemente der funktionale Zusammenhang zwischen dem Erhebungsmerkmal X und ER (bzw. $\hat{ER}$) mittels linearer Regression bestimmt, wie im Abschnitt 5.3 beschrieben.[450] Mit den aus der Regression erhaltenen Schätzwerten $\hat{X}_1,...,\hat{X}_N$ lassen sich alle möglichen statistischen Kennzahlen und Verteilungsparameter des Erhebungsmerkmals X für die Grundgesamtheit und damit insbesondere der Mittelwertschätzer $\hat{\mu}_{ER}$ aus Definition 21 berechnen.

Der erste Schritt des *ER*-Verfahrens ist in der vorliegenden Arbeit nur in Ansätzen dargestellt. Die genaue Bestimmung der Vorgehensweise bei der Modellierung des Auswahlprozesses von Online-Erhebungen erfordert in Form eines Lernprozesses die Sammlung empirischer Vergleichswerte aus der wiederholten praktischen Anwendung des *ER*-Verfahrens. Dies geht weit über den Rahmen des zeitlich und finanziell vertretbaren Aufwands der vorliegenden

[450] Für die Anwendbarkeit des *ER*-Verfahrens sind die Wahl des anzupassenden Modells und die Güte der Anpassung von entscheidender Bedeutung. An dieser Stelle ist die Methodik der multiplen linearen Modelle gefordert. In der Literatur ist eine Vielzahl von Untersuchungen zur Wahl des passenden Modells zu finden. Diese Thematik wird deshalb nicht weiter verfolgt. Zur Vertiefung sei z.B. verwiesen auf MOOD/GRAYBILL/BOES (1974), S. 482ff. oder HINKELMANN/KEMPTHORNE (1994), S. 60ff.

Arbeit. Die Frage, welche im Rahmen der vorliegenden Arbeit geklärt werden soll, ist die, ob der Auswahlprozess durch die Schätzung des Erreichbarkeitrangs hinreichend genau modelliert werden kann, damit verzerrungsfreie Schätzungen der gesuchten Grundgesamtheitsparameter möglich werden. Im Folgenden sollen zur Beantwortung dieser Frage erste Hinweise und Ansätze thematisiert und die Überprüfung der Anwendbarkeit des *ER*-Verfahrens mit Hilfe der Verfahren der Simulation durchgeführt werden.

Die Fragestellung, welche im folgenden Kapitel mit Hilfe von Simulationen beantwortet werden soll, ist die, wie „gut" der Auswahlprozess durch die Schätzung des Erreichbarkeitsranges im ersten Schritt des Verfahrens zu modellieren ist, damit der zweite Schritt zu „sinnvollen" d.h. möglichst unverzerrten, repräsentativen Schätzungen der gesuchten Merkmalsparameter führt. Zur Beantwortung dieser Fragestellung werden in Form verschiedener Szenarien in einer an der Bevölkerung angelehnten Grundgesamtheit unterschiedlich strukturierte (i. e. verteilte) Erhebungsmerkmale simuliert, auf welche das *ER*-Verfahren angewendet und die erzielten Ergebnisse bewertet werden. Überprüft werden soll zum einen, wie das *ER*-Verfahren auf mit dem Auswahlprozess d.h. insbesondere mit der Erreichbarkeit unterschiedlich funktional zusammenhängende Erhebungsmerkmale reagiert. Zum anderen soll untersucht werden, wie robust das *ER*-Verfahren bei unterschiedlich guter Modellierung des der Erhebung zugrunde liegenden Auswahlprozesses bleibt. Daraus lassen sich erste Hinweise darauf ableiten, wie „gut" die in Schritt eins des *ER*-Verfahrens durchzuführende Modellierung des Auswahlprozesses durch die den Auswahlprozess beeinflussenden Variablen sein muss, damit das Verfahren noch „sinnvolle" Schätzungen der gesuchten Grundgesamtheitsparameter liefert. Um dies beurteilen zu können, muss zunächst definiert werden, was unter einer „guten" Modellierung des Auswahlprozesses und unter „sinnvollen" Schätzungen zu verstehen ist. Dies geschieht im zweiten Teil des folgenden Kapitels. Zuvor folgt eine Einführung in die verwendeten Methoden der Simulation.

„Statistik verändert die Welt nicht,
aber sie zeigt, wie die Welt sich verändert.“
(Urheber unbekannt)

6 Monte-Carlo-Simulation zur Überprüfung der Anwendbarkeit des Erreichbarkeitsrang-Verfahrens

6.1 Grundlagen der Monte-Carlo-Simulation

Der Begriff „**Simulation**“ wird in der wissenschaftlichen Literatur unterschiedlich definiert.[451] Im Rahmen der vorliegenden Arbeit wird der Begriff in folgender Weise verstanden:

Die Simulation ist ein Verfahren zur Erforschung komplexer realer Systeme[452] mittels Durchführung von Experimenten unter Verwendung mathematischer Modelle.[453] SHANNON (1975) definiert den Begriff Simulation wie folgt:

„*Simulation is the process of designing a model of a real system and conducting experiments with this model for the purpose either of understanding the behavior of the system or of evaluating various strategies (within the limits imposed by a criterion or set of criteria) for the operation of the system.*“[454]

Simulationen werden vor allem für solche Probleme eingesetzt, für deren Lösung keine analytischen Verfahren zur Verfügung stehen bzw. nur unter sehr großem Aufwand realisierbar oder aus Kosten- und/oder Zeitgründen keine „realen“ Experimente durchführbar sind. Wie SHANNON in seiner Definition oben ausdrückt, verhelfen Simulationen häufig zu einem besseren Verständnis schwieriger Problemstellungen, was insbesondere im Bereich der Stichprobenverfahren hilfreich sein kann.[455]

---

[451] Vgl. NAYLOR (1971), S. 2ff.

[452] Zum Systembegriff vgl. AEHRINGHAUS ET AL. (1980), S. 1ff.

[453] Vgl. KÖCHER ET AL. (1972), S. 1.

[454] SHANNON (1975), S. 2.

[455] Vgl. NEWMAN (1982), S. 65.

Der Begriff „**Monte-Carlo**" spielt auf die Zufallskomponente des Glücksspiels in den Spielcasinos von Monte-Carlo an.[456] Der Begriff bedeutet bezogen auf die Monte-Carlo-Simulation, dass das Systemverhalten probabilistisch, d.h. durch Generierung von Zufallszahlen modelliert wird. Es wird auf Basis von häufig wiederholten Zufallsexperimenten[457] mit Hilfe der Wahrscheinlichkeitstheorie[458] versucht, Probleme, welche analytisch nicht oder nur mit großem Aufwand lösbar sind, im mathematischen Kontext numerisch zu lösen. Die Grundlage hierfür bildet meist das Gesetz der großen Zahlen[459].

Die Monte-Carlo-Simulation lässt sich insbesondere anwenden zur Bestimmung von Verteilungseigenschaften von Zufallsvariablen unbekannten Verteilungstyps durch Schätzung ihrer Verteilungsparameter.[460]

In den folgenden Abschnitten werden mit Hilfe der Monte-Carlo-Simulation die Verteilungseigenschaften des in Definition 21 beschriebenen *ER*-Schätzers für das Grundgesamtheitsmittel μ des Merkmals *X*,

$$\hat{\mu}_{ER} = \hat{\bar{X}} = \frac{1}{N}\sum_{i=1}^{N}\hat{X}_i$$

betrachtet. Hierzu wird eine Grundgesamtheit mit jeweils unterschiedlichen Auswahlwahrscheinlichkeiten für alle Elemente konstruiert, welche den Auswahlprozess bei einer Online-Befragung abbilden sollen. Aus dieser Grundgesamtheit werden dann für mehrere Erhebungsmerkmale, welche funktional unterschiedlich mit der Auswahlwahrscheinlichkeit bzw. der Erreichbarkeit zusammenhängen, jeweils einhundert unabhängige Stichproben gezogen und die *ER*-Schätzer $\hat{\mu}_{ER}$ für den Merkmalsmittelwert berechnet.

---

[456] Vgl. JÄCKEL (2002), S. 3.

[457] Vgl. Definition 1, sowie BOMSDORF (2002b), S. 3.

[458] Vgl. Abschnitt 4.1.1, sowie Fußnote 323.

[459] Vgl. BOMSDORF (2002b), S. 126ff.

[460] Vgl. SCHMIDT (2003).

Aufgrund der unabhängigen identischen Wiederholung der Stichprobenziehung basierend auf derselben Wahrscheinlichkeitsverteilung *P*, sind die Schätzer $\hat{\mu}_{ER1},...,\hat{\mu}_{ER100}$ unabhängig verteilt mit gleichem Erwartungswert $E(\hat{\mu}_{ER})$.

Damit konvergiert nach dem schwachen Gesetz der großen Zahlen von Tschebyscheff[461] $\frac{1}{n}\sum_{i=1}^{n}\hat{\mu}_{ERi}$ nach Wahrscheinlichkeit gegen $E(\hat{\mu}_{ER})$:

$$\lim_{n\to\infty} P(|\tfrac{1}{n}\sum_{i=1}^{n}\hat{\mu}_{ERi} - E(\hat{\mu}_{ER})| \geq \varepsilon) = 0 \text{ und } \lim_{n\to\infty} P(|\tfrac{1}{n}\sum_{i=1}^{n}\hat{\mu}_{ERi} - E(\hat{\mu}_{ER})| < \varepsilon) = 1,\ \forall\ \varepsilon>0.$$

Damit ist $\frac{1}{n}\sum_{i=1}^{n}\hat{\mu}_{ERi}$ ein erwartungstreuer Schätzer für den unbekannten Erwartungswert $E(\hat{\mu}_{ER})$ des *ER*-Schätzers.

6.2 Gütekriterien für den ER-Schätzer und für die Bewertung der Modellierung des Auswahlprozesses

Als Maße für die Güte des *ER*-Schätzers sollen die Eigenschaften der Erwartungstreue, der Mediantreue, seine Verzerrung

$$b(\hat{\mu}_{ER})=E(\hat{\mu}_{ER}) - \mu$$

und seine Varianz betrachtet werden.[462]

Die Eigenschaften der Erwartungstreue und Mediantreue werden mit Hilfe von statistischen Tests überprüft. Einen Überblick über statistische Testverfahren allgemein, sowie die im Rahmen der Untersuchung eingesetzten Verfahren geben die folgenden Abschnitte.

---

[461] Vgl. BOMSDORF (2002b), S. 126ff.

[462] Die Güteeigenschaften von Schätzfunktionen wurden in Abschnitt 4.1.2 erläutert. Die Auswahl der Kriterien erfolgt in Anlehnung an IM ET AL. (1999) und BALTAGI/BRESSON/PIROTTE (2003).

6.2.1 Exkurs: Statistische Testverfahren

Mit Hilfe von statistischen Tests[463] lassen sich Hypothesen anhand von Ergebnissen von Zufallsstichproben überprüfen. In der vorliegenden Arbeit kommen sog. parametrische Testverfahren zum Einsatz, deren Hypothesen sich auf die unbekannten Verteilungsparameter (z.B. den Erwartungswert) der einem Merkmal zugrunde liegenden Verteilung beziehen.

Es sei θ ein unbekannter Verteilungsparameter der reellen Zufallsvariablen X ($\theta \in \mathbb{R}$). Die Menge aller zulässigen Werte für θ heißt auch **Parameterraum** Θ. Dieser sei gemäß $\Theta = \Theta_0 + \Theta_1$ in zwei nichtleere disjunkte Mengen Θ_0 und Θ_1 aufgespalten. Ziel eines statistischen Tests ist es, aufgrund einer Realisierung x von X eine „begründete Entscheidung" zwischen den beiden Möglichkeiten

$$H_0: \theta \in \Theta_0 \text{ und } H_1: \theta \in \Theta_1$$

zu treffen. Das mit diesem Ausdruck gegebene **Testproblem** beinhaltet den Test der **Nullhypothese H_0**, dass der unbekannte Parameter in Θ_0 liegt, gegen die **Alternative H_1**, dass Θ_1 den unbekannten Parameter θ enthält.

Ein (nichtrandomisierter) Test für dieses Testproblem ist durch einen **kritischen Bereich** (auch **Ablehnungsbereich**) $K \subset \mathbb{R}$ festgelegt. Dieser Bereich definiert die **Entscheidungsvorschrift**

Falls $x \in K$, so wird die Nullhypothese H_0 verworfen.

Falls $x \notin K$, so wird die Nullhypothese H_0 nicht verworfen.

Der Bereich $\mathbb{R} \setminus K$, für den die Nullhypothese nicht verworfen wird, heißt **Annahmebereich**.

Bei der Testentscheidung gibt es folgende Fehlermöglichkeiten:

---

[463] Vgl. zu diesem Abschnitt insbesondere BOMSDORF (2002b), S. 179ff.

„Wirklichkeit“	Entscheidung	
	H_0 wird verworfen	H_0 wird nicht verworfen
H_0 richtig	Fehler 1. Art	Richtige Entscheidung
H_0 falsch	Richtige Entscheidung	Fehler 2. Art

Abbildung 19: Fehlermöglichkeiten bei statistischen Tests

Ziel der „sinnvollen“ Wahl eines Tests (durch Festlegung eines kritischen Bereichs K) ist es, die Wahrscheinlichkeiten für falsche Entscheidungen möglichst klein zu halten.

Die Wahrscheinlichkeiten für die Fehler 1. und 2. Art hängen meist voneinander ab. Wird der kritische Bereich so verändert, dass die Wahrscheinlichkeit für einen Fehler 1. Art sinkt, steigt die Wahrscheinlichkeit eines Fehlers 2. Art und umgekehrt. Es hat sich daher eingebürgert, den Fehler 1. Art (auch α-Fehler) im Vergleich zum Fehler 2. Art als schwerwiegender zu erachten und seine Wahrscheinlichkeit deshalb mittels einer vorgegebenen oberen Schranke α, mit $0 < \alpha < 1$ zu kontrollieren, wobei Werte im Bereich $0{,}01 \leq \alpha \leq 0{,}1$ üblich sind. Diese maximale Wahrscheinlichkeit α für einen Fehler 1. Art wird auch **Signifikanzniveau** oder **Irrtumswahrscheinlichkeit** genannt. Ein Test, der diese vorgegebene Schranke α nicht überschreitet, heißt **Test zum Niveau α.**

Die Testentscheidung wird anhand des Wertes t einer **Prüfgröße** oder **Teststatistik**[464] in Form einer Stichprobenfunktion $T = T(X_1,X_2,\ldots,X_n)$ getroffen.

Formal ist die Wahrscheinlichkeit für einen Fehler 1. Art entsprechend gegeben durch

$$\alpha(\theta) = P(T(X_1,X_2,\ldots,X_n) \in K \mid \theta \in \Theta_0).$$

Statt ein Testniveau α vorzugeben, lässt sich bei einem Test auch die Wahrscheinlichkeit dafür angeben, dass unter der Nullhypothese die Prüfgröße T einen beobachteten Wert unter- bzw. überschreitet.[465] Diese Wahrscheinlichkeit heißt **p-Wert** und gibt das kleinste Test-

[464] Vgl. Definition 14.

[465] Diese Vorgehensweise gilt für ein sog. „einseitiges Testproblem“. Bei zweiseitigen Tests wird der Wert des zugehörigen einseitigen Tests verdoppelt (vgl. BÜNING/TRENKLER (1994), S. 33).

niveau an, bei dem für den realisierten Wert die Nullhypothese gerade noch verworfen wird. Für die Testentscheidung bedeutet das, die Nullhypothese wird abgelehnt, wenn der p-Wert kleiner als das vorgegebene Niveau α ist. BÜNING/TRENKLER (1994) bemerken zur Interpretation des p-Wertes, *„dass er ein Maß für den Grad der Unterstützung von H_0 durch die Beobachtungen ist; je kleiner p, desto geringer die Unterstützung von H_0"*.[466] Er ist damit informativer als die bloße Verwerfung oder Nicht-Verwerfung der Nullhypothese zu einem vorgegebenen Signifikanzniveau.

In engem Zusammenhang mit der Konstruktion eines Niveau-α-Tests für einen Parameter θ steht die sog. Intervallschätzung[467]. Anstatt einen unbekannten Parameter θ nur durch die Realisation einer Teststatistik $T(X_1,X_2,...,X_n)$ zu schätzen (Punktschätzung), kann auch ein Intervall konstruiert werden, welches mit einer vorgegebenen Wahrscheinlichkeit den unbekannten Parameter überdecken soll (Intervallschätzung).

Für ein vorgegebenes **Konfidenzniveau** $1-\alpha$ heißt das Intervall [a;b] **Konfidenzintervall für θ zum Niveau $1-\alpha$**, wenn gilt:

$$P(a \leq \theta \leq b) = 1 - \alpha.$$

In den zwei folgenden Abschnitten werden die beiden bei den Simulationsversuchen eingesetzten statistischen Testverfahren vorgestellt.

6.2.1.1 Der Ein-Stichproben- t-Test

Der Ein-Stichproben-t-Test (auch Student-t-Test) wird verwendet zum Testen von Hypothesen über den Mittelwert μ einer normalverteilten Zufallsvariablen X bei unbekannter Varianz σ^2.[468]

In der vorliegenden Arbeit interessiert ausschließlich das zweiseitige Testproblem

[466] BÜNING/TRENKLER (1994), S. 33.

[467] Vgl. BOMSDORF (2002b), S. 166ff.

[468] Vgl. HARTUNG/ELPELT/KLÖSENER (1993), S. 187f.

H_0: $\mu = \mu_0$ gegen H_1: $\mu \neq \mu_0$.

Seien $x_1, x_2, ..., x_n$ die Realisationen von n unabhängig identisch normalverteilten Zufallsvariablen $X_1, X_2, ..., X_n$ mit Mittelwert μ und Varianz σ^2.

Dann ist die Prüfgröße

$$T = \frac{\overline{X} - \mu_0}{S^*} \sqrt{n}$$

unter der Nullhypothese t-verteilt mit n-1 Freiheitsgraden.

Damit wird die Nullhypothese zum Niveau 1 – α verworfen, wenn für die Realisation t von T gilt:

$|t| > t_{n-1;1-\alpha/2}$,

wobei $t_{n-1;1-\alpha/2}$ das (1-α/2)-Quantil der t-Verteilung mit n-1 Freiheitsgraden ist.

6.2.1.2 Der Binomial-Test

Der Binomial-Test wird verwendet zum Testen von Hypothesen über Anteilswerte.[469]

In der vorliegenden Arbeit wird als Spezialfall des Binomial-Tests der sog. **Vorzeichen-Test**[470] zum Testen von Hypothesen über den Median angewendet.

Getestet werden soll das Testproblem

H_0: $x_{Med} = x_0$ gegen H_1: $x_{Med} \neq x_0$.

Unter der Nullhypothese sollte in einer unabhängigen Zufallsstichprobe etwa die Hälfte der realisierten Werte kleiner sein als x_0 und die andere Hälfte größer.

---

[469] Vgl. SCHIRA (2005), S. 483ff.

[470] Vgl. ebenda S. 510ff. und BÜNING/TRENKLER (1994), S. 92ff.

Als Prüfgröße beim Vorzeichentest dient die Anzahl der Stichprobenwerte, die größer sind als x_0.

Unter der Voraussetzung, dass $P(x_i = x_0) = 0$, sei

$$y_i = \begin{cases} 1, \text{falls } (x_i - x_0) > 0 \\ 0, \text{falls } (x_i - x_0) < 0 \end{cases}.$$

Dann ist die Prüfgröße B mit

$$B := \sum_{i=1}^{n} Y_i$$

unter der Nullhypothese binomialverteilt mit den Parametern n und p=0,5.

Die Testentscheidung wird getroffen anhand der Überschreitungswahrscheinlichkeiten

$P(B \leq b)$ und $P(B \geq b)$.

Die Nullhypothese ist abzulehnen, falls $P(B \leq b) \leq \alpha/2$ oder $P(B \geq b) \leq \alpha/2$.

6.2.2 *Überprüfung der Gütekriterien*

Die Eigenschaft der Erwartungstreue wird mit Hilfe des in Kapitel 6.2.1.1 vorgestellten *t*-Tests nachgewiesen. Da der *t*-Test das Vorliegen einer Normalverteilung für den zu prüfenden Parameter voraussetzt,[471] wovon im vorliegenden Fall nicht ausgegangen werden kann, wird zusätzlich die Eigenschaft der Mediantreue überprüft. Dies geschieht mit Hilfe des in Kapitel 6.2.1.2 eingeführten Binomial-Tests, für welchen die Verteilungsannahme einer zugrunde liegenden Normalverteilung keine notwendige Voraussetzung ist.

Die Verzerrung des *ER*-Schätzers lässt sich unmittelbar aus der Differenz seines geschätzten Erwartungswertes und des tatsächlichen Parameters wie folgt schätzen:

---

[471] Die Verletzung der Normalverteilungsannahme ist vor allem bei kleineren Stichprobenumfängen problematisch. Bei größeren Stichproben reagiert der t-Test vergleichsweise robust auf eine Verletzung der Normalverteilungsannahme. Eine ausführliche Betrachtung bietet z.B. BORTZ (2004).

$$\hat{b}(\hat{\mu}_{ER}) = \hat{E}(\hat{\mu}_{ER}) - \mu.$$

Beim Vergleich zweier erwartungstreuer Schätzfunktionen $\hat{\theta}_1$ und $\hat{\theta}_2$ ist mit Blick auf die Effizienz[472] derjenige Schätzer als der „bessere" vorzuziehen, der weniger streut, d.h. eine geringere Varianz hat. Dieser ist damit der effizientere der beiden Schätzer. Als Maß für den Vergleich zweier erwartungstreuer Schätzer $\hat{\theta}_1$ und $\hat{\theta}_2$ dient entsprechend der Quotient der Varianzen der beiden Schätzer $V(\hat{\theta}_1)/V(\hat{\theta}_2)$.

In der vorliegenden Arbeit ist damit der Quotient aus $\mathrm{V}(\hat{\mu}_{ER})/\mathrm{V}(\bar{x})$ ein weiteres Gütemaß für den *ER*-Schätzer. Da das Stichprobenmittel $\bar{x}$ unter der Voraussetzung einer einfachen Zufallsstichprobe ein effizienter Schätzer für den Parameter μ einer normalverteilten Zufallsvariablen X ist,[473] sollte der Quotient im Fall der Erwartungstreue beider Schätzer demnach möglichst nahe beim Wert 1 liegen, wenn $\hat{\mu}_{ER}$ eine ähnlich geringe Varianz besitzt wie $\bar{x}$.[474] Der Wert des Quotienten wird umso größer werden, je mehr der Schätzer $\hat{\mu}_{ER}$ im Vergleich zu $\bar{x}$ streut und damit vergleichsweise „schlechter" ist.

Als Gütemaß zur Bewertung der Modellierung des Auswahlprozesses dient der in Definition 19 vorgestellte Korrelationskoeffizient von Bravais-Pearson zwischen der wahren Erreichbarkeit *ER* und den im ersten Schritt des *ER*-Verfahrens anhand der für den Auswahlprozess relevanten Einflussvariablen errechneten Schätzer $\hat{ER}$.[475]

Wenn der Auswahlprozess und das zugrunde liegende Wahrscheinlichkeits-Maß *P* vollständig bekannt sind, ist damit auch *ER* vollständig bekannt. Es ist $\hat{ER}_i = ER_i$ für alle Elemente der Stichprobe, und die Korrelation zwischen $\hat{ER}$ und *ER* hat damit den Wert r=1.

---

[472] Vgl. hierzu Definition 16 und die anschließende Bemerkung in Abschnitt 4.1.2.

[473] Vgl. BOMSDORF (2002b), S. 166.

[474] Im vorliegenden Fall kann von der Erwartungstreue von $\bar{x}$ nicht ausgegangen werden. Für $\bar{x}$ ist mit deutlichen Verzerrungen zu rechnen, da die Voraussetzung einer einfachen Zufallsstichprobe nicht erfüllt ist.

[475] Die Korrelation zwischen *ER* und $\hat{ER}$ entspricht gerade den Rängen der Auswahlwahrscheinlichkeiten *p* bzw. deren Schätzungen. Damit ist der Korrelationskoeffizient in diesem Fall gleich dem Spearman'schen Rangkorrelationskoeffizient zwischen *p* und $\hat{p}$ (vgl. BÜNING/TRENKLER (1994), S. 232f.).

Je „ungenauer“ die Auswahlwahrscheinlichkeiten und damit die Erreichbarkeit der Teilnehmer geschätzt werden, weil z.B. zur Schätzung zu wenige oder die falschen Einflussvariablen herangezogen oder die Variablen falsch gewichtet wurden, desto geringer wird der lineare Zusammenhang, d.h. die Korrelation zwischen den wahren Werten von *ER* und den Schätzwerten ausfallen. Damit bietet der Korrelationskoeffizient sich als Maß zur Bewertung der Modellierung des Auswahlprozesses an.

Im nächsten Abschnitt wird die Durchführung der Simulationsstudien beschrieben.

6.3 Durchführung der Simulation

Die Simulationsstudien wurden mit dem statistischen Softwarepaket *S-Plus®* der *Insightful Corporation* durchgeführt.

Eine ausführliche Beschreibung des Vorgehens im Rahmen der Monte-Carlo-Simulation wird exemplarisch im Abschnitt 6.3.2.1.3 am Beispiel einer simulierten Altersvariablen gegeben.

Im Abschnitt 6.3.1 wird eine Grundgesamtheit Ω konstruiert, die bezüglich des Internet-Nutzungsverhaltens ein im Maßstab 1:100 verkleinertes Abbild der deutschen Bevölkerung über 14 Jahre darstellt. Jedem Element der konstruierten Grundgesamtheit wird eine individuelle Auswahlwahrscheinlichkeit zugeordnet, so dass sich ein Wahrscheinlichkeitsmaß P auf Ω ergibt, welches den realen Verhältnissen bei einer Online-Erhebung nachempfunden ist. Der Wahrscheinlichkeitsraum (Ω,P) ist die Grundlage für die simulierten Online-Stichproben.

Die Anwendbarkeit des *ER*-Verfahrens wird anhand mehrerer Variablen mit unterschiedlichen funktionalen Zusammenhängen zur Erreichbarkeit überprüft. Zur Bestimmung der Grenzen der Einsatzmöglichkeit des *ER*-Verfahrens nach Art einer Sensitivitätsanalyse ermittelt, wie gut die Modellierung des Auswahlprozesses im ersten Schritt durch die Schätzung der Erreichbarkeit sein muss. Bei der Sensitivitätsanalyse wird der Einfluss einzelner Parameter (hier die Güte der Modellierung des Auswahlprozesses gemessen als Korrelation zwischen tatsächlicher und geschätzter Erreichbarkeit) auf das Modellergebnis durch systematische Veränderung der Parameter untersucht.

Im Abschnitt 6.3.2.1 wird eine Altersvariable konstruiert, die bezüglich der Erreichbarkeit im Internet die Altersstruktur der Bevölkerung realistisch abbildet.

Anhand dieser Altersvariablen werden die Simulation der Online-Stichproben, die Anwendung des *ER*-Verfahrens sowie das Vorgehen bei der Sensitivitätsanalyse in den weiteren Abschnitten exemplarisch erläutert.

In den Abschnitten 6.3.2.2 bis 6.3.2.9 werden weitere metrische Variablen konstruiert, die jeweils unterschiedliche mögliche Zusammenhänge zur Erreichbarkeit im Internet aufweisen. Die Variablen sind dabei so definiert, dass sie in Ihrer Ausprägung an das Merkmal der Körpergröße erinnern. Anhand dieser Variablen wird das *ER*-Verfahren in analoger Weise zum Vorgehen in Abschnitt 6.3.2.1 bei der Altersvariablen getestet.

Im folgenden Abschnitt wird die für die Simulation verwendete Grundgesamtheit konstruiert.

6.3.1 Konstruktion der Grundgesamtheit

Als Grundlage für die Simulations-Experimente soll eine Grundgesamtheit Ω konstruiert werden, die bezüglich des Internet-Nutzungsverhaltens im Maßstab 1:100 der Struktur der deutschen Bevölkerung über 14 Jahren entspricht.[476]

Basis für die Konstruktion ist die Studie @FACTS SEVENONE INTERACTIVE / FORSA (2003) zur Anzahl der Internet-Nutzer in Deutschland.[477]

[476] Der Maßstab 1:100 wurde gewählt um die für die Simulationen benötigte Rechenzeit bei der verfügbaren Rechnerkapazität in vertretbarem Rahmen zu halten. Die Rechenzeit der gesamten Simulationen betrug annährend fünf Monate.

[477] Die Grundlage für die Simulationen bilden Strukturdaten der Internet-Nutzer aus dem Jahr 2003, da im Jahr 2004, als die Simulationen 2004 programmiert und durchgeführt wurden, keine aktuelleren Daten verfügbar waren. Bei den Simulationen soll die Frage nach der generellen Anwendbarkeit des *ER*-Verfahrens unter realitätsnahen Bedingungen beantwortet werden. Hierzu eine möglichst gute Modellierung der realen Bedingungen viel mehr erforderlich als das neueste zu verfügbare Datenmaterial. Ohnehin ist bei den Ergebnissen aufgrund der langen Rechenzeit der Simulationen eine Verzögerung um mindestens in Jahr unvermeidbar. Überdies dürften sich die zu bereinigenden Verzerrungen bei Online-Befragungen in letzter Zeit weiter verringert haben. Die jüngste Entwicklung der Internet-Nutzerschaft hat gezeigt, dass sich die Struktur der Internet-Nutzerschaft aufgrund stetig steigender Internet-Zugänge immer mehr an die der Gesamt-Bevölkerung angleicht (vgl. z.B. ARD/ZDF-ONLINE-STUDIE (2006)).

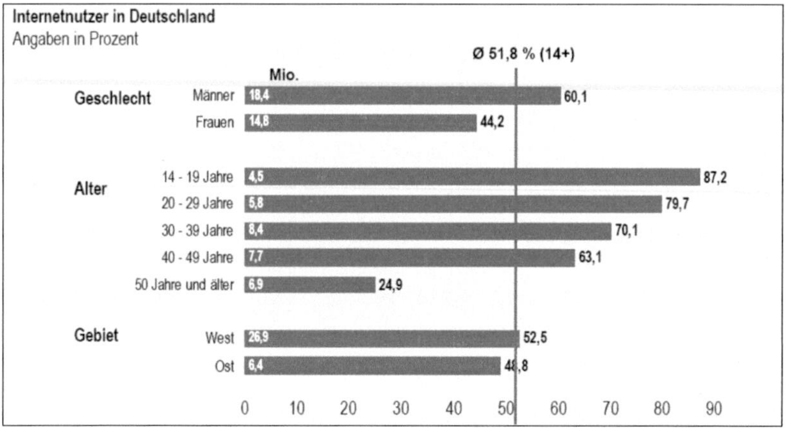

Abbildung 20: Altersstruktur der Internet-Nutzer in Deutschland

Quelle: @FACTS SEVENONE INTERACTIVE / FORSA (2003); Stand: Mai 2003

Alle Altersgruppen in Abbildung 20 aufsummiert ergeben, dass 33,3 Mio. Deutsche über 14 Jahre das Internet nutzen, was einem Bevölkerungsanteil von 51,8% entspricht. Der relative Anteil der Internet-Nutzer nimmt mit steigendem Alter von Altersgruppe zu Altersgruppe ab. Während in der Gruppe der 14-19-Jährigen noch über 87% das Internet nutzen, sind es in der Gruppe der über 70-Jährigen nur noch 6,5%.

Aus der Abbildung 20 lässt sich folgende Tabelle konstruieren:

Alters-klasse	Internet-Nutzer absolut	Nichtnutzer absolut	Gesamt-bev. absolut	Anteil Internet-Nutzer pro Klasse	Internet-Nutzer relativ	Nicht-nutzer relativ	Gesamt-bev. relativ
14 – 19	4,5 Mio	0,7 Mio	5,2 Mio	87,2%	13,5%	2,2%	8,0%
20 – 29	5,8 Mio	1,5 Mio	7,3 Mio	79,7%	17,4%	4,7%	11,2%
30 – 39	8,4 Mio	3,6 Mio	12,0 Mio	70,1%	25,2%	11,3%	18,4%
40 – 49	7,7 Mio	4,5 Mio	12,2 Mio	63,1%	23,1%	14,2%	18,7%
50 – 59	3,8 Mio	4,8 Mio	8,6 Mio	44,3%	11,4%	15,1%	13,2%
60 – 69	2,6 Mio	9,5 Mio	12,1 Mio	21,4%	7,8%	29,9%	18,6%
70+	0,5 Mio	7,2 Mio	7,7 Mio	6,5%	1,5%	22,6%	11,8%
Ge-samt	33,3 Mio	31,8 Mio	65,1 Mio	51,8%	100,0%	100,0%	100,0%

Tabelle 4: Altersverteilung der Internet-Nutzer und Nichtnutzer in Deutschland (Stand: 2003)

Die Tabelle 4 stellt die Grafik aus Abbildung 20 zahlenmäßig dar. Die absolute Anzahl der Internet-Nutzer und Nichtnutzer ist gegenübergestellt. Die fünfte Spalte der Tabelle enthält den relativen Anteil der Internet-Nutzer bezogen auf die jeweilige Altersgruppe. Spalte sechs enthält den Anteil der Internet-Nutzer in der jeweiligen Altersklasse an der Gesamtzahl der Internet-Nutzer. Spalte sieben enthält entsprechend den Anteil der Nichtnutzer der jeweiligen Altersklasse an der Gesamtzahl der Nichtnutzer. Die letzte Spalte enthält die Bevölkerungsanteile der einzelnen Altersgruppen an der Gesamtbevölkerung.

Die Zahl von 65,1 Mio. für die Gesamtbevölkerung über 14 Jahren ergibt sich aus der Addition der jeweiligen Werte in den einzelnen Altersklassen. Bei direkter Berechnung der absoluten Bevölkerungszahl aus 33,3 Mio. / 51,8% ergibt sich für die Gesamtbevölkerung eine Zahl von 64,3 Mio. Dies ist auf Rundungs-Ungenauigkeiten zurück zu führen. Um den Werten für die einzelnen Altersklassen gerecht zu werden, wird mit der Gesamtbevölkerungszahl von 65,1 Mio. gerechnet. Hieraus ergibt sich für die Nichtnutzer eine Anzahl von 31,8 Mio.

Die Zahlen aus der @FACTS-Studie stimmen weitgehend mit den Ergebnissen der ARD/ZDF-ONLINE-STUDIE (2003) zur Internet-Verbreitung in Deutschland überein, wie in Tabelle 5 ersichtlich ist.

② **Internetnutzer in Deutschland 1997 bis 2003**
Anteil in %

	1997¹)	1998¹)	1999¹)	2000¹)	2001¹)	2002¹)	2003¹)	2003²)
Gesamt	6,5	10,4	17,7	28,6	38,8	44,1	53,5	51,5
männlich	10,0	15,7	23,9	36,6	48,3	53,0	62,6	61,6
weiblich	3,3	5,6	11,7	21,3	30,1	36,0	45,2	42,3
14-19 Jahre	6,3	15,6	30,0	48,5	67,4	76,9	92,1	87,0
20-29 Jahre	13,0	20,7	33,0	54,6	65,5	80,3	81,9	75,5
30-39 Jahre	12,4	18,9	24,5	41,1	50,3	65,6	73,1	70,2
40-49 Jahre	7,7	11,1	19,6	32,2	49,3	47,8	67,4	67,1
50-59 Jahre	3,0	4,4	15,1	22,1	32,2	35,4	48,8	47,6
60 Jahre und älter	0,2	0,8	1,9	4,4	8,1	7,8	13,3	13,0
in Ausbildung	15,1	24,7	37,9	58,5	79,4	81,1	91,6	89,0
berufstätig	9,1	13,8	23,1	38,4	48,4	59,3	69,6	67,7
Rentner/nicht berufstätig	0,5	1,7	4,2	6,8	14,5	14,8	21,3	19,4

1) Gelegentliche Onlinenutzung.
2) Onlinenutzung innerhalb der letzten vier Wochen.
Basis: Onlinenutzer ab 14 Jahre in Deutschland (2003: n=1046, 2002: n=1011, 2001: n=1001, 2000: n=1005, 1999: n=1002, 1998, n=1006, 1997: n=1003).

Tabelle 5: Internet-Verbreitung in Deutschland

Quelle: ARD/ZDF-ONLINE-STUDIE (2003)

In der Tabelle 5 wird für das Jahr 2003 der Anteil der Internet-Nutzer über 14 Jahren mit 51,5% der Gesamtbevölkerung angegeben, was in etwa mit dem Wert von 51,8% aus der @FACTS-Studie[478] übereinstimmt. Ebenso decken sich die Anteile für die einzelnen Altersklassen weitestgehend mit den Ergebnissen der @FACTS-Studie, so dass die Daten als verlässlich angesehen werden können.

In Abbildung 23 ist die Altersstruktur der Gesamtbevölkerung sowie der Internet-Nutzer aus den Spalten sechs und acht der Tabelle 4 grafisch dargestellt.

---

[478] Vgl. Abbildung 20, S. 155.

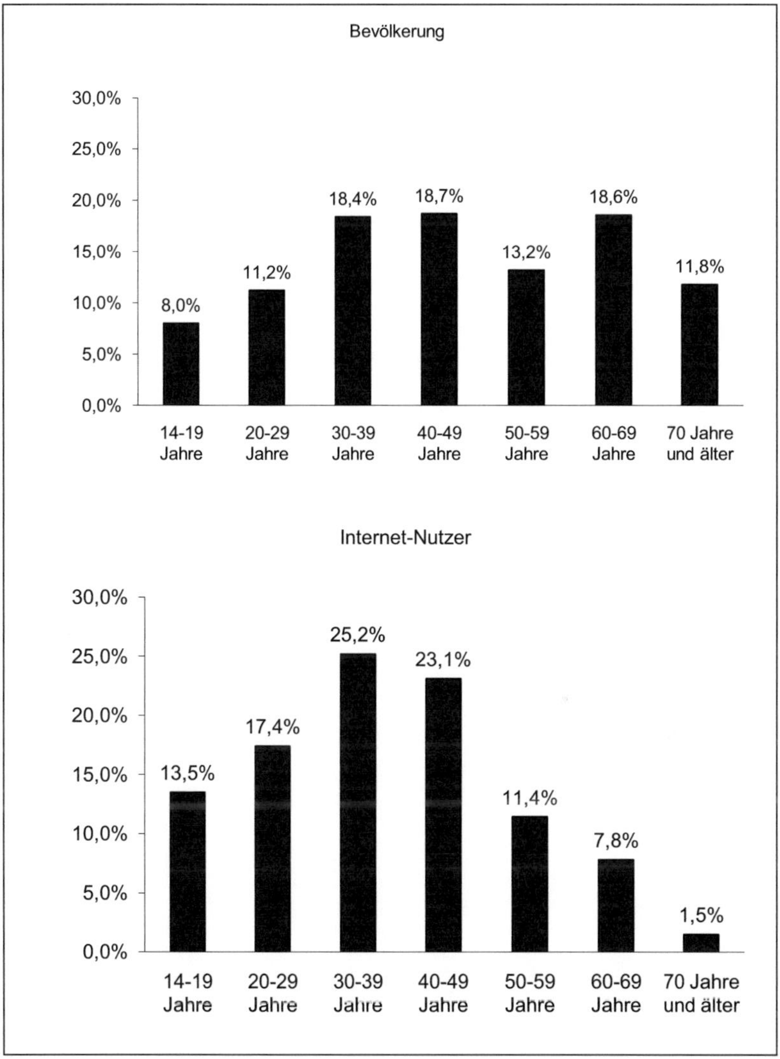

Abbildung 21: Altersstruktur in Bevölkerung und Internet-Nutzerschaft

Anhand der beiden Grafiken ist zu erkennen, dass die Altersstruktur im Internet deutlich von der Altersstruktur der Gesamtbevölkerung abweicht.

Im nächsten Abschnitt wird anhand der Nutzungsintensität der Internet-Nutzer die Grundgesamtheit in einzelne Nutzergruppen unterteilt.

6.3.1.1 Einteilung der Grundgesamtheit nach Internet-Nutzungsintensität

Die Erreichbarkeit, d.h. die Wahrscheinlichkeit eines Elements der Grundgesamtheit in eine Online-Stichprobe zu gelangen, wird anhand der Nutzungsintensität des Internets definiert. Im Abschnitt 6.3.1.2 wird ein Wahrscheinlichkeitsmaß P als Grundlage für die Stichprobenziehung konstruiert, welches den Auswahlprozess bei realen Online-Erhebungen nachbilden soll. Es werden dabei folgende Annahmen zur Modellbildung getroffen: Die Auswahlwahrscheinlichkeit p für ein Element der Grundgesamtheit Ω ist bei einer echten Zufallsauswahl für alle Elemente gleich groß, nämlich $1/N$ (bei einmaligem Ziehen), wobei $N=\#\Omega$ die Anzahl aller Elemente der Grundgesamtheit ist. Bei einer Stichprobe im Internet ist die Auswahlwahrscheinlichkeit jedes Elements, also jedes Nutzers, abhängig von seiner Nutzungsintensität des Internets. Je stärker eine Person das Internet nutzt, desto besser ist ihre Erreichbarkeit, bzw. desto höher ist ihre Wahrscheinlichkeit in die Online-Stichprobe zu gelangen. Dabei wird die Nutzungsintensität als direkt proportional zur zeitlichen Nutzungshäufigkeit angenommen.

Die Tabelle 6 aus der 15. W3B-Umfrage von FITTKAU & MAAß (2002) gibt die Nutzungshäufigkeiten des Internets bei den verschiedenen Nutzern wieder.

Nutzung des Internets in Stunden pro Woche	Herbst 1996	Herbst 1997	Herbst 1998	Herbst 1999	Herbst 2000	Herbst 2001	Herbst 2002
20 Stunden und mehr	9,3	9,9	13,7	17,9	21,9	24,3	24,6
10 bis unter 20 Stunden	11,3	13,1	14,7	18,8	19,5	18,8	17,7
6 bis unter 10 Stunden	16,2	17,5	18,1	20,6	20,5	18,9	17,8
3 bis unter 6 Stunden	26,3	29,3	25,4	25,1	22,2	21,3	21,5
bis unter 3 Stunden	36,9	30,2	28,1	17,6	15,9	16,7	18,4

Tabelle 6: Internet-Nutzungshäufigkeit der gesamten Internet-Nutzerschaft

Quelle: FITTKAU & MAAß (2002), Stand: November 2002

Wie in der Tabelle 6 zu erkennen ist, stagniert die Nutzungshäufigkeit für die Jahre 2000 bis 2002 auf hohem Niveau.

Anhand der Tabelle werden folgende drei Nutzungstypen definiert:

Die **Extremnutzer** (Nutzung des Internets 20 Std. und mehr) machen 24,6% der Internet-Nutzer aus. Bei einem Anteil von 51,8% Internet-Nutzern an der Gesamtbevölkerung über 14 Jahren, umfasst die Gruppe der Extremnutzer demnach 24,6% * 51,8% = 12,7% der Bevölkerung über 14 Jahre.

Die Nutzungsintensität der Extremnutzer liegt mit über 20 Stunden doppelt so hoch wie bei den **Normalnutzern** (Nutzungsdauer zwischen drei und 20 Stunden). Ihr Anteil an der Internet-Nutzerschaft beträgt 17,7% + 17,8% + 21,5% = 57,0% der Internet-Nutzer, wie aus Tabelle 5 ersichtlich. Dies entspricht einem Anteil von 29,5% der gesamten Bevölkerung über 14 Jahre.

Die Nutzungsintensität der Normalnutzer ist mit etwa 10 Std. zehn mal so hoch wie bei den Wenignutzern (Nutzung bis zu 3 Stunden) und Nichtnutzern. Diese beiden Gruppen werden zu den **Minimalnutzern** zusammengefasst. Diese Zusammenfassung ist notwendig, da die Nichtnutzer ansonsten eine theoretische Auswahlwahrscheinlichkeit von Null, und damit keine Chance hätten, in die Online-Stichprobe zu gelangen. Für die folgenden theoretischen Überlegungen wird die Annahme einer Auswahlwahrscheinlichkeit für alle Elemente der Grundgesamtheit echt größer Null getroffen. Daher setzen sich die Minimalnutzer wie folgt zusammen: 18,4% der Internet-Nutzer sind mit einer Nutzungshäufigkeit von weniger als drei Stunden Wenignutzer. Diese Gruppe entspricht einem Anteil von 9,5% der Bevölkerung über 14 Jahren. Hinzu kommt ein Anteil von 48,2% der Bevölkerung, der laut Abbildung 20 das Internet nicht nutzt. Damit haben die Minimalnutzer einen Anteil von 57,7% an der Bevölkerung über 14 Jahren.

Im nächsten Abschnitt werden die Auswahlwahrscheinlichkeiten auf die Elemente der Grundgesamtheit entsprechend ihrer jeweiligen Nutzungsintensität verteilt.

6.3.1.2 Konstruktion eines Wahrscheinlichkeitsmaßes P als Grundlage für den Auswahlprozess der simulierten Online-Stichproben

Wie im vorhergehenden Abschnitt dargestellt lassen sich die $N = 65{,}1$ Mio. Personen der Bevölkerung über 14 Jahren der Grundgesamtheit unterteilen in $R^{(m)} = 57{,}8\%$ (aufgerundet, um insgesamt auf 100% zu kommen) Minimalnutzer (entspricht einer absoluten Anzahl von $N^{(m)} = 37.627.800$ absolut), $R^{(n)} = 29{,}5\%$ Normalnutzer ($N^{(n)} = 19.204.500$) und $R^{(e)} = 12{,}7\%$ Extremnutzer ($N^{(e)} = 8.267.700$). Dabei bezeichnet R den Anteil der jeweiligen Nutzergruppe an der Grundgesamtheit.

Wie oben beschrieben soll die Annahme gelten, dass für eine hypothetische Online-Stichprobe die Auswahlwahrscheinlichkeit positiv mit der Nutzungsintensität zusammenhängt. Damit lässt sich folgendes herleiten:

Es sei:

$p^{(m)}$: die mittlere Auswahlwahrscheinlichkeit für einen Minimalnutzer bei einer Stichprobe vom Umfang $n = 1$ ausgewählt zu werden.

Es soll gelten:

$$\sum_{i=1}^{N} p_i = 1 .$$

Die Summe aller Auswahlwahrscheinlichkeiten ist gleich 100%.

Weiter soll gelten

$$p^{(n)} = 10p^{(m)}$$

Die mittlere Auswahlwahrscheinlichkeit für einen Normalnutzer $p^{(n)}$ ist zehnmal so groß wie die für einen Minimalnutzer. Dies folgt unmittelbar aus der postulierten Proportionalität der Auswahlwahrscheinlichkeit zur Nutzungsintensität.

Ebenso soll gelten:

$$p^{(e)} = 2p^{(n)} = 20p^{(m)},$$

wobei p_e die mittlere Auswahlwahrscheinlichkeit für einen Extremnutzer ist.

$$\Rightarrow 37.627.800p^{(m)} + 19.204.500p^{(n)} + 8.267.700p^{(e)} = 1$$

$$\Rightarrow 37.627.800p^{(m)} + 19.204.500*10p^{(m)} + 8.267.700*20p^{(m)} = 1$$

$$\Rightarrow p^{(m)} = 1/(37.627.800 + 19.204.500*10 + 8.267.700*20)$$

$$=1/(37.627.800 + 192.045.000 + 165.354.000)$$

$$=1/(395.026.800) = 2{,}53 * 10^{-9}$$

$$\Rightarrow p^{(n)} = 2{,}53 * 10^{-8}$$

$$\Rightarrow p^{(e)} = 5{,}06 * 10^{-8}$$

Bemerkung:

Bei einer echten Zufallsauswahl ist die Auswahlwahrscheinlichkeit p für jedes Element der Grundgesamtheit gleich $1/N$. Im konkreten Fall ($N = 65{,}1$ Mio.)

$$p = 1/65.000.000 = 1{,}53 * 10^{-8}.$$

Dementsprechend berechnen sich die Anteile der einzelnen Nutzergruppen in der verzerrten Online-Stichprobe wie folgt:

$r^{(m)}$: Anteil Minimalnutzer in der Online-Stichprobe

$$r^{(m)} = p^{(m)} * R^{(m)} * N = 2{,}53*10^{-9}*57{,}8\%*65.100.000 = 9{,}5\%$$

Die Anteile der Normalnutzer und Extremnutzer in der Online-Stichprobe berechnen sich analog zu:

$r^{(n)} = 48{,}6\%$, bzw.

$r^{(e)} = 41{,}9\%$ (aufgerundet, um in der Summe 100% zu erreichen).

Die Tabelle 7 fasst noch einmal die Merkmale der einzelnen Nutzergruppen zusammen.

Nutzergruppe	Nutzungs-intensität des Internets	Anteil in der Bevölkerung über 14 Jahre	Mittlere Aus-wahlwahr-scheinlichkeit bei einer Online-Stichprobe	Anteil in einer Online-Stichprobe
Minimalnutzer	0 – 3h	57,8%	$2{,}53 \cdot 10^{-9}$	9,5%
Normalnutzer	3 – 20h	29,5%	$2{,}53 \cdot 10^{-8}$	48,6%
Extremnutzer	mehr als 20h	12,7%	$5{,}06 \cdot 10^{-8}$	41,9%

Tabelle 7: Merkmale der Nutzergruppen

In Tabelle 7 ist zu erkennen, dass die Minimalnutzer (inklusive der Nichtnutzer) mit 57,8% über die Hälfte der Bevölkerung über 14 Jahren ausmachen. Die zweitgrößte Gruppe in der gesamten Bevölkerung sind mit 29,5% die Normalnutzer. Die Extremnutzer haben lediglich einen Anteil von 12,7% an der Bevölkerung über 14 Jahren. Die Verhältnisse in der Online-Stichprobe sehen demgegenüber aufgrund des postulierten Zusammenhangs zwischen Auswahlwahrscheinlichkeit und Nutzungsintensität wie folgt aus: Mit einem Anteil von 9,5% sind die Minimalnutzer die zahlenmäßig kleinste Gruppe in der Online-Stichprobe. Größte Gruppe mit 48,6% sind die Normalnutzer, gefolgt von den Extremnutzern, die mit 41,9% einen beinahe vierfach so hohen Anteil an der Online-Stichprobe haben verglichen mit ihrem Anteil an der Gesamtbevölkerung über 14 Jahren.

Der Zusammenhang ist in Abbildung 22 durch Kreisdiagramme graphisch veranschaulicht.

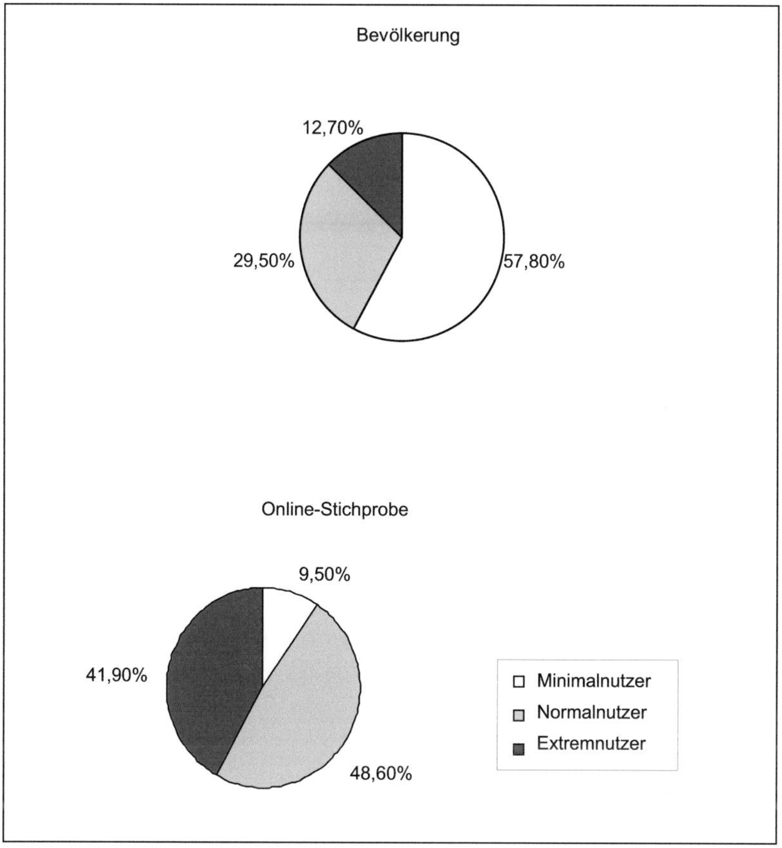

Abbildung 22: Zusammensetzung der Bevölkerung und der Online-Stichprobe nach Nutzergruppen

Ausgehend von den Anteilen der Nutzergruppen an der Bevölkerung aus Tabelle 7 wird eine Grundgesamtheit im Maßstab 1:100 konstruiert. So wird die Größe der Grundgesamtheit auf N = 651.000 gesetzt, um die Rechnerkapazität optimal für die großen Datenmengen auszunutzen. Dementsprechend werden die mittleren Auswahlwahrscheinlichkeiten für die einzelnen Nutzergruppen aus Tabelle 7 um den Faktor 100 größer. Die Anteile der einzelnen Nutzergruppen an der simulierten Grundgesamtheit und der simulierten Online-Stichprobe sind in Tabelle 8 veranschaulicht.

Nutzergruppe	Anzahl in der Grundgesamtheit	Anteil in der Bevölkerung über 14 Jahre	Mittlere Auswahlwahrscheinlichkeit bei einer Online-Stichprobe	Anteil in einer Online-Stichprobe
Minimalnutzer	376.278	57,8%	$2{,}53*10^{-9}$	9,5%
Normalnutzer	192.045	29,5%	$2{,}53*10^{-8}$	48,6%
Extremnutzer	82.677	12,7%	$5{,}06*10^{-8}$	41,9%

Tabelle 8: Größe der Nutzergruppen in Grundgesamtheit und Stichprobe

Für jede Nutzergruppe wird die Annahme getroffen, dass die Auswahlwahrscheinlichkeiten jeweils normalverteilt um die mittlere Auswahlwahrscheinlichkeit der Nutzergruppe sind. Entsprechend wird eine normalverteilte Zufallsvariable p konstruiert mit der jeweiligen mittleren Auswahlwahrscheinlichkeit als Erwartungswert. Die Standardabweichungen werden dabei so gewählt, dass alle p_i echt größer Null sind. Die so konstruierten p_i werden für die komplette Grundgesamtheit der Größe nach geordnet und zu einer Zufallsvariablen p zusammengefasst. Diese gibt die Auswahlwahrscheinlichkeit jedes Elements der Grundgesamtheit wieder. Dem letzten Nutzer wird die Auswahlwahrscheinlichkeit $1 - \sum p_i$ (für $i = 1,.., N - 1$) zugewiesen, damit erfüllt ist, dass die Summe aller Auswahlwahrscheinlichkeiten gleich eins ist.

Die Abbildung 23 zeigt das sich auf diese Art ergebende Wahrscheinlichkeitsmaß P auf der konstruierten Grundgesamtheit Ω in Form der absoluten Auswahlwahrscheinlichkeiten für jedes Element der Grundgesamtheit bei einmaligem Ziehen der Größe nach angeordnet.

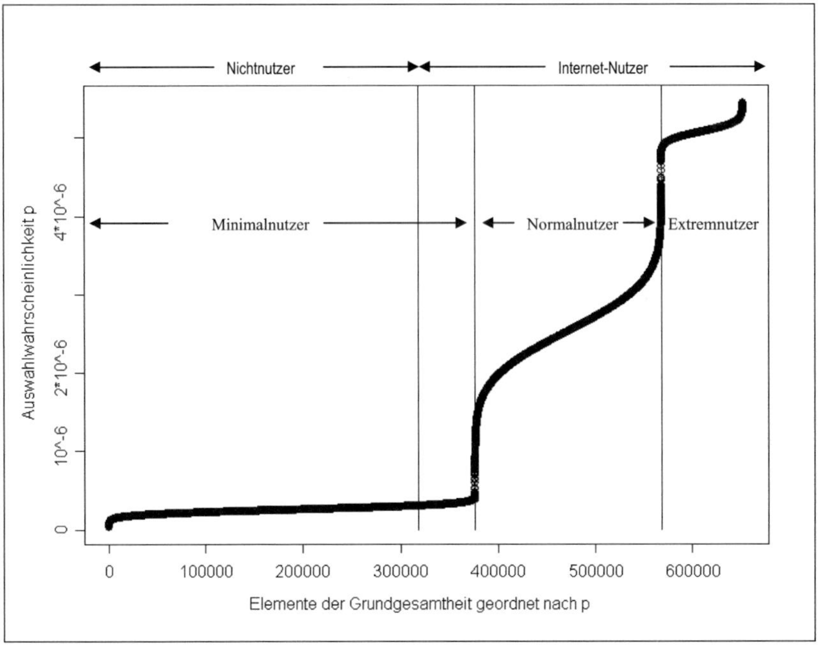

Abbildung 23: Grafische Darstellung des Wahrscheinlichkeitsmaßes *P* für die Grundgesamtheit

In Abbildung 23 ist das Wahrscheinlichkeitsmaß *P* in Form der Auswahlwahrscheinlichkeiten p_i jedes Elements der Grundgesamtheit graphisch dargestellt. Für die einzelnen Nutzergruppen sind die Auswahlwahrscheinlichkeiten entsprechend der Konstruktion von *p* jeweils normalverteilt um die mittleren Auswahlwahrscheinlichkeiten.

Zur Überprüfung, ob das konstruierte Wahrscheinlichkeitsmaß *P* in einer simulierten Online-Stichprobe die Nutzerstrukturen, wie in Abbildung 22 bzw. Tabelle 8 gefordert, realisiert, wird eine konkrete Stichprobe aus der Grundgesamtheit Ω vom Umfang n=1000 basierend auf dem oben definierten Wahrscheinlichkeitsmaß *P* gezogen.[479]

[479] Bei einer Grundgesamtheitsgröße von N=651.000 entspricht ein Stichprobenumfang von n=1000 mit ungefähr 0,15% etwa dem Anteil der Stichprobe von der Grundgesamtheit bei den großen Online-Befragungen

In der folgenden Abbildung 24 sind die Nutzerstrukturen in der realisierten Online-Stichprobe dargestellt.

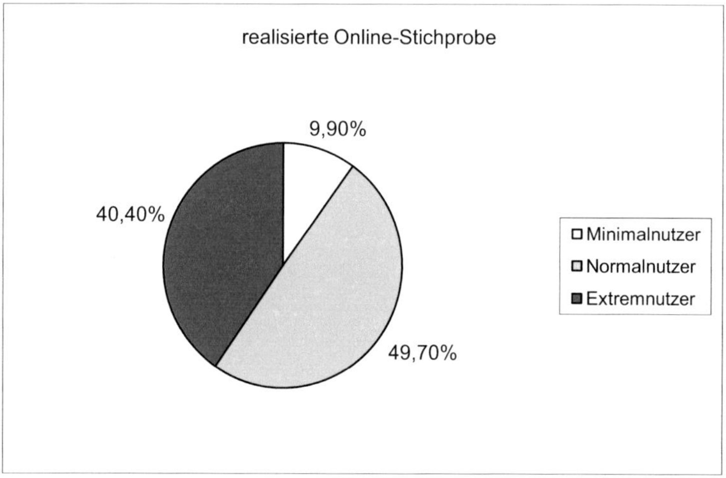

Abbildung 24: Nutzerstruktur in der realisierten Online-Stichprobe

Anhand des Kreisdiagramms oben ist erkennbar, dass die Zusammensetzung der realisierten Online-Stichprobe bezüglich der Nutzertypen die Verhältnisse einer realen Online-Stichprobe widerspiegelt, wie sie in Abbildung 22 dargestellt ist. In Hinblick auf die Nutzertypen bildet das Wahrscheinlichkeitsmaß P damit den Auswahlprozess bei Online-Erhebungen adäquat ab.

wie PERSPEKTIVE-DEUTSCHLAND. Es bleibt zu untersuchen, wie sich die Güte der Schätzungen bei Variation des Stichprobenumfangs ändert. Der Fokus der vorliegenden Arbeit liegt jedoch insbesondere auf die Untersuchung der Auswirkungen unterschiedlich guter Modellierung des Auswahlprozesses und unterschiedlich verteilter Erhebungsmerkmale auf die Schätzgüte. Die Auswirkungen der Variation des Stichprobenumfangs werden nicht weiter untersucht. Der Stichprobenumfang wird bei allen Simulationsversuchen konstant bei n=1000 belassen. So wird ein realistisches Größenverhältnis zwischen Grundgesamtheit und Stichprobe für Online-Befragungen gewährleistet.

Im nächsten Abschnitt wird, beginnend mit der Simulation einer Altersvariablen, die Konstruktion verschiedener Variablen mit unterschiedlich ausgeprägten funktionalen Zusammenhängen zur Erreichbarkeit beschrieben.

6.3.2 Konstruktion verschiedener Variablen mit unterschiedlichen Zusammenhängen zur Erreichbarkeit

In diesem Teil werden eine Altersvariable und acht metrische Variablen, die an das Merkmal „Körpergröße" angelehnt sind, konstruiert. Für jede Variable werden einhundert verzerrte Stichproben auf der Basis des oben konstruierten Wahrscheinlicheitsmaßes P gezogen und das *ER*-Verfahren zur Schätzung des Grundgesamtheitsmittels μ mit der klassischen Schätzung von μ anhand des arithmetischen Mittels der verzerrten Stichproben verglichen. Im folgenden Abschnitt wird die Altersvariable *ALTER* betrachtet.

6.3.2.1 Simulation einer Altersvariablen

In diesem Abschnitt wird unter Berücksichtigung des Internet-Nutzungsverhaltens und damit der Erreichbarkeit im Internet eine Altersvariable *ALTER* konstruiert, deren Struktur für die simulierte Grundgesamtheit der Altersverteilung in der Bevölkerung entspricht. An dieser Altersvariablen wird das *ER*-Verfahren getestet. Grundlage für die Konstruktion bilden Daten des STATISTISCHEN BUNDESAMTES sowie verschiedener Befragungen zur Internet-Nutzung und speziell zur Altersstruktur der Internet-Nutzer und der Gesamtbevölkerung.

6.3.2.1.1 Konstruktion der Variablen ALTER

Aus der Abbildung 20 geht hervor, dass in Deutschland der Anteil an Internet-Nutzern in jüngeren Bevölkerungsgruppen höher ist als in älteren Bevölkerungsgruppen. Daher wird für die Konstruktion der Altersvariablen die Annahme getroffen, dass das Alter negativ korreliert ist mit der Internet-Nutzungsintensität und demzufolge mit dem Erreichbarkeitsrang. Daraus ergibt sich folgendes Vorgehen bei der Konstruktion der Altersvariablen: Aus Tabelle 4 werden jeweils die Altersklassen für Nichtnutzer und Nutzer äquidistant bezüglich des Alters für die jeweilige Klassengröße (bei der simulierten Grundgesamtheit um den Faktor 100 verkleinert) unterteilt. Für jede Klasse wird ein (negativ korrelierter) linearer Zusammenhang zwischen Alter und dem Erreichbarkeitsrang *ER* angenommen. Die sich hieraus ergebenden Alterszahlen werden den Elementen der Grundgesamtheit in negativer Reihenfolge der *ER* zugeordnet. Um einen nicht exakt streng linearen Zusammenhang zu erreichen, wird die Reihenfolge der Elemente der Grundgesamtheit nicht exakt nach *ER* geordnet sondern durch einen normalverteilten Störterm überlagert und entsprechend permutiert. Als Klassenobergrenze für die Klasse „70+" wird dabei 100 Jahre angenommen. Dies ergibt sich aus Abbildung 25.

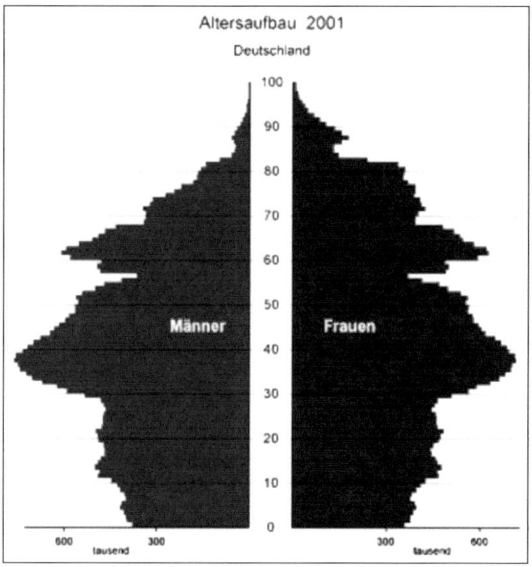

Abbildung 25: Alterspyramide der deutschen Bevölkerung 2001
Quelle: STATISTISCHES BUNDESAMT (2001)

In der Abbildung 25 ist die Bevölkerungsstruktur in Deutschland für das Jahr 2001 getrennt nach Männern und Frauen zu erkennen. Die Grafik macht deutlich, dass die Obergrenze für die Gruppe „70 und älter" etwa bei 100 Jahren liegt. Diese Altersklasse demnach umfasst 30

Jahre. Vereinfachend wird für die Klasse ein mittleres Alter von 70 + 30/2 = 70 + 15 = 85 Jahren angenommen.

Die Konstruktionsformel für die Altersvariable in S-Plus lautet daher wie folgt:

```
ALTER<-
c(c(14+6*(0:6999)/6999,20+10*(0:14999)/14999,30+10*(0:35999)/35999,
40+10*(0:44999)/44999,50+10*(0:47999)/47999,60+10*(0:94999)/94999,
70+30*(0:71999)/71999)[318001-rank((1:318000)+rnorm(318000,0,46000))],
c(14+6*(0:44999)/44999,20+10*(0:57999)/57999,30+10*(0:83999)/83999,
40+10*(0:76999)/76999,50+10*(0:37999)/37999,60+10*(0:25999)/25999,
70+30*(0:4999)/4999)[333001-rank((1:333000)+rnorm(333000,0,46000))])
```

Ob die so konstruierte Variable *ALTER* von der Struktur dem Alter in der Bevölkerung entspricht, wird im nächsten Abschnitt überprüft.

6.3.2.1.2 Verteilungsparameter und weitere Eigenschaften der simulierten Altersvariablen

In diesem Abschnitt soll überprüft werden, ob die Altersstruktur der Bevölkerung und der Internet-Nutzerschaft realistisch durch die oben konstruierte Variable *ALTER* abgebildet wird. Die Abbildung 21 auf S. 159 veranschaulicht die in der Bevölkerung real vorliegenden Verhältnisse in Anlehnung an Tabelle 4 grafisch. Die Altersstruktur im Internet weicht deutlich von der Altersstruktur der Gesamtbevölkerung ab.

Das mittlere Alter der Gesamtbevölkerung und der Internet-Nutzerschaft wird berechnet anhand der folgenden Formel zur Berechnung des Mittels für gruppierte Daten[480]

$$\bar{x} = \frac{\sum_{i=1}^{k} f_i x_i}{n} ,$$

[480] Vgl. FLEMING/NELLIS (2000), S. 53.

wobei f_i die Klassenhäufigkeit der i-ten Klasse, x_i die Klassenmitte, k die Anzahl der Klassen und n die die Anzahl aller Elemente ist.

In den Spalten sechs und acht der Tabelle 4 sind die notwendigen Daten der Altersstruktur der Bevölkerung zur Berechnung des mittleren Alters für die komplette Bevölkerung, sowie für die Internet-Nutzer enthalten. Diese Daten sowie die zur Berechnung verwendeten Gruppenmittel sind in der Tabelle 9 noch einmal zusammen gefasst.

Altersklasse	Klassenmitten	Anteil an Gesamt-Bev.	Anteil an Internet-Nutzern
14 – 19	17	8,0%	13,5%
20 – 29	25	11,2%	17,4%
30 – 39	35	18,4%	25,2%
40 – 49	45	18,7%	23,1%
50 – 59	55	13,2%	11,4%
60 – 69	65	18,6%	7,8%
70+	85	11,8%	1,5%
Gesamt		100,0%	100,0%

Tabelle 9: Daten zur Berechnung des mittleren Alters

Das mittlere Alter in der Bevölkerung über 14 Jahre berechnet sich demnach zu 48,4 Jahren. Für die Internet-Nutzer beträgt das mittlere Alter 38,5 Jahre und liegt damit etwa zehn Jahre unter dem der Bevölkerung über 14 Jahre. Diese Werte müssen nach Konstruktion auch für die Altersvariable der simulierten Grundgesamtheit gelten.

Bezüglich der Mittelwerte entspricht die simulierte Altersvariable *ALTER* der Altersstruktur der Bevölkerung. Für die simulierte Grundgesamtheit beträgt das mittlere Alter über alle Elemente 48,447 Jahre und für die Internet-Nutzer 38,514 Jahre.

Die folgenden Abbildungen verdeutlichen den Zusammenhang zwischen der simulierten Altersvariablen *ALTER* und der Erreichbarkeit im Internet.

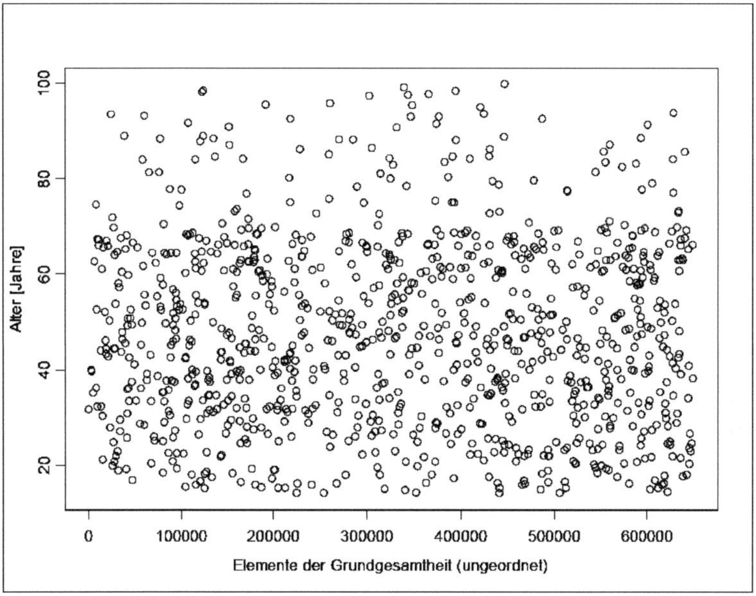

Abbildung 26: Ausprägung der Altersvariablen in der ungeordneten Grundgesamtheit

In der Grafik aus Abbildung 26 ist erkennbar, dass die Altersvariable annähernd gleich verteilt ist über die ungeordneten Elemente der Grundgesamtheit. Lediglich im oberen Altersbereich wird die Verteilung etwas „dünner“, da der Anteil der „Alten“ in der Grundgesamtheit mit steigendem Alter abnimmt.

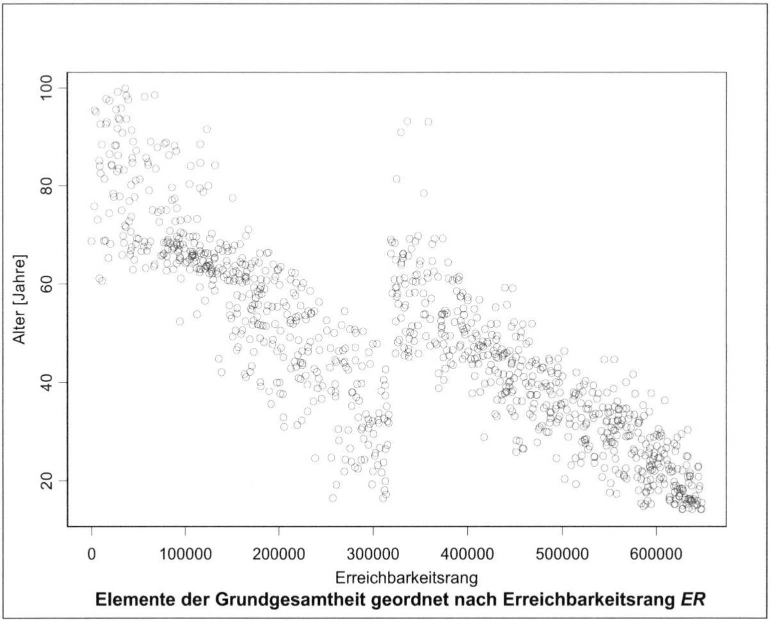

Abbildung 27: Ausprägung der Altersvariablen in der Grundgesamtheit geordnet nach *ER*

Bei Betrachtung der Altersvariablen der Elemente der Grundgesamtheit geordnet nach Erreichbarkeitsrang *ER,* wie in der Abbildung 27 oben illustriert, ist erkennbar, dass ein deutlicher Zusammenhang zwischen beiden Variablen besteht. Das Alter ist deutlich negativ korreliert mit *ER*. Das bedeutet, dass Elemente der Grundgesamtheit mit niedrigerem Alter besser durch die Online-Stichprobe erreichbar sind, als solche mit höherem Alter, wie laut Konstruktion vorgegeben.

Die unterschiedlichen Strukturen bezüglich der Variablen *ALTER* von simulierter Grundgesamtheit und verzerrter Stichprobe im Vergleich mit echter Grundgesamtheit und Internet-Nutzern sind dargestellt in Abbildung 28.

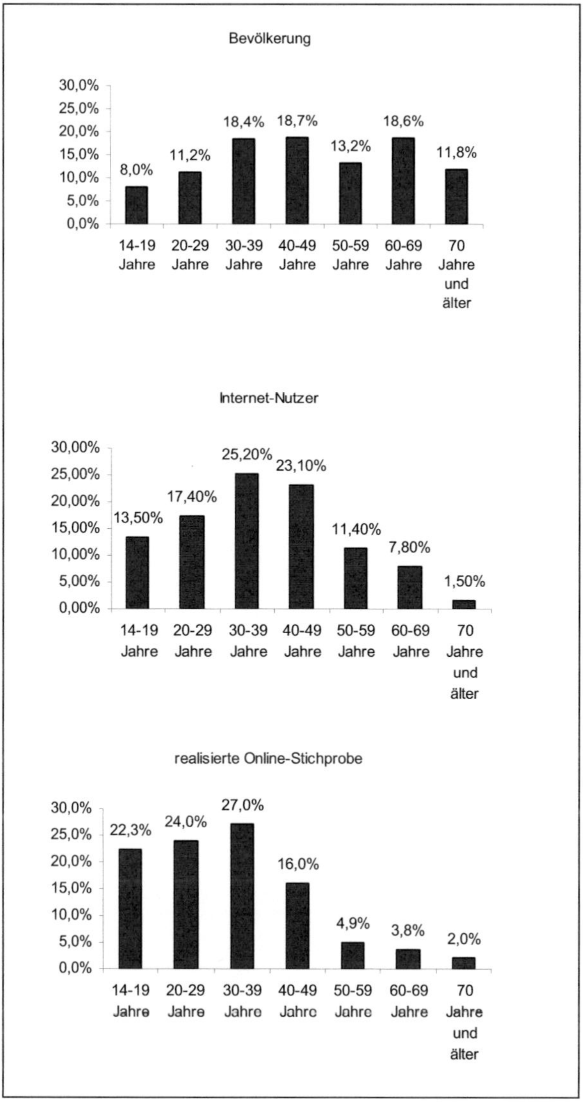

Abbildung 28: Altersstruktur von Bevölkerung, Internet-Nutzern und realisierter Online-Stichprobe

Beim Vergleich der Balkendiagramme aus der Abbildung oben zeigt sich, dass die Verteilung der Variablen *ALTER* in der realisierten Online-Stichprobe weitestgehend mit der Altersverteilung der realen Internet-Nutzer übereinstimmt. Die zu beobachtenden Abweichungen sind hier eine Folge des Zusammenschlusses der Nichtnutzer mit den Wenignutzern zu den Minimalnutzern. Aus der beobachtbaren Übereinstimmung lässt sich der Schluss ziehen, dass die simulierte Altersvariable *ALTER* die realen Verhältnisse wie gefordert abbildet.

Zur Demonstration der Anwendung des *ER*-Verfahrens wird im folgenden Teil anhand einer verzerrten Stichprobe vom Umfang n=1000 aus der simulierten Grundgesamtheit das mittlere Alter in der Grundgesamtheit geschätzt.

6.3.2.1.3 Anwendung des Erreichbarkeitsrang-Verfahrens auf die Variable ALTER

6.3.2.1.3.1 Exemplarische Anwendung auf eine simulierte Stichprobe

Die praktische Anwendung des *ER*-Verfahrens wird in diesem Abschnitt anhand der Altersvariablen *ALTER* aus 6.3.2.1.1 demonstriert. Das Verfahren wird angewendet auf eine verzerrte Stichprobe vom Umfang n=1000. Die Stichprobe wird aus der in Teil 6.3.1 konstruierten Grundgesamtheit gezogen gemäß des in Abschnitt 6.3.1.2 definierten Wahrscheinlichkeitsmaßes *P*. Geschätzt wird das Grundgesamtheitsmittel μ. Für die Stichprobe wird der Schätzer für μ aus dem *ER*-Verfahren $\hat{\mu}_{ER}$ mit den Resultaten des klassischen Stichprobenmittels

$$\bar{x} = \frac{1}{n}\sum_{i=1}^{n} ALTER_i$$

verglichen.

Die Verteilung der Altersvariablen in der realisierten Stichprobe ist in Abbildung 29 grafisch dargestellt.

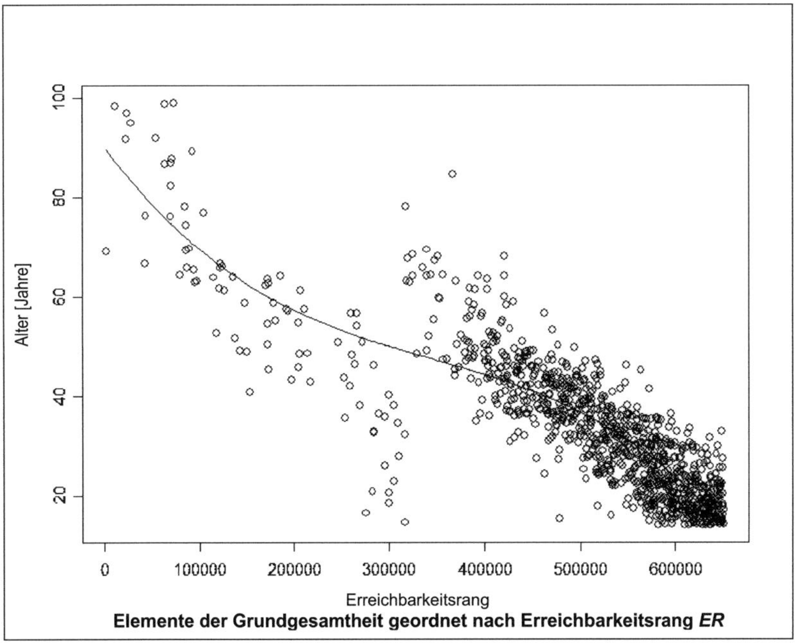

Abbildung 29: Regressionsschätzung des Zusammenhangs zwischen Erreichbarkeitsrang *ER* und der simulierten Altersvariablen

In der Grafik aus Abbildung 29 ist wie in Abbildung 27 der funktionale Zusammenhang zwischen der Altersvariablen und dem Erreichbarkeitsrang *ER* zu erkennen. Die Punktwolke wird mit steigendem *ER* dichter, was daran liegt, dass entsprechend mehr Elemente mit hoher Erreichbarkeit in die Stichprobe gelangt sind als mit niedriger. Der funktionale Zusammenhang zwischen der Altersvariablen und *ER* wird mittels linearer Regression geschätzt.

Die genaue Kenntnis des Auswahlprozesses und insbesondere der Erreichbarkeit jedes Elements der Stichprobe wird für die exemplarische Schätzung vorausgesetzt. Erst in Abschnitt 6.3.2.1.3.3 wird die Modellierung des Auswahlprozesses näher untersucht.

Zur Schätzung des funktionalen Zusammenhangs zwischen *ER* und *ALTER* wird ein Modell der folgenden Form angepasst:

$$ALTER = \beta_0 + \beta_1 ER + \beta_2 ER^2 + \beta_3 ER^3 + u$$

Die Lösung der Normalgleichung liefert folgende Anpassung:

$$\hat{ALTER} = 90.1165 - 0.000260ER + 5.93*10^{-10}ER^2 - 5.74*10^{-16}ER^3$$

Die resultierende Schätzung ist in der Abbildung 29 als Linie erkennbar. Auf dieser Linie liegen die jeweiligen Schätzwerte des Alters $\hat{ALTER}_i$ für jedes Element ω_i der Grundgesamtheit Ω. Anhand dieser Schätzwerte berechnet sich der Mittelwertschätzer für das *ER*-Verfahren zu

$$\hat{\mu}_{ER} = \frac{1}{N}\sum_{i=1}^{N} \hat{ALTER}_i ,$$

wobei $N = \#\Omega = 651.000$ die Anzahl der Elemente der Grundgesamtheit ist.

Dieser Schätzer wird verglichen mit dem klassischen Stichprobenschätzer des für das Grundgesamtheitsmittel

$$\bar{x} = \frac{1}{n}\sum_{i=1}^{n} ALTER_i ,$$

wobei n=1000 der Stichprobenumfang ist und $ALTER_i$ die Ausprägung der Altersvariablen beim i-ten Stichprobenelement ω_i meint.

Für die realisierte Stichprobe sind die entsprechenden Schätzungen in Tabelle 10 enthalten.

	Grundgesamtheit	Klassisches Stichprobenmittel $\bar{x}$	*ER*-Verfahren
μ bzw. $\hat{\mu}$	48,447	33,372	49,746
Verzerrung (abs.)	-	-15,075	1,299
Verzerrung (rel.)	-	-31,12%	2,68%

Tabelle 10: Parameter der simulierten Grundgesamtheit und Schätzungen für die Variable *ALTER* bei einer konkreten Stichproben-Simulation

Es ist erkennbar, dass der klassische Schätzer $\bar{x}$ bei der verzerrten Stichprobe deutlich nach unten vom tatsächlichen Wert des Parameters der Grundgesamtheit abweicht. Dies liegt daran, dass aufgrund der Konstruktion der verzerrten Stichprobe verhältnismäßig mehr „junge" Personen in die Stichprobe gelangen als in der Grundgesamtheit vorhanden sind. Bei der Anwendung des *ER*-Verfahrens auf die verzerrte Stichprobe wird der tatsächliche Parameter der Grundgesamtheit wesentlich besser geschätzt. Die Verzerrung des Schätzers beträgt mit einem absoluten Wert von 1,299 Jahren etwa 2,68% Abweichung vom wahren Parameterwert.

Im folgenden Abschnitt werden einhundert unabhängige Stichproben vom Umfang n=1000 simuliert, um Informationen über die Verteilungseigenschaften des *ER*-Schätzers zu gewinnen.

6.3.2.1.3.2 Verteilungseigenschaften des *ER*-Schätzers bei bekanntem Auswahlprozess für die Variable *ALTER*

Um Informationen über die Verteilungseigenschaften des *ER*-Schätzers zu erhalten, werden in analoger Weise zum Vorgehen in Abschnitt 6.3.2.1.3.1 einhundert unabhängige Online-Stichproben simuliert und jeweils der *ER*-Schätzer $\hat{\mu}_{ER}$ sowie das arithmetische Stichprobenmittel $\bar{x}$ der Variablen *ALTER* in der simulierten Stichprobe berechnet. Dabei wird zunächst vorausgesetzt, dass der Auswahlprozess und damit insbesondere das der Auswahl zugrunde liegende Wahrscheinlichkeitsmaß P sowie die Erreichbarkeit ER_i aller Elemente der Stichprobe vollständig bekannt sind.

Mit Hilfe des Ein-Stichproben-t-Tests[481] wird die Erwartungstreue der Schätzer überprüft. Getestet werden dabei die Nullhypothesen

$$H_0\text{: } E(\hat{\mu}_{ER}) = \mu \text{ gegen } H_1\text{: } E(\hat{\mu}_{ER}) \neq \mu \text{ bzw.}$$

$$H_0\text{: } E(\bar{x}) = \mu \text{ gegen } H_1\text{: } E(\bar{x}) \neq \mu.$$

Die Teststatistiken

$$t_{ER} = \frac{\bar{\hat{\mu}}_{ER} - \mu}{S^*}\sqrt{100} \text{ mit } \bar{\hat{\mu}}_{ER} = \frac{1}{100}\sum_{i=1}^{100}\hat{\mu}_{ER\,i} \text{ und } S^* = \sqrt{\frac{1}{99}\sum_{i=1}^{100}(\hat{\mu}_{ER\,i} - \bar{\hat{\mu}}_{ER})^2}\text{, bzw.}$$

$$t_{\bar{x}} = \frac{\bar{\bar{x}} - \mu}{S^*}\sqrt{100} \text{ mit } \bar{\bar{x}} = \frac{1}{100}\sum_{i=1}^{100}\bar{x}_i \text{ und } S^* = \sqrt{\frac{1}{99}\sum_{i=1}^{100}(\bar{x}_i - \bar{\bar{x}})^2}$$

sind unter der jeweiligen Nullhypothese *t*-verteilt mit 99 Freiheitsgeraden.

Der entsprechende Vergleichswert der *t*-Verteilung zur Berechnung eines 99%-Konfidenzintervalls (entspricht einem Signifikanzniveau von $\alpha = 0{,}01 = 1\%$) sowie für die Test-Entscheidung ist aufgrund des zweiseitigen Test-Problems das 0,995-Quantil der *t*-Verteilung mit 99 Freiheitsgraden und ist gleich $t_{99;0,995} = 2{,}6264$ (berechnet mit dem statistischen Software-Paket S-Plus).

[481] Vgl. Abschnitt 6.2.1.1.

Bemerkung:

Aufgrund der hohen Anzahl an Freiheitsgraden ließe sich die *t*-Verteilung im vorliegenden Fall durch die Standardnormalverteilung approximieren.[482] Der entsprechende Vergleichswert wäre dann das 0,995-Quantil der Standardnormalverteilung $u_{0,995} = 2{,}5758$.[483] Die Implementierung des *t*-Tests in S-Plus nutzt diese Approximation nicht. Die Konfidenzintervalle werden mit dem oben angegeben exakten Quantil der *t*-Verteilung berechnet.

Das 99%-Konfidenzintervall ergibt sich wie folgt:

Aufgrund der *t*-Verteilung der Teststatistiken unter H_0 gilt:

$$P(t_{99;0,005} \leq t_{ER} \leq t_{99;0,995}) = 99\%$$

Wegen der Symmetrie der *t*-Verteilung ist

$$P(t_{99;0,005} \leq t_{ER} \leq t_{99;0,995}) = P(-t_{99;0,995} \leq t_{ER} \leq t_{99;0,995}) = P(-2{,}6264 \leq t_{ER} \leq 2{,}6264)$$

$$= P\left(-2{,}6264 \leq \frac{\overline{\hat{\mu}}_{ER} - \mu}{S^*}\sqrt{100} \leq 2{,}6264\right)$$

Hieraus ergibt sich das 99%-Konfidenzintervall

$$[\overline{\hat{\mu}}_{ER} - 2{,}6264\frac{S^*}{\sqrt{100}}; \overline{\hat{\mu}}_{ER} + 2{,}6264\frac{S^*}{\sqrt{100}}] \text{ für } E(\hat{\mu}_{ER}) \text{, bzw.}$$

$$[\overline{\overline{x}} - 2{,}6264\frac{S^*}{\sqrt{100}}; \overline{\overline{x}} + 2{,}6264\frac{S^*}{\sqrt{100}}] \text{ für } E(\overline{x}).$$

Die Testentscheidung wird getroffen anhand der Überschreitungswahrscheinlichkeit. Ein p-Wert kleiner als dem oben angegebenen Signifikanzniveau $\alpha = 0{,}01$ führt zur Ablehnung der Nullhypothese. Die Erwartungstreue des Schätzers kann im entsprechenden Fall nicht bestätigt werden. Falls der p-Wert größer ist als das Signifikanzniveau α, kann die Nullhypothese der Erwartungstreue nicht verworfen werden.

---

[482] Vgl. Bomsdorf (2002b), S. 106f.

[483] Vgl. ebenda, S. 243.

Die Eigenschaft der Mediantreue wird mit dem Binomial-Test[484] überprüft.

Getestet werden dabei die Nullhypothesen

H_0: $p = P(\hat{\mu}_{ER} < \mu) = P(\hat{\mu}_{ER} > \mu) = 0{,}5$ gegen H_1: $p \neq 0{,}5$ bzw.

H_0: $p = P(\bar{x} < \mu) = P(\bar{x} > \mu) = 0{,}5$ gegen H_1: $p \neq 0{,}5$.

Gegeben seien

$$b_{ER\,i} = \begin{cases} 0, \text{ falls } \hat{\mu}_{ER\,i} < \mu \\ 1, \text{ falls } \hat{\mu}_{ER\,i} \geq \mu \end{cases} \text{ und } b_{\bar{x}\,i} = \begin{cases} 0, \text{ falls } \bar{x}_i < \mu \\ 1, \text{ falls } \bar{x}_i \geq \mu \end{cases}.$$

Dann sind die Teststatistiken

$$b_{ER} = \sum_{i=1}^{100} b_{ER\,i} \text{ bzw. } b_{\bar{x}_i} = \sum_{i=1}^{100} b_{\bar{x}\,i}$$

als Summe von einhundert unabhängig identisch bernoulliverteilten Zufallsvariablen mit Erfolgswahrscheinlichkeit p=0,5 unter der jeweiligen Nullhypothese binomialverteilt mit n=100 und p=0,5.

Inhaltlich interpretiert geben die beiden Größen gerade die Anzahl aus den einhundert Stichprobenziehungen an, für welche der jeweilige Schätzer den tatsächlichen Parameterwert der Grundgesamtheit überschätzt. Im Falle der Mediantreue des Schätzers sollte die Wahrscheinlichkeit p hierfür gerade gleich 0,5 sein, d.h. die Wahrscheinlichkeit für eine Überschätzung des gesuchten Parameters genauso groß sein wie die einer Unterschätzung. Für die Testentscheidung wird mit Hilfe des Softwarepaketes S-Plus die Überschreitungswahrscheinlichkeit für die jeweils realisierte Teststatistik berechnet. Ist der p-Wert kleiner als das festgelegte Signifikanzniveau $\alpha = 0{,}01$, wird die Nullhypothese der Mediantreue verworfen. Falls der p-Wert größer ist als α, kann H_0 nicht abgelehnt werden.

Als weiteres Gütemaß zum Vergleich von $\hat{\mu}_{ER}$ und $\bar{x}$ im Falle der Erwartungstreue wird der in Abschnitt 6.2 beschriebene Quotient der Varianzen beider Schätzer $V(\hat{\mu}_{ER})/V(\bar{x})$ betrach-

[484] Vgl. Abschnitt 6.2.1.2

tet. Im Fall, dass die beiden Schätzer annähernd gleich stark um den zu schätzenden Parameterwert streuen, sind die Varianzen beider Schätzer etwa gleich groß, und der Quotient nimmt damit etwa den Wert 1 an. Je größer die Streuung des *ER*-Schätzers im Verhältnis zur Streuung des Stichprobenmittels $\bar{x}$ ausfällt, d.h. je schlechter der *ER*-Schätzer im Vergleich zu $\bar{x}$ abschneidet, desto größer wird der Wert des Quotienten $V(\hat{\mu}_{ER})/V(\bar{x})$.

Mit der Voraussetzung, dass der Auswahlprozess und damit insbesondere das der Auswahl zugrunde liegende Wahrscheinlichkeitsmaß P sowie die Erreichbarkeit ER_i aller Elemente der Stichprobe vollständig bekannt sind, sind die Ergebnisse der Monte-Carlo-Simulation für die in Abschnitt 6.3.2.1.1 konstruierte Altersvariable *ALTER* in der folgenden Tabelle 11 zusammengefasst.

Zu schätzender Grundgesamtheitsparameter μ	48,447	
	ER-Verfahren	klassisches Stichprobenmittel $\bar{x}$
Arithmetisches Mittel der Schätzungen $\bar{\hat{\mu}}$	48,395	32,950
Geschätzte Verzerrung $\hat{b}(\hat{\mu})$	-0,052	-15,497
Relative Verzerrung $\hat{b}(\hat{\mu})/\mu$	-0,12%	-31,988%
Varianz $V(\hat{\mu})$	0,362	0,264
$V(\hat{\mu}_{ER})/V(\bar{x})$		1,371
t-Test auf Erwartungstreue		
T	-0,8675	-301,822
p-Wert	0,3878	0
Entscheidung	H_0 nicht verwerfen	H_0 verwerfen
99%-Konfindenzintervall	[48,238 ; 48,553]	[32,815 ; 33,085]
Binomial-Test auf Mediantreue		
b (Anzahl $\hat{\mu} > \mu$)	43	0
p-Wert	0,1933	0
Entscheidung	H_0 nicht verwerfen	H_0 verwerfen

Tabelle 11: Simulations-Ergebnisse für die Variable *ALTER* bei bekanntem Auswahlprozess

Die Tabelle oben zeigt, dass bei der Simulation der Stichprobenziehung für die Variable *ALTER* bei unterstelltem bekannten Auswahlprozess der *ER*-Schätzer $\hat{\mu}_{ER}$ das Grundgesamtheitsmittel der Variablen *ALTER* von 48,447 Jahren mit einer mittleren Verzerrung von -0,052 Jahren und einer Varianz von 0,362 schätzt. Dies entspricht einer mittleren relativen Abweichung von -0,12%. Entsprechend der geringen Abweichung vom wahren Grundgesamtheitsparameterwert können die Nullhypothesen der Erwartungs- und Mediantreue nicht abgelehnt werden, und das 99%-Konfidenzintervall für den Erwartungswert des *ER*-Schätzers $E(\hat{\mu}_{ER})$ überdeckt den wahren Parameterwert.

Die Schätzung des mittleren Alters durch das arithmetische Mittel der Stichprobe $\bar{x}$ weicht bei einer Varianz von 0,264 im Schnitt um -15,497 Jahre vom wahren Parameterwert ab. Dies entspricht einer mittleren relativen Verzerrung von -31,988%. Der Schätzer ist damit deutlich verzerrt und unterschätzt das wahre Durchschnittsalter in der Grundgesamtheit um mehr als 30%. Dies liegt begründet im Zusammenhang zwischen der Variablen *ALTER* und dem Auswahlprozess bzw. insbesondere der Erreichbarkeit *ER*. Aufgrund der ungleichen Auswahlwahrscheinlichkeiten gelangen verhältnismäßig mehr „junge" Elemente aus der Grundgesamtheit in die Stichprobe, was zu der extremen Unterschätzung des mittleren Alters in der Grundgesamtheit beim Schätzer $\bar{x}$ führt. Entsprechend werden auch die Nullhypothesen der beiden Tests abgelehnt. Der Schätzer ist aufgrund seiner deutlichen Verzerrung weder erwartungs- noch mediantreu. Bei der Anwendung des *ER*-Verfahrens zur Schätzung des mittleren Alters wird der Zusammenhang zwischen Erreichbarkeit und des interessierenden Erhebungsmerkmals in Form der Variablen *ALTER* funktional erfasst und sein Einfluss auf die Schätzung eliminiert. Der *ER*-Schätzer $\hat{\mu}_{ER}$ liefert deutlich bessere Schätzwerte, und auch die hohen *p*-Werte der beiden Tests sind ein Hinweis für die Erwartungs- und Mediantreue des Schätzers. Auch wenn die Varianz des Stichprobenmittels $\bar{x}$ kleiner ist, als die des *ER*-Schätzers und der Quotient aus beiden Varianzen mit einem Wert von 1,371 leicht größer als 1, ist dies kein wirklicher Vorteil des Stichprobenmittels, da seine Verzerrung die des *ER*-Schätzers um ein Vielfaches übersteigt.

Wie sich die Verhältnisse ändern, wenn der Auswahlprozess und insbesondere die Auswahlwahrscheinlichkeiten der Stichprobenelemente unbekannt sind und geschätzt werden müssen, wird in den folgenden Abschnitten untersucht.

Als Maß für die Güte der Modellanpassung dient der Korrelationskoeffizient zwischen der geschätzten Erreichbarkeit der Stichprobenelemente $\hat{ER}$ und ihrer tatsächlichen Erreichbarkeit *ER* in der Grundgesamtheit. Diese wird in den folgenden Abschnitten nach Art einer Sensitivitätsanalyse systematisch variiert beginnend mit einem Wert von r=0,95.

6.3.2.1.3.3 Verteilungseigenschaften des *ER*-Schätzers bei verschieden „guter“ Modellierung des Auswahlprozesses bei der Variablen *ALTER*

In diesem Abschnitt soll die Modellierung des Auswahlprozesses näher untersucht werden. Die Frage, wie „gut“ der Auswahlprozess modelliert werden muss, damit der *ER*-Schätzer noch „sinnvolle“ Ergebnisse liefert, soll beantwortet werden. Wie oben erläutert dient als Maß für die Güte der Modellierung des Auswahlprozesses der in Definition 19 vorgestellte Korrelationskoeffizient von Bravais-Pearson.[485] Die Modellierung des Auswahlprozesses in Form der Schätzung der Erreichbarkeit der Stichprobenelemente wird dabei von Versuch zu Versuch systematisch derart verändert, dass der Korrelationskoeffizient die Werte r=0,95, r=0,9, r=0,8, r=0,7,..., r=0,3 annimmt. Je kleiner der Korrelationskoeffizient zwischen $\hat{ER}$ und ER ist, desto schlechter schätzt $\hat{ER}$ den wahren Erreichbarkeitsrang.

Dabei wird $\hat{ER}$ in S-Plus für r=0,95 wie folgt simuliert:

```
er.dach.0.95<-rank((er/1000+rnorm(651000,0,64)))
```

Für die weiteren Versuche werden analog jeweils Schätzungen von $\hat{ER}$ simuliert, die mit ER Korrelationen von 0,9, 0,7, 0,6, 0,5, 0,4 und 0,3 aufweisen.

Zur Beurteilung der Eigenschaften des *ER*-Schätzers werden wie im vorhergehenden Abschnitt seine Erwartungs-, Mediantreue, Verzerrung und Varianz betrachtet.

Die Ergebnisse der Monte-Carlo-Simulation für die in Abschnitt 6.3.2.1.1 konstruierte Altersvariable *ALTER* bei unterschiedlichen Korrelationskoeffizienten r zwischen $\hat{ER}$ und dem wahren ER sind in der folgenden Tabelle 12 zusammengefasst.

---

[485] Vgl. die Abschnitte 4.1.2 und 6.2.2.

Modell-anpassung	Mittlere Schätzung $\overline{\hat{\mu}}$	Bias $\hat{b}(\hat{\mu})$	Relative Abw. $\hat{b}(\hat{\mu})/\mu$	Varianz $V(\hat{\mu})$	*t*-Test: *t* *p*-Wert Entsch.	B.-Test: *b* *p*-Wert Entsch.
$r = 1$	48,395	-0,052	-0,12%	0,362	-0,868 0,388 H_0 ann.	43 0,193 H_0 ann.
$r = 0{,}95$	47,466	-0,981	-2,03%	0,621	-12,447 0 H_0 verw.	10 0 H_0 verw.
$r = 0{,}9$	47,035	-1,412	-2,91%	0,721	-16,632 0 H_0 verw.	0 0 H_0 verw.
$r = 0{,}8$	46,732	-1,715	-3,54%	0,608	-21,988 0 H_0 verw.	0 0 H_0 verw.
$r = 0{,}7$	46,411	-2,036	-4,20%	0,671	-24,866 0 H_0 verw.	0 0 H_0 verw.
$r = 0{,}6$	45,939	-2,508	-5,18%	0,718	-29,602 0 H_0 verw.	0 0 H_0 verw.
$r = 0{,}5$	42,246	-6,201	-12,80%	0,528	-85,348 0 H_0 verw.	0 0 H_0 verw.
$r = 0{,}4$	37,129	-11,318	-23,36%	0,335	-195,458 0 H_0 verw.	0 0 H_0 verw.
$r = 0{,}3$	33,762	-14,685	-30,31%	0,274	-280,305 0 H_0 verw.	0 0 H_0 verw.
Klass. Stich-proben-mittel $\overline{x}$	32,950	-15,497	-31,98%	0,264	-301,822 0 H_0 verw.	0 0 H_0 verw.

Tabelle 12: Simulations-Ergebnisse für die Variable *ALTER* bei unterschiedlich guter Modellierung des Auswahlprozesses

In der Tabelle 12 oben ist zu sehen, dass bei schlechterer Modellierung des Auswahlprozesses die Schätzergebnisse des *ER*-Schätzers schlechter werden. Der Schätzer hat bei einem Wert für die Korrelation zwischen $\hat{ER}$ und dem wahren *ER* von r = 0,95 (was einer guten Modellierung des Auswahlprozesses entspricht) eine mittlere Verzerrung von -0,981 Jahren und unterschätzt damit den wahren Parameterwert im Schnitt um 2,03%. Die Hypothesen der Erwartungstreue und der Mediantreue werden verworfen, da die Verzerrung des Schätzers mit der relativen Abweichung von betragsmäßig über 2% gegen die Erwartungs- und Mediantreue spricht.

Bei einer weiteren Verschlechterung der Modellanpassung, erkennbar an der weiteren Abnahme der Werte des Korrelationskoeffizienten r, nimmt die mittlere Verzerrung des *ER*-Schätzers weiter zu. Bei einer Korrelation von r=0,6, was einem realistischen Wert für die Modellierung des Auswahlprozesses bei einer realen Online-Erhebung entspricht, liegt die Verzerrung des *ER*-Schätzers im Mittel bei etwa 5%, was den Informationsgehalt des Schätzers durchaus noch quantitativ verwertbar macht.

Bei weiterer Verschlechterung der Modellierung des Auswahlprozesses nähert sich die Verzerrung des *ER*-Schätzers schließlich der Verzerrung des einfachen Stichprobenmittels $\bar{x}$ als klassischer Schätzer für das Grundgesamtheitsmittel μ_x von X immer mehr an, für welches die Schätzergebnisse in der letzten Zeile der Tabelle zum Vergleich mit aufgeführt sind.

Weiter ist zu erkennen, dass das *ER*-Verfahren selbst bei sehr schlechter Modellierung des Auswahlprozesses mit r=0,3 immer noch bessere Ergebnisse liefert als die Schätzung des gesuchten Parameters durch das einfache Stichprobenmittel $\bar{x}$. So lässt sich der Einfluss des Auswahlprozesses auf die Schätzungen und das interessierende Erhebungsmerkmal selbst bei schlechter Modellierung noch identifizieren und mit Blick auf den Schätzer $\bar{x}$ zumindest ein qualitativer Hinweis auf die Richtung der Verzerrung ableiten, ob der wahre Parameterwert über- oder unterschätzt wird.

Im folgenden Abschnitt wird die mit dem Erreichbarkeitsrang sehr hoch positiv korrelierte Variablen m_l betrachtet.

6.3.2.2 Simulation einer metrischen Variablen, die mit dem Erreichbarkeitsrang *ER* sehr hoch positiv korreliert ist

Dieser Teil beschreibt die Anwendung des *ER*-Verfahrens auf die metrische Variable m_1, welche einen starken linearen Zusammenhang mit dem Erreichbarkeitsrang aufweist. Der Abschnitt 6.3.2.2.1 enthält die Konstruktion der Variablen m_1. Abschnitt 6.3.2.2.2 zeigt die Anwendung des *ER*-Verfahrens auf m_1.

6.3.2.2.1 Konstruktion der Variablen m_1

Die Variable m_1 soll mit dem Erreichbarkeitsrang *ER* einen Korrelationskoeffizienten von r=0,95 aufweisen. Weiter soll sie an das Merkmal „Körpergröße" angelehnt sein und einen Erwartungswert von 179 (cm) und eine Standardabweichung von 11 (cm) haben. Daher wird die Variable als lineare Funktion des Erreichbarkeitsrangs *ER,* überlagert von einer normalverteilten Störgröße definiert. Die entsprechende Befehlszeile in S-Plus lautet:

```
m1<-179+(ER-325500.5)*1/18000+rnorm(651000,0,3.5)
```

Der nächste Abschnitt beschreibt die Anwendung des *ER*-Verfahrens auf m_1.

6.3.2.2.2 Anwendung des ER-Verfahrens auf die Variable m_1

6.3.2.2.2.1 Exemplarische Anwendung auf eine simulierte Stichprobe

Die Ergebnisse der Anwendung des *ER*-Verfahrens auf die oben konstruierte mit *ER* sehr hoch korrelierte Variable m_1 an einer exemplarischen Stichprobe werden in Abbildung 30 grafisch veranschaulicht.

Angepasst wird das Modell:

$$m_1 = \beta_0 + \beta_1 ER + \beta_2 ER^2 + \beta_3 ER^3 + u$$

Die Lösung der Normalengleichungen führt zu folgender Anpassung:

$$\hat{m}_1 = 162.736 + 0.0000466ER + 1.81*10^{-11}ER^2 - 1.34*10^{-17}ER^3$$

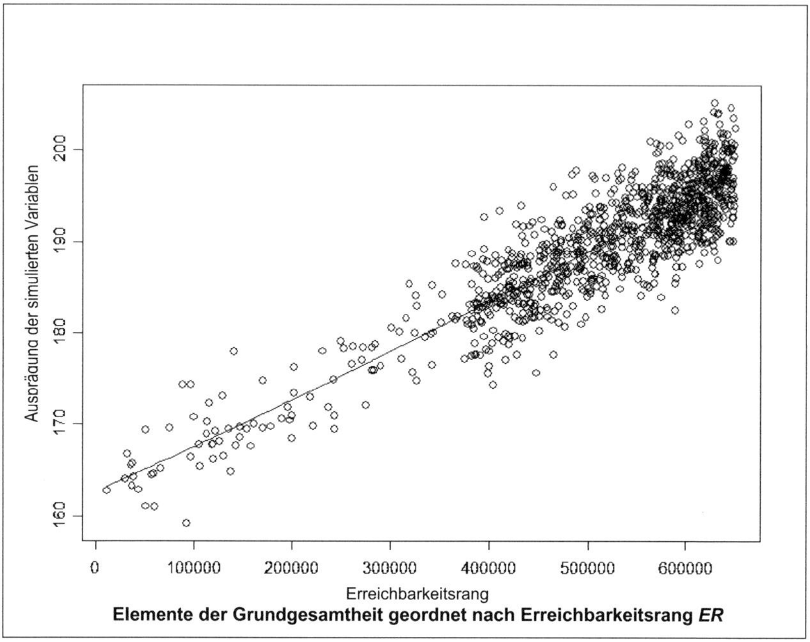

Abbildung 30: Regressionsschätzung des Zusammenhangs zwischen Erreichbarkeitsrang *ER* und der simulierten mit *ER* linear zusammenhängenden Variablen (*r*=0,95)

In der Grafik ist der starke lineare Zusammenhang zwischen *ER* und m_1 deutlich erkennbar. Auch hier ist ähnlich wie in Abbildung 29, der Regressionsschätzung bei der Variablen *ALTER,* eine Verdichtung der Punkte in Richtung höherer Werte von *ER* zu beobachten. Die Regressionsgrade in der Grafik gibt den Zusammenhang zwischen m_1 und *ER* sehr exakt wieder, was sich auch in den für die konkrete Stichprobe aus der Abbildung errechneten Werten in Tabelle 13 zeigt.

	Grundgesamtheit	Klassisches Stichprobenmittel $\bar{x}$	*ER*-Verfahren
μ bzw. $\hat{\mu}$	178,995	189,402	179,534
Verzerrung (abs.)	-	10,407	0,539
Verzerrung (rel.)	-	5,81%	0,30%

Tabelle 13: Parameter der simulierten Grundgesamtheit und Schätzungen für die Variable m_1 bei einer konkreten Stichproben-Simulation

In der Tabelle ist zu erkennen, dass der klassische Mittelwertschätzer angewendet auf die verzerrte Stichprobe um fast 6% deutlich nach oben abweicht. Diese Abweichung ist das Resultat der hohen positiven Korrelation zwischen Erhebungsmerkmal und Erreichbarkeit. Aufgrund dieses Sachverhalts gelangen mehr Elemente mit großen Werten für m_1 in die Stichprobe, was zu einer Überschätzung des tatsächlichen Grundgesamtheitsmittels führt. Der auf dem *ER*-Verfahren basierende Schätzer liegt bei der vorliegenden Stichprobe mit 0,30% Abweichung wesentlich dichter beim gesuchten Parameterwert.

6.3.2.2.2.2 Verteilungseigenschaften des *ER*-Schätzers bei bekanntem Auswahlprozess für die konstruierte Variable m_1

Für den Fall dass der Auswahlprozess als vollständig bekannt vorausgesetzt wird, sind die Simulations-Ergebnisse für die mit der Erreichbarkeit sehr stark zusammenhängende Variable m_1 in der folgenden Tabelle 14 dargestellt.

Zu schätzender Grundgesamtheitsparameter μ	178,995	
	ER-Verfahren	klassisches Stichprobenmittel $\bar{x}$
Arithmetisches Mittel der Schätzungen $\bar{\hat{\mu}}$	179,006	189,250
Geschätzte Verzerrung $\hat{b}(\hat{\mu})$	0,011	10,255
Relative Verzerrung $\hat{b}(\hat{\mu})/\mu$	0,01%	5,73%
Varianz $V(\hat{\mu})$	0,054	0,068
$V(\hat{\mu}_{ER})/V(\bar{x})$	0,794	
t-Test auf Erwartungstreue		
T	0,468	393,201
p-Wert	0,641	0
Entscheidung	H_0 nicht verwerfen	H_0 verwerfen
99%-Konfindenzintervall	[178,944 ; 179,067]	[189,181 ; 189,318]
Binomial-Test auf Mediantreue		
b (Anzahl $\hat{\mu} > \mu$)	51	100
p-Wert	0,920	0
Entscheidung	H_0 nicht verwerfen	H_0 verwerfen

Tabelle 14: Simulations-Ergebnisse für die Variable m_1 bei bekanntem Auswahlprozess

Die Tabelle oben zeigt, dass bei bekanntem Auswahlprozess der gesuchte Mittelwert der mit *ER* sehr hoch positiv korrelierten Variablen m_1 wie bei der Variablen *ALTER* vom *ER*-Verfahren sehr gut geschätzt wird. Die Verzerrung beträgt im Schnitt 0,011, was einer mittleren relativen Abweichung vom gesuchten Parameter von 0,01% entspricht. Das klassische Stichprobenmittel $\bar{x}$ ist demgegenüber deutlich verzerrt und überschätzt den gesuchten Parameter im Mittel um absolut 10,255 bzw. 5,73%.

Auch im Fall dieser starken Abhängigkeit zwischen der Merkmalsverteilung von m_1 in der Stichprobe und dem Auswahlprozess aufgrund des hohen Zusammenhangs mit der Erreichbarkeit *ER* werden die Hypothesen der Erwartungstreue und Mediantreue für den *ER*-Schäter $\hat{\mu}_{ER}$ nicht verworfen. Die hohen p-Werte von 0,641 bzw. 0,920 für den zugehörigen t- bzw. Binomial-Test sind wie im Fall der Variablen *ALTER* ein Anzeichen dafür, dass der *ER*-Schätzer unter der Voraussetzung der Kenntnis des Auswahlprozesses unverzerrt und mediantreu ist.

Im nächsten Abschnitt werden die Verteilungseigenschaften des *ER*-Schätzers bei unterschiedlich guter Modellierung des Auswahlprozesses anhand der Variablen m_1 untersucht.

6.3.2.2.2.3 Verteilungseigenschaften des *ER*-Schätzers bei verschieden „guter" Modellierung des Auswahlprozesses bei der Variablen m_1

Die Ergebnisse der Monte-Carlo-Simulation für die in Abschnitt 6.3.2.2.1 konstruierte Variable m_1 bei Variation des Korrelationskoeffizienten r zwischen $\hat{ER}$ und dem wahren *ER* (als Gütemaß für die Modellierung des Auswahlprozesses) sind in der folgenden Tabelle 15 aufgeführt.

Modell-anpassung	Mittlere Schätzung $\overline{\hat{\mu}}$	Bias $\hat{b}(\hat{\mu})$	Relative Abw. $\hat{b}(\hat{\mu}) / \mu$	Varianz $V(\hat{\mu})$	*t*-Test: *t* *p*-Wert Entsch.	B.-Test: *b* *p*-Wert Entsch.
$r = 1$	179,006	0,011	0,01%	0,054	0,468 0,641 H_0 ann.	51 0,920 H_0 ann.
$r = 0{,}95$	180,144	1,150	0,64%	0,059	47,198 0 H_0 verw.	100 0 H_0 verw.
$r = 0{,}9$	181,349	2,354	1,32%	0,095	76,436 0 H_0 verw.	100 0 H_0 verw.
$r = 0{,}8$	183,511	4,157	2,52%	0,136	122,350 0 H_0 verw.	100 0 H_0 verw.
$r = 0{,}7$	185,361	6,367	3,56%	0,143	168,068 0 H_0 verw.	100 0 H_0 verw.
$r = 0{,}6$	186,629	7,635	4,27%	0,158	192,114 0 H_0 verw.	100 0 H_0 verw.
$r = 0{,}5$	187,640	8,645	4,83%	0,106	265,402 0 H_0 verw.	100 0 H_0 verw.
$r = 0{,}4$	188,323	9,328	5,21%	0,076	338,326 0 H_0 verw.	100 0 H_0 verw.
$r = 0{,}3$	188,797	9,803	5,48%	0,081	343,812 0 H_0 verw.	100 0 H_0 verw.
Klass. Stich-proben-mittel $\overline{x}$	189,250	10,255	5,73%	0,068	393,201 0 H_0 verw.	100 0 H_0 verw.

Tabelle 15: Simulations-Ergebnisse für die Variable m_1 bei unterschiedlich guter Modellierung des Auswahlprozesses

Bei der Variation der Modellierung des Auswahlprozesses gilt auch für die mit *ER* sehr hoch korrelierte Variable m_1, dass die Güte des *ER*-Schätzers abnimmt, je schlechter die Modellierung des Auswahlprozesses ist. Dies ist in der Tabelle oben daran zu erkennen, dass die mittlere Verzerrung bei abnehmenden Werten für r zunimmt und sich dem Wert des klassischen Stichprobenmittels $\bar{x}$ annähert. Damit ist die Verzerrung des *ER*-Schätzers, unabhängig von der Modellierung des Auswahlprozesses, stets kleiner als die von $\bar{x}$. Auch bei der stark mit der Auswahl zusammenhängenden Variablen m_1 wird die Verzerrung gegenüber dem klassischen Stichprobenmittel durch Anwendung des *ER*-Verfahrens reduziert.

Im nächsten Abschnitt wird untersucht, wie sich eine Abschwächung des linearen Zusammenhangs zwischen Erhebungsmerkmal und Erreichbarkeit auswirkt. Hierzu wird die Variable m_2 betrachtet, die mit *ER* nur noch eine Korrelation von r=0,7 aufweist.

6.3.2.3 Simulation einer metrischen mit *ER* hoch positiv korrelierten Variablen

Abschnitt 6.3.2.3.1 beschreibt die Konstruktion der Variablen m_2, die mit dem Erreichbarkeitsrang *ER* eine Korrelation von 0,7 aufweisen soll. In Abschnitt 6.3.2.3.2 wird das *ER*-Verfahren auf m_2 angewendet.

6.3.2.3.1 Konstruktion der Variablen m_2

Zum Zwecke der Untersuchung einer abgeschwächten Korrelation wird m_2 mit einer Korrelation von r=0,7 zum Erreichbarkeitsrang *ER* konstruiert. Wie m_1 soll auch m_2 normalverteilt mit Erwartungswert 179 und Standardabweichung 11 sein. Die Befehlszeile in S-Plus lautet wie bei der Konstruktion von m_2 nur mit entsprechend angepassten Parametern:

```
m2<-179+((ER)-325500.5)*1/24000+rnorm(651000,0,7.8)
```

Im nächsten Abschnitt wird die Anwendung des *ER*-Verfahrens auf m_2 betrachtet.

6.3.2.3.2 Anwendung des ER-Verfahrens auf die Variable m_2

6.3.2.3.2.1 Exemplarische Anwendung auf eine simulierte Stichprobe

Die Regressionsanalyse der Variablen m_2 ist in der Abbildung 31 grafisch veranschaulicht.

Das angepasste Modell lautet wie folgt:

$$m_2 = \beta_0 + \beta_1 ER + \beta_2 ER^2 + \beta_3 ER^3 + u$$

Als Lösung der Normalengleichungen ergibt sich folgende Anpassung:

$$\hat{m}_2 = 161.566 + 0.0000541ER - 8.93*10^{-12}ER^2 - 2.37*10^{-18}ER^3$$

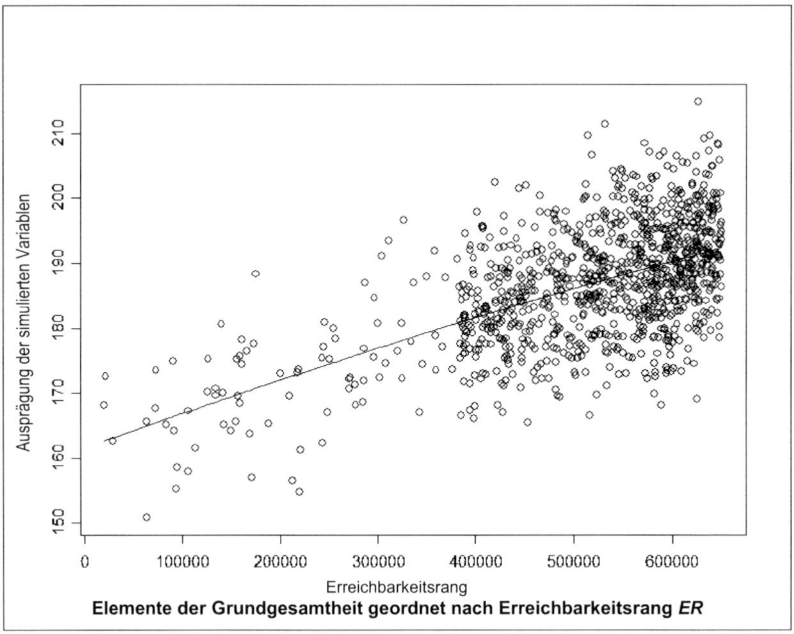

Abbildung 31: Regressionsschätzung des Zusammenhangs zwischen Erreichbarkeitsrang *ER* und der simulierten mit *ER* linear zusammenhängenden Variablen (r=0,7)

Die Grafik zeigt den im Vergleich zur Situation bei m_1 abgeschwächten linearen Zusammenhang zwischen *ER* und m_2. Die Punkte weisen im Vergleich zu Abbildung 30 eine breitere Streuung um die Regressionsgerade auf. Ebenfalls ist die Verdichtung der Punkte in Richtung höherer Werte von *ER* zu beobachten. Die für die konkrete Stichprobe aus der Abbildung errechneten Werte enthält Tabelle 16.

	Grundgesamtheit	Klassisches Stichprobenmittel $\bar{x}$	*ER*-Verfahren
μ bzw. $\hat{\mu}$	178,999	186,529	177,763
Verzerrung (abs.)	-	7,530	-1,236
Verzerrung (rel.)	-	4,21%	-0,69%

Tabelle 16: Parameter der simulierten Grundgesamtheit und Schätzungen für die Variable m_2 bei einer konkreten Stichproben-Simulation

Die Tabelle oben zeigt, dass die Abweichung des klassischen Schätzers angewendet auf die verzerrte Stichprobe mit 4,21% nicht mehr so groß ist wie bei der Variablen m_1 aus dem vorigen Abschnitt, da der schwächere Zusammenhang zwischen Erhebungsmerkmal und Erreichbarkeit bei m_2 zu einer geringeren Verzerrung führt. Das *ER*-Verfahren liefert mit einer Abweichung von -0,69% einen Schätzer, der das Grundgesamtheitsmittel deutlich besser trifft.

6.3.2.3.2.2 Verteilungseigenschaften des *ER*-Schätzers bei bekanntem Auswahlprozess für die konstruierte Variable m_2

Für den Fall, dass Auswahlprozesses vollständig bekannt ist, sind die Simulations-Ergebnisse für die mit der Erreichbarkeit stark zusammenhängende Variable m_2 in der folgenden Tabelle 17 dargestellt.

Zu schätzender Grundgesamtheitsparameter μ	178,999	
	ER-Verfahren	klassisches Stichprobenmittel $\bar{x}$
Arithmetisches Mittel der Schätzungen $\bar{\hat{\mu}}$	178,910	186,661
Geschätzte Verzerrung $\hat{b}(\hat{\mu})$	-0,089	7,662
Relative Verzerrung $\hat{b}(\hat{\mu})/\mu$	-0,05%	4,28%
Varianz $V(\hat{\mu})$	0,226	0,083
$V(\hat{\mu}_{ER})/V(\bar{x})$	2,723	
t-Test auf Erwartungstreue		
t	-1,879	266,321
p-Wert	0,063	0
Entscheidung	H_0 nicht verwerfen	H_0 verwerfen
99%-Konfindenzintervall	[178,785 ; 179,035]	[186,586 ; 186,737]
Binomial-Test auf Mediantreue		
b (Anzahl $\hat{\mu} > \mu$)	47	100
p-Wert	0,617	0
Entscheidung	H_0 nicht verwerfen	H_0 verwerfen

Tabelle 17: Simulations-Ergebnisse für die Variable m_2 bei bekanntem Auswahlprozess

Durch die Abschwächung des Zusammenhangs zwischen Erhebungsmerkmal und Auswahlwahrscheinlichkeit sinkt die Verzerrung bei der klassischen Stichprobenmittelwertschätzung $\bar{x}$. Sie beträgt im Mittel 4,28% gegenüber 5,73% bei der Variablen m_1. Der *ER*-Schätzer ist wesentlich weniger verzerrt, denn $\hat{\mu}_{ER}$ weicht durchschnittlich nur 0,05% vom zu schätzenden Parameterwert ab. Der zugehörige p-Wert des t-Tests zu Überprüfung der Erwartungstreue liegt mit 0,063 immer noch über 5%. Damit würde zu einem entsprechenden Signifikanzniveau die Hypothese der Erwartungstreue nicht verworfen. Bei einem Wert von α=10% müsste die Nullhypothese verworfen werden. Bei der Betrachtung der nächsten Variablen ist zu entscheiden, ob dies auf die Verminderung des Zusammenhangs zwischen Erhebungsmerkmal und Auswahlwahrscheinlichkeit zurückzuführen ist, oder ob der p-Wert aufgrund von zufälligen Schwankungen so niedrig ist.[486] Der p-Wert des Binomial-Tests ist mit 0,614 ein starkes Indiz dafür, dass der Schätzer $\hat{\mu}_{ER}$ unter der Voraussetzung der vollständigen Kenntnis des Auswahlprozesses die Eigenschaft der Mediantreue erfüllt.

Im folgenden Abschnitt wird dargestellt, wie der *ER*-Schätzer auf die Variation der Modellierung des Auswahlprozesses bei der Variablen m_2 reagiert.

6.3.2.3.2.3 Verteilungseigenschaften des *ER*-Schätzers bei verschieden „guter" Modellierung des Auswahlprozesses bei der Variablen m_2

Die Ergebnisse der Monte-Carlo-Simulation für die in Abschnitt 6.3.2.3.1 konstruierte Variable m_2 bei Variation des Korrelationskoeffizienten r zwischen $\hat{ER}$ und dem wahren *ER* sind in der folgenden Tabelle 18 aufgeführt.

[486] Im Übrigen sind die p-Werte, wie in Abschnitt 6.2.1 erläutert, hier nicht als Meßlatte für Signifikanzaussagen, sondern vielmehr als deskriptive Prüfgrößen zu verstehen. Überdies ist beim t-Test im Besonderen zu beachten, dass die Normalverteilung der Schätzer vorausgesetzt wird. Die Erfüllung dieser Voraussetzung ist aufgrund des zugrunde liegenden Auswahlprozesses sowie insbesondere der Konstruktion des *ER*-Schätzers fraglich. Die Verletzung der Normalverteilungsannahme ist jedoch vor allem bei kleineren Stichprobenumfängen problematisch. Bei größeren Stichproben reagiert der t-Test vergleichsweise robust auf eine Verletzung der Normalverteilungsannahme. Eine ausführliche Diskussion hierzu liefert z.B. BORTZ (2004).

Modell-anpassung	Mittlere Schätzung $\bar{\hat{\mu}}$	Bias $\hat{b}(\hat{\mu})$	Relative Abw. $\hat{b}(\hat{\mu})/\mu$	Varianz $V(\hat{\mu})$	*t*-Test: *t* *p*-Wert Entsch.	B.-Test: *b* *p*-Wert Entsch.
$r = 1$	178,910	-0,089	-0,05%	0,226	-1,879 0,063 H_0 ann.	47 0,617 H_0 ann.
$r = 0,95$	179,984	0,985	0,55%	0,214	21,272 0 H_0 verw.	99 0 H_0 verw.
$r = 0,9$	180,739	1,739	0,97%	0,179	41,154 0 H_0 verw.	100 0 H_0 verw.
$r = 0,8$	182,330	3,331	1,86%	0,260	65,375 0 H_0 verw.	100 0 H_0 verw.
$r = 0,7$	183,672	4,673	2,61%	0,149	120,896 0 H_0 verw.	100 0 H_0 verw.
$r = 0,6$	184,730	5,731	3,20%	0,144	151,050 0 H_0 verw.	100 0 H_0 verw.
$r = 0,5$	185,471	6,471	3,62%	0,139	185,030	100 0 H_0 verw.
$r = 0,4$	186,058	7,059	3,94%	0,146	338,326 0 H_0 verw.	100 0 H_0 verw.
$r = 0,3$	186,286	7,286	4,07%	0,115	215,086 0 H_0 verw.	100 0 H_0 verw.
Klass. Stich-proben-mittel $\bar{x}$	186,661	7,662	4,28%	0,083	266,321 0 H_0 verw.	100 0 H_0 verw.

Tabelle 18: Simulations-Ergebnisse für die Variable m_2 bei unterschiedlich guter Modellierung des Auswahlprozesses

In der Tabelle oben ist zu sehen, dass wie bei den vorher betrachteten Variablen die Güte des *ER*-Schätzers in Gestalt seiner Verzerrung abhängig davon ist, wie gut im ersten Schritt des *ER*-Verfahrens der Auswahlprozess modelliert wird. Überdies verliert der Schätzer bei unbekanntem Auswahlprozess die Eigenschaften der Erwartungs- und Mediantreue, wie an den p-Werten der zugehörigen Tests erkennbar ist. Dennoch ist auch im Fall der Variablen m_2 festzustellen, dass der *ER*-Schätzer $\hat{\mu}_{ER}$ für jeden Wert von r, d.h. für alle Güte-Stufen der Auswahlprozessmodellierung, im Schnitt eine geringere Verzerrung aufweist, als das klassische Stichprobenmittel $\bar{x}$.

Im folgenden Abschnitt wird untersucht, ob sich der erkennbare Trend in den Schätzern bei einer weiteren Abschwächung des linearen Zusammenhangs zwischen Erhebungsmerkmal und Erreichbarkeit fortsetzt. Hierzu wird die Variable m_3 konstruiert, die mit *ER* mit r=0,5 korreliert ist.

6.3.2.4 Simulation einer metrischen, mit *ER* schwach zusammenhängenden Variablen

Im Teil 6.3.2.4.1 wird die Variable m_3 konstruiert, die mit dem Erreichbarkeitsrang *ER* einen Korrelationskoeffizienten von 0,5 hat. Die Anwendung des *ER*-Verfahren auf m_3 beschreibt Abschnitt 6.3.2.4.2.

6.3.2.4.1 Konstruktion der Variablen m_3

Mit einer Korrelation von r=0,5 zum Erreichbarkeitsrang *ER* wird mit m_3 das Verhalten des Verfahrens bei weiterer Abschwächung des linearen Zusammenhangs analysiert. Wie die vorherigen Variablen ist m_3 normalverteilt mit Erwartungswert 179 und Standardabweichung 11. Der Befehl zur Konstruktion von m_3 in S-Plus lautet:

```
m3<- 179+((1:651000)-325500.5)*1/33800+rnorm(651000,0,9.6)
```

Der nächste Abschnitt enthält die Anwendung des *ER*-Verfahrens auf m_3.

6.3.2.4.2 Anwendung des ER-Verfahrens auf die Variable m_3

6.3.2.4.2.1 Exemplarische Anwendung auf eine simulierte Stichprobe

Die Grafik unten zeigt das Ergebnis der Regressionsschätzung des Zusammenhangs zwischen m_3 und *ER*.

Das angepasste lineare Modell lautet wie folgt:

$$m_3 = \beta_0 + \beta_1 ER + \beta_2 ER^2 + \beta_3 ER^3 + u$$

Als Lösung der Normalengleichungen ergibt sich folgende Anpassung:

$$\hat{m}_3 = 170.924 + 0.0000252ER - 5.26*10^{-12}ER^2 + 1.45*10^{-17}ER^3$$

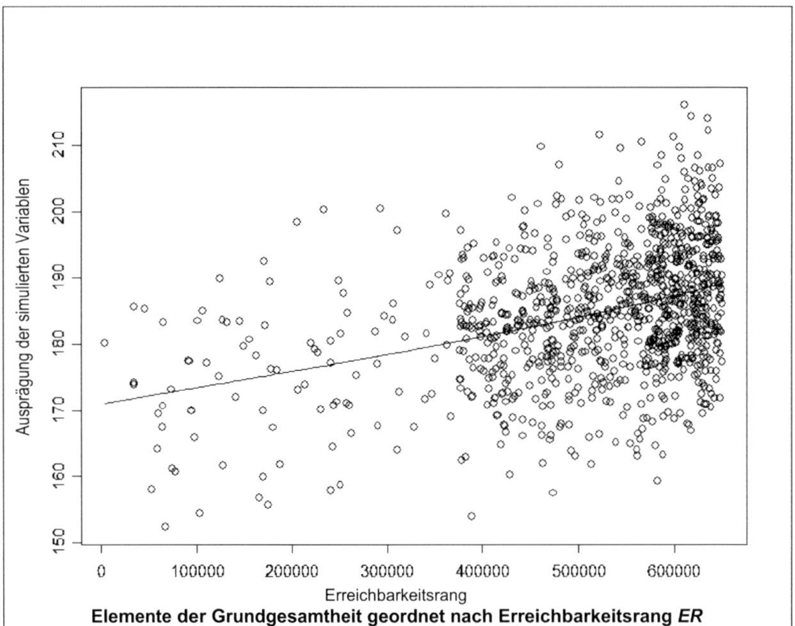

Abbildung 32: Regressionsschätzung des Zusammenhangs zwischen Erreichbarkeitsrang *ER* und der simulierten mit *ER* linear zusammenhängenden Variablen (*r*=0,5)

In der Abbildung 32 ist an der breiteren Streuung der Punkte um die Regressionskurve zu erkennen, dass der Zusammenhang zwischen m_3 und *ER* erneut schwächer als bei den vorhergehenden Variablen ausgeprägt ist. Die in den vorangegangenen Teilen beschriebene Verdichtung der Punkte in Richtung höherer *ER*-Werte ist auch hier zu sehen. Die einzelnen Schätzwerte für den konkreten Fall sind in Tabelle 19 zusammengefasst.

	Grundgesamtheit	Klassisches Stichprobenmittel $\bar{x}$	*ER*-Verfahren
μ bzw. $\hat{\mu}$	179,022	184,665	179,387
Verzerrung (abs.)	-	5,643	0,365
Verzerrung (rel.)	-	3,15%	0,20%

Tabelle 19: Parameter der simulierten Grundgesamtheit und Schätzungen für die Variable m_3 bei einer konkreten Stichproben-Simulation

In der Tabelle oben ist zu erkennen, dass bei weiterer Abschwächung des Zusammenhangs zwischen Erhebungsmerkmal und Erreichbarkeitsrang die klassische Schätzung anhand der verzerrten Stichprobe besser wird. Die Verzerrung der Stichprobe hat deutlich geringeren Einfluss auf das Erhebungsmerkmal als in den vorhergehenden Fällen. Die Variable m_3 ist nur noch sehr gering abhängig von *ER*. Die klassische Schätzung an der verzerrten Stichprobe weicht nur noch um 3,15% vom tatsächlichen Parameter der Grundgesamtheit ab. Dennoch ist auch in diesem Fall des geringen Einflusses der Verzerrung die Schätzung mittels *ER*-Verfahren mit einer Abweichung von 0,20% deutlich besser.

6.3.2.4.2.2 Verteilungseigenschaften des *ER*-Schätzers bei bekanntem Auswahlprozess für die konstruierte Variable m_3

Für den Fall des als vollständig bekannt vorausgesetzten Auswahlprozesses sind die Simulations-Ergebnisse für die mit der Erreichbarkeit schwach zusammenhängende Variable m_3 in der folgenden Tabelle 20 dargestellt.

Zu schätzender Grundgesamtheitsparameter μ	179,021	
	ER-Verfahren	„klassisches" Stichprobenmittel $\bar{x}$
Arithmetisches Mittel der Schätzungen $\bar{\hat{\mu}}$	179,110	184,521
Geschätzte Verzerrung $\hat{b}(\hat{\mu})$	0,088	5,500
Relative Verzerrung $\hat{b}(\hat{\mu}) / \mu_X$	0,05%	3,07%
Varianz $V(\hat{\mu})$	0,422	0,123
$V(\hat{\mu}_{ER})/V(\bar{x})$	3,431	
t-Test auf Erwartungstreue		
t	1,362	156,809
p-Wert	0,176	0
Entscheidung	H_0 nicht verwerfen	H_0 verwerfen
99%-Konfindenzintervall	[178,939 ; 179,281]	[184,429 ; 184,614]
Binomial-Test auf Mediantreue		
b (Anzahl $\hat{\mu} > \mu_X$)	54	100
p-Wert	0,484	0
Entscheidung	H_0 nicht verwerfen	H_0 verwerfen

Tabelle 20: Simulations-Ergebnisse für die Variable m_3 bei bekanntem Auswahlprozess

Bei der Tabelle 20 ist zu erwähnen, dass der p-Wert des t-Tests auf Erwartungstreue für die Variable m_3 mit 0,176 wieder deutlich höher liegt, als bei der Variablen m_2, welche einen stärkeren Zusammenhang mit der Auswahlwahrscheinlichkeit aufwies. Dies lässt den Schluss zu, dass der niedrige p-Wert des t-Tests bei der Variablen m_2 eher auf zufällige Schwankungen zurückzuführen ist als darauf, dass der *ER*-Schätzer seine Erwartungstreue bei Erhebungsmerkmalen mit schwächeren Zusammenhängen zur Auswahlwahrscheinlichkeit einbüßt.

Ebenso sprechen die geringe mittlere Verzerrung und der hohe p-Wert des Binomial-Tests auf Mediantreue für die Güte des *ER*-Schätzers gegenüber dem einfachen Stichprobenmittel $\bar{x}$, welches bei der Schätzung des gesuchten Grundgesamtheitsparameters von m_3 deutlich schlechter abschneidet.

Wie die Veränderung in der Modellierung des Auswahlprozesses sich bei der Variablen m_3 auf den *ER*-Schätzer auswirkt, wird im folgenden Abschnitt betrachtet.

6.3.2.4.2.3 Verteilungseigenschaften des *ER*-Schätzers bei verschieden „guter" Modellierung des Auswahlprozesses bei der Variablen m_3

Die Ergebnisse der Monte-Carlo-Simulation für Variable m_3 bei verschiedenen Korrelationskoeffizienten r zwischen $\hat{ER}$ und dem wahren *ER* (als Gütemaß für die Modellierung des Auswahlprozesses) sind in der folgenden Tabelle 21 enthalten.

Modell-anpassung	Mittlere Schätzung $\bar{\hat{\mu}}$	Bias $\hat{b}(\hat{\mu})$	Relative Abw. $\hat{b}(\hat{\mu}) / \mu$	Varianz $V(\hat{\mu})$	*t*-Test: *t* *p*-Wert Entsch.	B.-Test: *b* *p*-Wert Entsch.
$r = 1$	179,110	0,088	0,05%	0,422	1,362 0,176 H_0 ann.	54 0,484 H_0 ann.
$r = 0{,}95$	179,708	0,687	0,38%	0,344	11,698 0 H_0 verw.	89 0 H_0 verw.
$r = 0{,}9$	180,262	1,240	0,69%	0,327	21,700 0 H_0 verw.	100 0 H_0 verw.
$r = 0{,}8$	181,475	2,454	1,37%	0,242	49,888 0 H_0 verw.	100 0 H_0 verw.
$r = 0{,}7$	182,348	3,326	1,86%	0,229	69,474 0 H_0 verw.	100 0 H_0 verw.
$r = 0{,}6$	183,087	4,066	2,27%	0,189	93,594 0 H_0 verw.	100 0 H_0 verw.
$r = 0{,}5$	183,602	4,580	2,56%	0,115	134,922 0 H_0 verw.	100 0 H_0 verw.
$r = 0{,}4$	183,975	4,953	2,77%	0,142	131,461 0 H_0 verw.	100 0 H_0 verw.
$r = 0{,}3$	184,156	5,135	2,87	0,107	157,258 0 H_0 verw.	100 0 H_0 verw.
Klass. Stich-proben-mittel $\bar{x}$	184,521	5,500	3,07%	0,123	156,809 0 H_0 verw.	100 0 H_0 verw.

Tabelle 21: Simulations-Ergebnisse für die Variable m_3 bei unterschiedlich guter Modellierung des Auswahlprozesses

Die Ergebnisse bei der Variablen m_3 stimmen weitestgehend mit denen bei den vorangegangenen Variablen m_2 und m_1 überein und setzen den Trend fort. Der klassische Stichprobenmittelwert $\bar{x}$ ist als Schätzer für den gesuchten Grundgesamtheitsparameter, mit im Schnitt 3,07% Abweichung immer noch deutlich verzerrt, weicht aufgrund des schwächeren Zusammenhangs zwischen Erhebungsmerkmal und Auswahlwahrscheinlichkeit nicht mehr ganz so stark ab, wie bei den Variablen m_1 und m_2. Die Verzerrung des *ER*-Schätzers nähert sich mit abnehmender Güte bei der Modellierung des Auswahlprozesses immer mehr der Verzerrung von $\bar{x}$ an, bleibt aber für alle betrachteten Werte von r betragsmäßig deutlich darunter. Damit wird auch bei der Variablen m_3 durch die Anwendung des *ER*-Verfahrens die aus den unterschiedlichen Auswahlwahrscheinlichkeiten resultierende Verzerrung vermindert.

Als nächstes wird die Variable m_4 betrachtet, die mit *ER* mit r=0,3 korreliert ist. Sie ist damit nahezu unabhängig vom Erreichbarkeitsrang.

6.3.2.5 Simulation einer metrischen Variablen, die sehr schwach mit *ER* zusammenhängt

Die beiden folgenden Abschnitte enthalten die Konstruktion der Variablen m_4, die mit einem Korrelationskoeffizienten von 0,3 nahezu unabhängig vom Erreichbarkeitsrang *ER* ist, sowie die Anwendung des *ER*-Verfahrens auf m_4.

6.3.2.5.1 *Konstruktion der Variablen m_4*

Die Konstruktion der Variablen m_4 erfolgt analog zu den vorhergehenden Variablen mit stärkerem linearem Zusammenhang zu *ER*. Die entsprechende Befehlszeile mit den veränderten Parametern in S-Plus lautet:

```
m4<- 179+((1:651000)-325500.5)*1/57000+rnorm(651000,0,10.5)
```

Die praktische Anwendung des *ER*-Verfahrens auf m_4 ist im nächsten Abschnitt beschrieben.

6.3.2.5.2 Anwendung des ER-Verfahrens auf die Variable m_4

6.3.2.5.2.1 Exemplarische Anwendung auf eine simulierte Stichprobe

In der Abbildung 33 ist die Stichprobe mit dem Ergebnis der Regression grafisch veranschaulicht.

Das angepasste lineare Modell lautet wie folgt:

$$m_4 = \beta_0 + \beta_1 ER + \beta_2 ER^2 + \beta_3 ER^3 + u$$

Als Lösung der Normalengleichungen ergibt sich folgende Anpassung:

$$\hat{m}_4 = 174.593 - 1.29 * 10^{-6} ER + 6.89 * 10^{-11} ER^2 - 6.75 * 10^{-17} ER^3$$

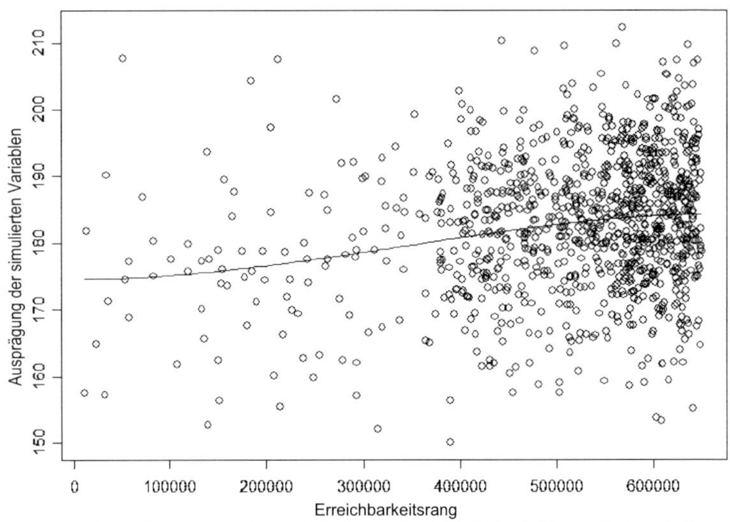

Elemente der Grundgesamtheit geordnet nach Erreichbarkeitsrang *ER*

Abbildung 33: Regressionsschätzung des Zusammenhangs zwischen Erreichbarkeitsrang *ER* und der simulierten mit *ER* linear zusammenhängenden Variablen (*r*=0,3)

Die Punktwolke in der Abbildung oben weist deutliche Ähnlichkeit mit der Punktwolke aus Abbildung 34 für die von *ER* unabhängige Variable m_5 auf. Der lineare Zusammenhang ist nur noch sehr schwach ausgeprägt. Die Regressionsgerade verläuft nahezu parallel zur Abszisse. Dennoch reicht der schwache Zusammenhang aus, um die Ergebnisse der klassischen Stichprobenschätzung anhand der verzerrten Stichprobe deutlich vom wahren Wert abweichen zu lassen. Dies ist in der folgenden Tabelle 22 zu sehen.

	Grundgesamtheit	Klassisches Stichprobenmittel $\bar{x}$	*ER*-Verfahren
μ bzw. $\hat{\mu}$	179,016	182,592	179,251
Verzerrung (abs.)	-	3,576	0,235
Verzerrung (rel.)	-	2,00%	0,13%

Tabelle 22: Parameter der simulierten Grundgesamtheit und Schätzungen für die Variable m_4 bei einer konkreten Stichproben-Simulation

Mit einer Abweichung von 2,00% wird der wahre Parameter der Grundgesamtheit bei der klassischen Schätzung anhand der verzerrten Stichprobe trotz des schwachen Zusammenhangs zwischen Erhebungsmerkmal und Erreichbarkeitsrang immer noch deutlich überschätzt. Demgegenüber liefert die Schätzung mittels *ER*-Verfahren mit einer Abweichung von 0,13% ein besseres Ergebnis.

6.3.2.5.2.2 Verteilungseigenschaften des *ER*-Schätzers bei bekanntem Auswahlprozess für die konstruierte Variable m_4

Für den Fall des vollständig bekannten Auswahlprozesses sind die Simulations-Ergebnisse für die mit der Erreichbarkeit sehr schwach zusammenhängende Variable m_4 in der folgenden Tabelle 23 dargestellt.

Zu schätzender Grundgesamtheitsparameter μ	179,016	
	ER-Verfahren	klassisches Stichprobenmittel $\bar{x}$
Arithmetisches Mittel der Schätzungen $\bar{\hat{\mu}}$	178,966	182,323
Geschätzte Verzerrung $\hat{b}(\hat{\mu})$	-0,050	3,307
Relative Verzerrung $\hat{b}(\hat{\mu}) / \mu$	-0,03%	1,85%
Varianz $V(\hat{\mu})$	0,406	0,098
$V(\hat{\mu}_{ER})/V(\bar{x})$	4,143	
t-Test auf Erwartungstreue		
t	-0,787	105,556
p-Wert	0,433	0
Entscheidung	H_0 nicht verwerfen	H_0 verwerfen
99%-Konfindenzintervall	[178,799 ; 179,134]	[182,241 ; 182,406]
Binomial-Test auf Mediantreue		
b (Anzahl $\hat{\mu} > \mu$)	44	100
p-Wert	0,271	0
Entscheidung	H_0 nicht verwerfen	H_0 verwerfen

Tabelle 23: Simulations-Ergebnisse für die Variable m_4 bei bekanntem Auswahlprozess

Auch bei der vom Auswahlprozess nahezu unabhängigen Variablen m_4 ist der Zusammenhang noch so stark ausgeprägt, dass das klassische Stichprobenmittel $\bar{x}$ deutlich verzerrt ist mit einer durchschnittlichen Abweichung von 1,85% vom gesuchten Grundgesamtheitsparameterwert. Der *ER*-Schätzer liefert Ergebnisse mit wesentlich geringeren Abweichungen von im Mittel -0,03%. Auch die hohen p-Werte von t-Test und Binomial-Test sprechen dafür, dass der *ER*-Schätzer bei bekanntem Auswahlprozess den unbekannten Parameter erwartungs- und mediantreu schätzt.

Wie sich eine unterschiedliche gute Modellierung des Auswahlprozesses auf die Eigenschaften von $\hat{\mu}_{ER}$ auswirkt, behandelt der folgende Abschnitt.

6.3.2.5.2.3 Verteilungseigenschaften des *ER*-Schätzers bei verschieden „guter" Modellierung des Auswahlprozesses bei der Variablen m_4

Die Simulations-Ergebnisse für die Variable m_4 bei verschiedenen Werten für den Korrelationskoeffizienten r zwischen $\hat{ER}$ und dem wahren ER sind in der folgenden Tabelle 24 zusammengefasst.

Modell-anpassung	Mittlere Schätzung $\bar{\hat{\mu}}$	Bias $\hat{b}(\hat{\mu})$	Relative Abw. $\hat{b}(\hat{\mu}) / \mu$	Varianz $V(\hat{\mu})$	t-Test: t p-Wert Entsch.	B.-Test: b p-Wert Entsch.
$r = 1$	178,966	-0,050	-0,03%	0,406	-0,787 0,433 H_0 ann.	44 0,271 H_0 ann.
$r = 0,95$	179,354	0,338	0,19%	0,397	5,360 0 H_0 verw.	67 0,001 H_0 verw.
$r = 0,9$	179,821	0,805	0,45%	0,320	14,220 0 H_0 verw.	94 0 H_0 verw.
$r = 0,8$	180,415	1,398	0,78%	0,322	24,649 0 H_0 verw.	98 0 H_0 verw.
$r = 0,7$	180,973	1,957	1,09%	0,246	139,418 0 H_0 verw.	100 0 H_0 verw.
$r = 0,6$	181,451	2,434	1,36%	0,217	52,199 0 H_0 verw.	100 0 H_0 verw.
$r = 0,5$	181,726	2,710	1,51%	0,128	75,713 0 H_0 verw.	100 0 H_0 verw.
$r = 0,4$	181,906	2,889	1,61%	0,174	69,305 0 H_0 verw.	100 0 H_0 verw.
$r = 0,3$	182,151	3,135	1,75%	0,130	87,101 0 H_0 verw.	100 0 H_0 verw.
Klass. Stich-proben-mittel $\bar{x}$	182,323	3,307	1,85%	0,098	105,556 0 H_0 verw.	100 0 H_0 verw.

Tabelle 24: Simulations-Ergebnisse für die Variable m_4 bei unterschiedlich guter Modellierung des Auswahlprozesses

Analog zu den vorhergehenden Abschnitten nähert sich auch bei der Variablen m_4 die Verzerrung des *ER*-Schätzers bei Verschlechterung der Modellierung des Auswahlprozesses immer mehr der Verzerrung von $\bar{x}$ an, bleibt dabei jedoch stets betragsmäßig darunter. Damit reduziert auch für den mit der Variablen m_4 simulierten Fall des schwachen Zusammenhangs zwischen Auswahlprozess und Erhebungsmerkmal das *ER*-Verfahren die aufgrund der unterschiedlichen Auswahlwahrscheinlichkeiten auftretenden Verzerrungen in den Schätzungen.

Der nächste Abschnitt untersucht den für die Praxis wichtigen Fall, dass das Erhebungsmerkmal unabhängig von den unterschiedlichen Auswahlwahrscheinlichkeiten und damit seine Verteilung in der Stichprobe unbeeinflusst vom Auswahlprozess ist, am Beispiel der Variablen m_5.

6.3.2.6 Simulation einer metrischen vom Erreichbarkeitsrang *ER* unabhängigen Variablen

In diesem Abschnitt wird das *ER*-Verfahren auf die metrische Variable m_5 angewendet, welche unabhängig vom Erreichbarkeitsrang ist. Diese Situation wird in der Praxis sehr häufig als gegeben angenommen.[487] Abschnitt 6.3.2.6.1 beschreibt die Konstruktion der Variablen m_5. Abschnitt 6.3.2.6.2 enthält die Ergebnisse der Anwendung des *ER*-Verfahrens auf die Variable.

6.3.2.6.1 Konstruktion der Variablen m_5

Die Variable m_5 wird so konstruiert, dass sie unabhängig vom Erreichbarkeitsrang *ER* ist. Sie soll von der Struktur ebenfalls an das Merkmal „Körpergröße“ erinnern. Daher wird die Variable als normalverteilte Zufallsgröße mit Erwartungswert 179 und Standardabweichung 11 definiert. Die entsprechende Befehlszeile in S-Plus lautet wie folgt:

```
m5<-rnorm(651000,179,11)
```

[487]siehe Abschnitt 3.1

Durch diese Konstruktion ist m_5 unabhängig von *ER*, und das Ziehen der Stichprobe ist mit einer einfachen Zufallsauswahl vergleichbar, da das Erhebungsmerkmal vom Auswahlprozess unabhängig verteilt ist. Weiter kann aufgrund der Konstruktion von m_5 eine zugrunde liegende Normalverteilung unterstellt werden. Damit ist das arithmetische Stichprobenmittel $\bar{x}$ ein effizienter Schätzer für das Grundgesamtheitsmittel μ von X.

Im nächsten Abschnitt wird das *ER*-Verfahren auf m_5 angewendet.

6.3.2.6.2 Anwendung des ER-Verfahrens auf die Variable m_5

6.3.2.6.2.1 Exemplarische Anwendung auf eine simulierte Stichprobe

Die Anwendung des *ER*-Verfahrens auf die im letzten Abschnitt konstruierte von *ER* unabhängige Variable m_5 an der exemplarischen Stichprobe wird in Abbildung 34 grafisch veranschaulicht.

Angepasst wird das folgende Modell:

$$m_5 = \beta_0 + \beta_1 ER + \beta_2 ER^2 + \beta_3 ER^3 + u$$

Das Ergebnis der Anpassung lautet:

$$\hat{m}_5 = 181.861 - 3.92*10^{-6} ER - 2.47*10^{-11} ER^2 + 3.72*10^{-17} ER^3$$

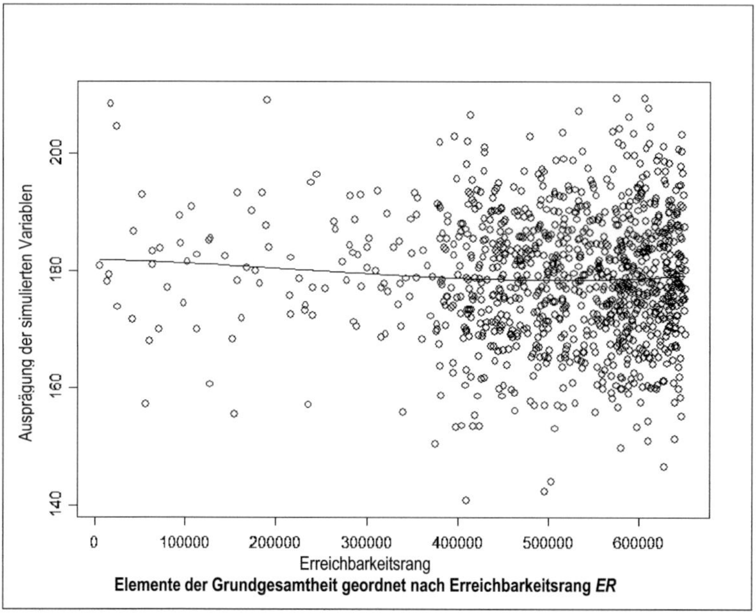

Abbildung 34: Regressionsschätzung des Zusammenhangs zwischen Erreichbarkeitsrang *ER* und der simulierten von *ER* unabhängigen Variablen

In der Grafik aus Abbildung 34 ist an der gleichmäßigen Verteilung der Punkte oberhalb und unterhalb des Mittelwertes zu erkennen, dass kein funktionaler Zusammenhang zwischen *ER* und m_5 besteht. Die Verdichtung der Punkte in Richtung höherer Werte von *ER* resultiert wie in den vorangegangenen Abbildungen aus der Tatsache, dass Elemente mit höherer Auswahlwahrscheinlichkeit p und damit höherem Erreichbarkeitsrang *ER* vermehrt in die Stichprobe gelangen. Die Regressionsschätzung des funktionalen Zusammenhangs, in der Grafik als Linie erkennbar, verläuft nahezu parallel zur Abszisse und zeigt, dass die Unabhängigkeit zwischen m_5 und *ER* vom Verfahren „erkannt" und die Grundgesamtheitsparameter entsprechend gut geschätzt werden. Das Verfahren liefert demnach auch im wichtigen Fall, dass das Erhebungsmerkmal unabhängig von der Erreichbarkeit ist, sinnvolle Schätzwerte. Die für die konkrete Stichprobe aus der Abbildung errechneten Werte sind in Tabelle 25 aufgeführt.

	Grundgesamtheit	Klassisches Stichprobenmittel $\bar{x}$	*ER*-Verfahren
μ bzw. $\hat{\mu}$	178,982	178,758	179,662
Verzerrung (abs.)	-	-0,224	0,680
Verzerrung (rel.)	-	-0,13%	0,38%

Tabelle 25: Parameter der simulierten Grundgesamtheit und Schätzungen für die Variable m_5 bei einer konkreten Stichproben-Simulation

Die Tabelle zeigt, dass im Fall der Unabhängigkeit zwischen Erhebungsmerkmal und Erreichbarkeit beide Schätzer das Grundgesamtheitsmittel in etwa gleich gut schätzen. Die geringen prozentualen Abweichungen sind auf zufällige Abweichungen im Rahmen der Stichprobenziehung zurück zu führen. Es wird dabei deutlich, dass bei der Unabhängigkeit des interessierenden Erhebungsmerkmals vom Auswahlprozess die Verzerrung in der Stichprobe für die Schätzung keine Rolle spielt. Auch die klassische Mittelwertschätzung anhand der verzerrten Stichprobe liefert mit $\bar{x} = 178{,}758$ einen sehr genauen Schätzwert des Grundgesamtheitsparameters. Wie in der Einleitung zu Abschnitt 3.1 beschrieben ist es gängige Praxis, sich im Fall nicht repräsentativer Stichproben sehr häufig auf den bei der Variablen m_5 vorliegenden Sachverhalt zu berufen und die Annahme der Unabhängigkeit von Erhebungsmerkmal und Auswahlwahrscheinlichkeit als erfüllt zu unterstellen. Diese Annahme ist jedoch in der Realität oft fraglich.

6.3.2.6.2.2 Verteilungseigenschaften des *ER*-Schätzers bei bekanntem Auswahlprozess für die konstruierte Variable m_5

Unter der Voraussetzung der vollständigen Kenntnis des Auswahlprozesses und damit insbesondere des der Auswahl zugrunde liegende Wahrscheinlichkeitsmaßes P sowie der Erreichbarkeit ER_i aller Elemente der Stichprobe sind die Ergebnisse der Monte-Carlo-Simulation für die Variable m_5 in der folgenden Tabelle 26 zusammengefasst.

Zu schätzender Grundgesamtheitsparameter μ	178,982	
	ER-Verfahren	„klassisches" Stichprobenmittel $\bar{x}$
Arithmetisches Mittel der Schätzungen $\bar{\hat{\mu}}$	178,975	178,977
Geschätzte Verzerrung $\hat{b}(\hat{\mu})$	-0,007	-0,005
Relative Verzerrung $\hat{b}(\hat{\mu}) / \mu$	0,00%	0,00%
Varianz $V(\hat{\mu})$	0,416	0,109
$V(\hat{\mu}_{ER})/V(\bar{x})$	3,817	
t-Test auf Erwartungstreue		
t	-0,113	-0,155
p-Wert	0,910	0,877
Entscheidung	H_0 nicht verwerfen	H_0 nicht verwerfen
99%-Konfindenzintervall	[178,805 ; 179,144]	[178,890 ; 179,064]
Binomial-Test auf Mediantreue		
b (Anzahl $\hat{\mu} > \mu$)	52	52
p-Wert	0,764	0,764
Entscheidung	H_0 nicht verwerfen	H_0 nicht verwerfen

Tabelle 26: Simulations-Ergebnisse für die Variable m_5 bei bekanntem Auswahlprozess

Wie sich schon bei der Betrachtung einer einzelnen Stichprobe im vorigen Abschnitt abgezeichnet hat, sind ER-Schätzer $\hat{\mu}_{ER}$ und Stichprobenmittel $\bar{x}$ bei bekanntem Auswahlprozess und Unabhängigkeit zwischen Erhebungsmerkmal und Auswahlwahrscheinlichkeit als etwa gleich gut anzusehen. Die beiden Schätzer weichen im Mittel kaum vom wahren Parameterwert ab. Entsprechend hoch sind auch die p-Werte von t-Test und Binomial-Test für beide Schätzer, was ein deutliches Anzeichen für die Erwartungs- und Mediantreue der Schätzer ist. Die Varianz des Stichprobenmittels $\bar{x}$ ist im vorliegenden Fall kleiner als die des *ER*-Schätzers, was aufgrund der Effizienz von $\bar{x}$ nicht überrascht. Dennoch ist die Varianz von $\hat{\mu}_{ER}$ nicht einmal um den Faktor vier größer als die des Stichprobenmittels, wie der Quotient aus den beiden Varianzen mit einem Wert von 3,817 zeigt. Damit bleibt der *ER*-Schätzer durchaus konkurrenzfähig.

Wie sich eine unterschiedlich gute Modellierung des Auswahlprozesses beim Fall der Unabhängigkeit zwischen Erhebungsmerkmal und Auswahlwahrscheinlichkeit auf den *ER*-Schätzer auswirkt, zeigt der nächste Abschnitt.

6.3.2.6.2.3 Verteilungseigenschaften des *ER*-Schätzers bei verschieden „guter" Modellierung des Auswahlprozesses bei der Variablen m_5

Die Ergebnisse der Monte-Carlo-Simulation für die Variable m_5 bei unterschiedlichen Korrelationskoeffizienten r zwischen $\hat{ER}$ und dem wahren *ER* (als Gütemaß für die Modellierung des Auswahlprozesses) sind in der folgenden Tabelle 27 zusammengefasst.

Modell-anpassung	Mittlere Schätzung $\bar{\hat{\mu}}$	Bias $\hat{b}(\hat{\mu})$	Relative Abw. $\hat{b}(\hat{\mu})/\mu$	Varianz $V(\hat{\mu})$	*t*-Test: *t* *p*-Wert Entsch.	B.-Test: *b* *p*-Wert Entsch.
$r = 1$	178,975	-0,007	0,00%	0,416	-0,113 0,910 H_0 ann.	52 0,764 H_0 ann.
$r = 0{,}95$	178,957	-0,025	-0,01%	0,362	-0,413 0,680 H_0 ann.	47 0,617 H_0 ann.
$r = 0{,}9$	179,016	0,034	0,02%	0,333	0,593 0,555 H_0 ann.	50 1 H_0 ann.
$r = 0{,}8$	178,948	-0,035	-0,02%	0,279	-0,655 0,514 H_0 ann.	47 0,617 H_0 ann.
$r = 0{,}7$	179,039	0,057	0,03%	0,303	1,038 0,302 H_0 ann.	50 1 H_0 ann.
$r = 0{,}6$	179,013	0,031	0,02%	0,196	0,703 0,483 H_0 ann.	52 0,764 H_0 ann.
$r = 0{,}5$	179,026	0,043	0,02%	0,176	1,036 0,303 H_0 ann.	57 0,193 H_0 ann.
$r = 0{,}4$	178,964	-0,018	-0,01%	0,125	-0,512 0,610 H_0 ann.	47 0,617 H_0 ann.
$r = 0{,}3$	178,996	0,013	0,01%	0,137	0,364 0,716 H_0 ann.	46 0,484 H_0 ann.
Klass. Stich-proben-mittel $\bar{x}$	178,977	-0,005	0,00%	0,109	-0,155 0,877 H_0 ann.	52 0,764 H_0 ann.

Tabelle 27: Simulations-Ergebnisse für die Variable m_5 bei unterschiedlich guter Modellierung des Auswahlprozesses

Die Tabelle oben zeigt, dass im Fall der Unabhängigkeit zwischen interessierendem Erhebungsmerkmal und Auswahlwahrscheinlichkeit das *ER*-Verfahren bei jeder betrachteten Modellierung des Auswahlprozesses einen Schätzer liefert, der mit dem klassischen Stichprobenmittel $\bar{x}$ konkurrieren kann. Aufgrund der Unabhängigkeit zwischen m_5 und *ER* stimmt die Verteilung von m_5 in der Grundgesamtheit mit der Verteilung in der Stichprobe überein, und $\bar{x}$ liefert eine erwartungs- und mediantreue Schätzung des unbekannten Parameters. Ebenso sind die geringen mittleren Verzerrungen und die hohen p-Werte beim *ER*-Schätzer ein starker Indikator dafür, dass $\hat{\mu}_{ER}$ den gesuchten Parameter erwartungs- und mediantreu schätzt. Lediglich die Varianzen liegen beim *ER*-Schätzer leicht über der Varianz des klassischen Stichprobenmittels.

Damit liefert das ER-Verfahren auch sinnvolle Schätzungen, welche fast so gut sind, wie die des in diesem Fall effizienten Stichprobenmittels $\bar{x}$, wenn die Stichprobenverteilung des interessierenden Erhebungsmerkmals aufgrund der Unabhängigkeit vom zugrunde liegenden Auswahlprozess sich nicht von der Verteilung in der Grundgesamtheit unterscheidet, was dem Vorliegen einer einfachen Zufallsauswahl mit erfüllter Normalverteilungsannahme entspricht.

Die folgenden Abschnitte betrachten das Verhalten des *ER*-Verfahrens bei komplexeren Zusammenhängen zwischen Erhebungsmerkmal und Erreichbarkeitsrang. Im nächsten Abschnitt wird ein quadratischer Zusammenhang unterstellt.

6.3.2.7 Simulation einer metrischen Variablen die mit dem Erreichbarkeitsrang *ER* quadratisch zusammenhängt

Im Abschnitt 6.3.2.7.1 wird die Variable m_6 konstruiert, die mit dem Erreichbarkeitsrang quadratisch zusammenhängt. Im danach folgenden Abschnitt wird das *ER*-Verfahren auf m_6 angewendet.

6.3.2.7.1 Konstruktion der Variablen m_6

Die Variable m_6 soll wie in den vorhergehenden Fällen auch Erwartungswert 179 und Standardabweichung 11 haben. Hierzu wird eine quadratische Funktion von *ER* überlagert durch einen normalverteilten Störterm. Die Befehlszeile in S-Plus lautet:

```
m6<-166.8+(1:651000)^2*179*44700/sum((1:651000)^2)+rnorm(651000,0,1)
```

Der nächste Abschnitt enthält die Anwendung des *ER*-Verfahrens auf m_6.

6.3.2.7.2 Anwendung des ER-Verfahrens auf die Variable m_6

6.3.2.7.2.1 Exemplarische Anwendung auf eine simulierte Stichprobe

Die Grafik aus der Abbildung unten zeigt den Zusammenhang zwischen der Variablen m_6 und *ER* für die realisierte Stichprobe und die zugehörige Regression.

Das angepasste lineare Modell lautet wie folgt:

$$m_6 = \beta_0 + \beta_1 ER + \beta_2 ER^2 + \beta_3 ER^3 + u$$

Als Lösung der Normalengleichungen ergibt sich folgende Anpassung:

$$\hat{m}_6 = 167.226 - 2.66*10^{-6}ER + 9.23*10^{-11}ER^2 - 3.36*10^{-18}ER^3$$

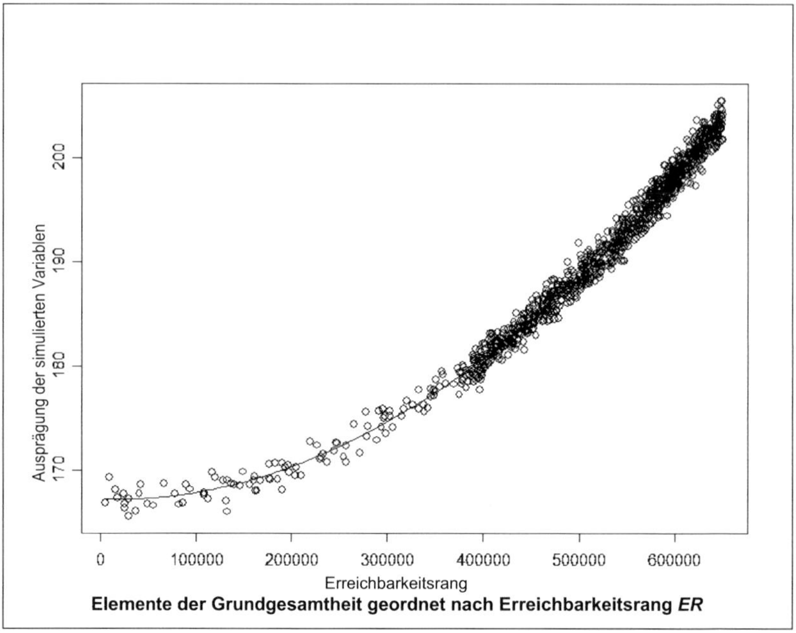

Abbildung 35: Regressionsschätzung des Zusammenhangs zwischen Erreichbarkeitsrang *ER* und der simulierten mit *ER* quadratisch zusammenhängenden Variablen

In der Grafik aus Abbildung 35 ist der quadratische Zusammenhang zwischen m_6 und *ER* anhand des parabelförmigen Verlaufs der Punktwolke deutlich erkennbar. Dieser wird durch die sich aus der Regression ergebende Kurve gut genähert. Dies zeigen auch die Schätzwerte, welche der Tabelle 28 zu entnehmen sind.

	Grundgesamtheit	Klassisches Stichprobenmittel $\bar{x}$	*ER*-Verfahren
μ bzw. $\hat{\mu}$	179,090	190,506	179,166
Verzerrung (abs.)	-	11,416	0,076
Verzerrung (rel.)	-	6,37%	0,04%

Tabelle 28: Parameter der simulierten Grundgesamtheit und Schätzungen für die Variable m_6 bei einer konkreten Stichproben-Simulation

In der Tabelle oben liegt die Abweichung der Schätzung mittels *ER*-Verfahren bei 0,04% und trifft damit auch im vorliegenden Fall den wahren Parameter nahezu exakt. Das Ergebnis der klassischen Schätzung an der verzerrten Stichprobe wird deutlich vom vorhandenen Zusammenhang zwischen Erhebungsmerkmal und Erreichbarkeitsrang beeinflusst. Aufgrund der Verzerrung weicht der Schätzer um mehr als 6% vom wahren Parameter ab.

6.3.2.7.2.2 Verteilungseigenschaften des *ER*-Schätzers bei bekanntem Auswahlprozess für die konstruierte Variable m_6

Für den Fall des als vollständig bekannt vorausgesetzten Auswahlprozesses sind die Simulations-Ergebnisse für die mit der Erreichbarkeit quadratisch zusammenhängende Variable m_6 in der folgenden Tabelle 29 dargestellt.

Zu schätzender Grundgesamtheitsparameter μ	179,090	
	ER-Verfahren	klassisches Stichprobenmittel $\bar{x}$
Arithmetisches Mittel der Schätzungen $\bar{\hat{\mu}}$	179,087	190,816
Geschätzte Verzerrung $\hat{b}(\hat{\mu})$	-0,003	11,726
Relative Verzerrung $\hat{b}(\hat{\mu}) / \mu$	0,00%	6,55%
Varianz $V(\hat{\mu})$	0,004	0,086
$V(\hat{\mu}_{ER})/V(\bar{x})$	0,047	
t-Test auf Erwartungstreue		
t	-0,544	398,717
p-Wert	0,588	0
Entscheidung	H_0 nicht verwerfen	H_0 verwerfen
99%-Konfindenzintervall	[179,071 ; 179,103]	[190,739 ; 190,893]
Binomial-Test auf Mediantreue		
b (Anzahl $\hat{\mu} > \mu$)	47	100
p-Wert	0,617	0
Entscheidung	H_0 nicht verwerfen	H_0 verwerfen

Tabelle 29: Simulations-Ergebnisse für die Variable m_6 bei bekanntem Auswahlprozess

Die Tabelle zeigt, dass auch für den komplexeren Zusammenhang zwischen Erhebungsmerkmal und Auswahlwahrscheinlichkeit bei Variable m_6 das *ER*-Verfahren bei bekanntem Auswahlprozess einen sehr guten Schätzer für das Grundgesamtheitsmittel liefert. Die durchschnittliche Verzerrung ist nahezu gleich Null. Ebenso weisen die hohen p-Werte beim *ER*-Verfahren auf Median- und Erwartungstreue hin. Demgegenüber liefert das klassische Stichprobenmittel deutlich schlechtere Schätzungen. Der Schätzer $\bar{x}$ überschätzt den gesuchten

Parameter um mehr als 6%. Entsprechend werden auch die Hypothesen der Erwartungs- und Mediantreue verworfen.

Wie sich der ER-Schätzer bei unterschiedlich guter Modellierung des Auswahlprozesses bei der Variablen m_6 verhält, wird im folgenden Abschnitt untersucht.

6.3.2.7.2.3 Verteilungseigenschaften des *ER*-Schätzers bei verschieden „guter" Modellierung des Auswahlprozesses bei der Variablen m_6

Die Ergebnisse der Simulation für die Variable m_6 für verschiedene Korrelationskoeffizienten r zwischen $\hat{ER}$ und dem wahren ER sind in der folgenden Tabelle 30 zusammengestellt.

Modell-anpassung	Mittlere Schätzung $\bar{\hat{\mu}}$	Bias $\hat{b}(\hat{\mu})$	Relative Abw. $\hat{b}(\hat{\mu})/\mu$	Varianz $V(\hat{\mu})$	*t*-Test: *t* *p*-Wert Entsch.	B.-Test: *b* *p*-Wert Entsch.
$r = 1$	179,087	-0,003	0,00%	0,004	-0,544 0,588 H_0 ann.	47 0,617 H_0 ann.
$r = 0{,}95$	180,420	1,329	0,74%	0,022	89,741 0 H_0 verw.	100 0 H_0 verw.
$r = 0{,}9$	181,761	2,671	1,49%	0,059	110,241 0 H_0 verw.	100 0 H_0 verw.
$r = 0{,}8$	184,162	5,071	2,83%	0,129	141,280 0 H_0 verw.	100 0 H_0 verw.
$r = 0{,}7$	186,157	7,067	3,95%	0,149	182,924 0 H_0 verw.	100 0 H_0 verw.
$r = 0{,}6$	187,673	8,583	4,79%	0,172	207,006 0 H_0 verw.	100 0 H_0 verw.
$r = 0{,}5$	188,873	9,782	5,46%	0,153	250,320 0 H_0 verw.	100 0 H_0 verw.
$r = 0{,}4$	189,686	10,596	5,92%	0,118	308,096 0 H_0 verw.	100 0 H_0 verw.
$r = 0{,}3$	190,165	11,075	6,18%	0,097	356,197 0 H_0 verw.	100 0 H_0 verw.
Klass. Stich-proben-mittel $\bar{x}$	190,816	11,726	6,547	0,086	398,717 0 H_0 verw.	100 0 H_0 verw.

Tabelle 30: Simulations-Ergebnisse für die Variable m_6 bei unterschiedlich guter Modellierung des Auswahlprozesses

Wie auch bei den vorherigen Variablen mit Ausnahme des Sonderfalles der Unabhängigkeit bei m_5 nähert sich die Verzerrung des *ER*-Schätzers der des klassischen Stichprobenmittels an, je schlechter der Auswahlprozess modelliert wird. Dennoch liefert das *ER*-Verfahren durchweg bessere Ergebnisse als $\bar{x}$ und vermindert die aufgrund des Zusammenhangs zwischen Erhebungsmerkmal und Erreichbarkeit induzierte Verzerrung.

Im folgenden Teil wird ein auf einer Wurzelfunktion basierender Zusammenhang zwischen Erhebungsmerkmal und Erreichbarkeitsrang untersucht.

6.3.2.8 Simulation einer metrischen Variablen, die „wurzelförmig" mit dem Erreichbarkeitsrang *ER* zusammenhängt

Dieser Teil betrachtet die Konstruktion der Variablen m_7, welche mit *ER* über eine Wurzelfunktion zusammenhängt, und die Anwendung des *ER*-Verfahrens auf m_7.

6.3.2.8.1 Konstruktion der Variablen m_7

Für die Variable m_7 soll wie in den vorangegangenen Abschnitten ein Erwartungswert von 179 und eine Standardabweichung von 11 unterstellt werden. Hierzu wird eine Wurzelfunktion von *ER* von einem normalverteilten Störterm überlagert. In S-Plus wird die Variable wie folgt konstruiert:

```
m7<-148+sqrt(1:651000)*179*113000/sum(sqrt(1:651000))+rnorm(651000,0,1)
```

Im folgenden Abschnitt wird das *ER*-Verfahren auf m_7 angewendet.

6.3.2.8.2 Anwendung des ER-Verfahrens auf die Variable m_7

6.3.2.8.2.1 Exemplarische Anwendung auf eine simulierte Stichprobe

Die Variable m_7 in Abhängigkeit von *ER* ist für die realisierte Stichprobe in Abbildung 36 grafisch dargestellt.

Das angepasste Modell lautet wie folgt:

$$m_7 = \beta_0 \beta_0 + \beta_1 ER + \beta_2 ER^2 + \beta_3 ER^3 + u$$

Als Lösung der Normalengleichungen ergibt sich folgende Anpassung:

$$\hat{m}_7 = 154.716 + 0.000121ER - 1.52*10^{-10}ER^2 + 9.41*10^{-17}ER^3$$

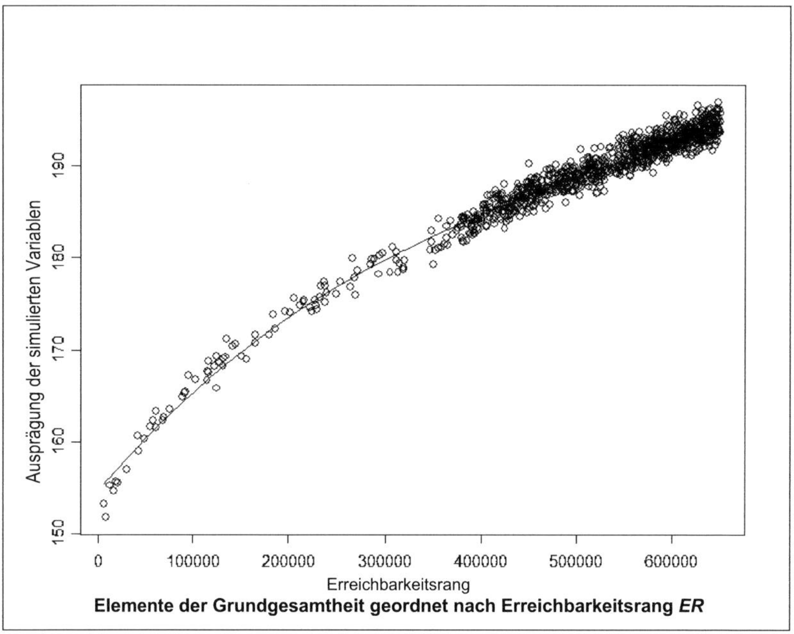

Abbildung 36: Regressionsschätzung des Zusammenhangs zwischen Erreichbarkeitsrang *ER* und der simulierten Variablen m_7

In der Grafik aus der Abbildung oben wird der Zusammenhang zwischen m_7 und ER durch die aus der Regression resultierende Kurve gut beschrieben. Die entsprechenden Ergebnisse der Schätzungen sind in Tabelle 31 enthalten.

	Grundgesamtheit	Klassisches Stichprobenmittel $\bar{x}$	*ER*-Verfahren
μ bzw. $\hat{\mu}$	179,071	188,637	179,005
Verzerrung (abs.)	-	9,566	-0,066
Verzerrung (rel.)	-	5,34%	-0,04%

Tabelle 31: Parameter der simulierten Grundgesamtheit und Schätzungen für die Variable m_7 bei einer konkreten Stichproben-Simulation

Wie in der Tabelle zu erkennen ist, wird für die konkrete Stichprobe der gesuchte Parameter durch das *ER*-Verfahren mit einer Abweichung von -0,04% äußerst genau geschätzt. Auch im vorliegenden Fall wird die klassische Schätzung an der verzerrten Stichprobe deutlich vom Zusammenhang zwischen Erhebungsmerkmal und Erreichbarkeit beeinflusst. Die Schätzung weicht um 5,34% vom wahren Parameterwert ab.

6.3.2.8.2.2 Verteilungseigenschaften des *ER*-Schätzers bei bekanntem Auswahlprozess für die konstruierte Variable m_7

Für den Fall des als vollständig bekannt vorausgesetzten Auswahlprozesses sind die Simulations-Ergebnisse für die mit der Erreichbarkeit in Form einer Wurzelfunktion zusammenhängende Variable m_7 in der folgenden Tabelle 32 dargestellt.

Zu schätzender Grundgesamtheitsparameter μ	179,071	
	ER-Verfahren	klassisches Stichprobenmittel $\bar{x}$
Arithmetisches Mittel der Schätzungen $\bar{\hat{\mu}}$	179,019	188,753
Geschätzte Verzerrung $\hat{b}(\hat{\mu})$	-0,052	9,682
Relative Verzerrung $\hat{b}(\hat{\mu}) / \mu$	-0,03%	5,41%
Varianz $V(\hat{\mu})$	0,393	0,047
$V(\hat{\mu}_{ER})/V(\bar{x})$	8,362	
t-Test auf Erwartungstreue		
t	-0,836	444,687
p-Wert	0,405	0
Entscheidung	H_0 nicht verwerfen	H_0 verwerfen
99%-Konfindenzintervall	[178,854 ; 179,184]	[188,695 ; 188,810]
Binomial-Test auf Mediantreue		
b (Anzahl $\hat{\mu} > \mu$)	45	100
p-Wert	0,368	0
Entscheidung	H_0 nicht verwerfen	H_0 verwerfen

Tabelle 32: Simulations-Ergebnisse für die Variable m_7 bei bekanntem Auswahlprozess

Wie bereits bei der Realisierung einer konkreten Stichprobe im vorigen Abschnitt zu sehen, schätzt das *ER*-Verfahren bei als bekannt vorausgesetztem Auswahlprozess den gesuchten Parameter mit einer im Mittel deutlich geringeren Verzerrung als der Stichprobenmittelwert $\bar{x}$. Dieses weicht mit durchschnittlich über 5% deutlich nach oben ab. Beim *ER*-Schätzer ist die Verzerrung nahezu Null und auch die hohen p-Werte der beiden Tests deuten auf das Vorliegen von Erwartungs- und Mediantreue hin.

Der Einfluss der Modellierung des Auswahlprozesses auf den *ER*-Schätzer bei der Variablen m_7 wird im folgenden Abschnitt untersucht.

6.3.2.8.2.3 Verteilungseigenschaften des *ER*-Schätzers bei verschieden „guter" Modellierung des Auswahlprozesses bei der Variablen m_7

Die Ergebnisse der Simulationen für die Variable m_7 bei Variation des Korrelationskoeffizienten r zwischen $\hat{ER}$ und dem wahren ER (als Gütemaß für die Modellierung des Auswahlprozesses) sind in der folgenden Tabelle 33 dargestellt.

Modell-anpassung	Mittlere Schätzung $\bar{\hat{\mu}}$	Bias $\hat{b}(\hat{\mu})$	Relative Abw. $\hat{b}(\hat{\mu})/\mu$	Varianz $V(\hat{\mu})$	*t*-Test: *t* *p*-Wert Entsch.	B.-Test: *b* *p*-Wert Entsch.
$r = 1$	179,019	-0,052	-0,03%	0,393	-0,836 0,405 H_0 ann.	45 0,368 H_0 ann.
$r = 0{,}95$	180,120	1,049	0,59%	0,074	38,625 0 H_0 verw.	100 0 H_0 verw.
$r = 0{,}9$	181,305	2,234	1,25%	0,131	61,602 0 H_0 verw.	100 0 H_0 verw.
$r = 0{,}8$	183,307	4,236	2,37%	0,149	109,579 0 H_0 verw.	100 0 H_0 verw.
$r = 0{,}7$	185,094	6,024	3,36%	0,185	140,060 0 H_0 verw.	100 0 H_0 verw.
$r = 0{,}6$	186,370	7,299	4,08%	0,119	211,992 0 H_0 verw.	100 0 H_0 verw.
$r = 0{,}5$	187,317	8,246	4,60%	0,112	246,658 0 H_0 verw.	100 0 H_0 verw.
$r = 0{,}4$	187,957	8,886	4,96%	0,072	330,961 0 H_0 verw.	100 0 H_0 verw.
$r = 0{,}3$	188,338	9,268	5,18%	0,062	372,871 0 H_0 verw.	100 0 H_0 verw.
Klass. Stichproben-mittel $\bar{x}$	188,753	9,682	5,41%	0,047	444,687 0 H_0 verw.	100 0 H_0 verw.

Tabelle 33: Simulations-Ergebnisse für die Variable m_7 bei unterschiedlich guter Modellierung des Auswahlprozesses

Analog zu den vorhergehenden betrachteten Variablen abgesehen von m_5 führt die Tabelle 33 zu denselben Schlussfolgerungen. Auch bei der Variablen m_7 nähert sich die Verzerrung des *ER*-Schätzers mit abnehmender Güte der Modellierung des Auswahlprozesses der Verzerrung des klassischen Stichprobenmittels an, ohne diese jedoch zu übersteigen.

Der nächste Teil untersucht die Verhältnisse bei einem unterstellten komplexeren Zusammenhang zwischen Erhebungsmerkmal und Erreichbarkeit mit mehreren Extrema.

6.3.2.9 Simulation einer metrischen Variablen mit einem komplexerem Zusammenhang zum Erreichbarkeitsrang *ER*

Abschnitt 6.3.2.9.1 beschreibt die Konstruktion der Variablen m_8, deren funktionaler Zusammenhang mit dem Erreichbarkeitsrang *ER* mehrere Extrema aufweisen soll. In Abschnitt 6.3.2.9.2 wird das *ER*-Verfahren auf m_8 angewendet.

6.3.2.9.1 Konstruktion der Variablen m_8

Die Variable m_8 soll ebenfalls Erwartungswert 179 und Standardabweichung 11 haben. In S-Plus lautet der Konstruktionsbefehl:

```
m8<-178.5491+0.0002402414*(1:651000)-1.127707e-
009*(1:651000)^2+1.176658e-015*(1:651000)^3+rnorm(651000,0,3)
```

Die Anwendung des *ER*-Verfahrens auf m_8 beschreibt der folgende Abschnitt.

6.3.2.9.2 Anwendung des ER-Verfahrens auf die Variable m_8

6.3.2.9.2.1 Exemplarische Anwendung auf eine simulierte Stichprobe

Die Grafik unten zeigt das Ergebnis der Regressionsschätzung des Zusammenhangs zwischen m_8 und *ER*.

Das angepasste lineare Modell lautet wie folgt:

$$m_8 = \beta_0 + \beta_1 ER + \beta_2 ER^2 + \beta_3 ER^3 + u$$

Als Lösung der Normalengleichungen ergibt sich folgende Anpassung:

$$\hat{m}_8 = 179.087 + 0.000235ER - 1.12*10^{-9}ER^2 + 1.16*10^{-15}ER^3$$

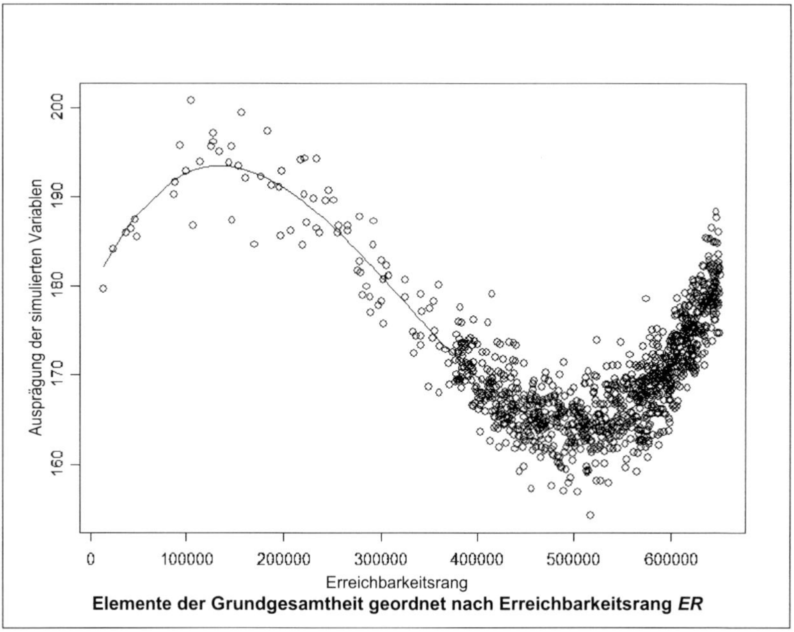

Abbildung 37: Regressionsschätzung des Zusammenhangs zwischen Erreichbarkeitsrang *ER* und der simulierten Variablen m_8

In der Grafik aus Abbildung 37 ist an der Form der Punktewolke der komplexere Zusammenhang zwischen m_8 und *ER* zu sehen. Er zeigt ein Maximum bei einem Erreichbarkeitsrang von etwa 120.000 und ein Minimum bei etwa 500.000. Das angepasste Modell beschreibt den wahren Zusammenhang zwischen Erhebungsmerkmal und *ER* sehr genau. Die Kurve verläuft über den gesamten Definitionsbereich mittig durch die Punktewolke. Die zugehörigen Schätzer sind in Tabelle 34 zusammengefasst.

	Grundgesamtheit	Klassisches Stichprobenmittel $\bar{x}$	*ER*-Verfahren
μ bzw. $\hat{\mu}$	178,601	170,570	178,796
Verzerrung (abs.)	-	-8,031	0,195
Verzerrung (rel.)	-	-4,50%	0,11%

Tabelle 34: Parameter der simulierten Grundgesamtheit und Schätzungen für die Variable m_8 bei einer konkreten Stichproben-Simulation

In der Tabelle oben ist zu erkennen, dass die klassische Schätzung an der verzerrten Stichprobe wie in den vorhergehenden Fällen deutlich vom Zusammenhang zwischen Erhebungsmerkmal und Erreichbarkeit beeinflusst wird. Die Schätzung weicht um -4,50% vom wahren Parameter der Grundgesamtheit ab. Auch im vorliegenden Fall eines komplexeren Zusammenhangs ist die Schätzung mittels *ER*-Verfahren mit einer Abweichung von 0,11% deutlich besser.

6.3.2.9.2.2 Verteilungseigenschaften des *ER*-Schätzers bei bekanntem Auswahlprozess für die konstruierte Variable m_8

Für den Fall des als vollständig bekannt vorausgesetzten Auswahlprozesses sind die Simulations-Ergebnisse für die Variable m_8 in der folgenden Tabelle 35 dargestellt.

Zu schätzender Grundgesamtheitsparameter μ	178,998	
	ER-Verfahren	klassisches Stichprobenmittel $\bar{x}$
Arithmetisches Mittel der Schätzungen $\bar{\hat{\mu}}$	178,982	170,778
Geschätzte Verzerrung $\hat{b}(\hat{\mu})$	-0,017	-8,220
Relative Verzerrung $\hat{b}(\hat{\mu}) / \mu$	-0,01%	-4,59%
Varianz $V(\hat{\mu})$	0,323	0,047
$V(\hat{\mu}_{ER})/V(\bar{x})$	6,872	
t-Test auf Erwartungstreue		
t	-0,297	-380,943
p-Wert	0,767	0
Entscheidung	H_0 nicht verwerfen	H_0 verwerfen
99%-Konfindenzintervall	[178,823 ; 179,131]	[170,722 ; 170,835]
Binomial-Test auf Mediantreue		
b (Anzahl $\hat{\mu} > \mu$)	50	0
p-Wert	1	0
Entscheidung	H_0 nicht verwerfen	H_0 verwerfen

Tabelle 35: Simulations-Ergebnisse für die Variable m_8 bei bekanntem Auswahlprozess

Die Tabelle oben zeigt, dass auch bei einem komplexeren Zusammenhang zwischen Erhebungsmerkmal und Erreichbarkeit mit mehreren Extrema bei vollständig bekanntem Auswahlprozess der gesuchte Grundgesamtheitsparameter vom *ER*-Verfahren erwartungs- und mediantreu geschätzt wird. Demgegenüber weicht das Stichprobenmittel $\bar{x}$ mit einer durchschnittlichen Verzerrung von -4,59% deutlich nach unten vom wahren Wert des zu schätzenden Parameters ab.

Wie sich der *ER*-Schätzer bei Variation der Modellierung des Auswahlprozesses bei der Variablen m_8 verhält, beschreibt der folgende Abschnitt.

6.3.2.9.2.3 Verteilungseigenschaften des *ER*-Schätzers bei verschieden „guter" Modellierung des Auswahlprozesses bei der Variablen m_8

Die Ergebnisse der Monte-Carlo-Simulation für Variable m_8 bei Variation des Korrelationskoeffizienten r zwischen $\hat{ER}$ und dem wahren ER sind in der folgenden Tabelle 36 aufgeführt.

Modell-anpassung	Mittlere Schätzung $\overline{\hat{\mu}}$	Bias $\hat{b}(\hat{\mu})$	Relative Abw. $\hat{b}(\hat{\mu})/\mu$	Varianz $V(\hat{\mu})$	*t*-Test: *t* *p*-Wert Entsch.	B.-Test: *b* *p*-Wert Entsch.
$r = 1$	178,982	-0,017	-0,01%	0,323	-0,297 0,767 H_0 ann.	50 1 H_0 ann.
$r = 0{,}95$	177,370	-1,628	-0,91%	0,153	-41,563 0 H_0 verw.	100 0 H_0 verw.
$r = 0{,}9$	176,256	-2,742	-1,53%	0,247	-55,151 0 H_0 verw.	100 0 H_0 verw.
$r = 0{,}8$	174,435	-4,563	-2,55%	0,260	-89,566 0 H_0 verw.	100 0 H_0 verw.
$r = 0{,}7$	173,062	-5,936	-3,32%	0,132	-163,448 0 H_0 verw.	100 0 H_0 verw.
$r = 0{,}6$	172,107	-6,890	-3,85%	0,144	-181,335 0 H_0 verw.	100 0 H_0 verw.
$r = 0{,}5$	171,522	-7,476	-4,18%	0,108	-227,263 0 H_0 verw.	100 0 H_0 verw.
$r = 0{,}4$	171,224	-7,774	-4,34%	0,088	-262,765 0 H_0 verw.	100 0 H_0 verw.
$r = 0{,}3$	170,899	-8,099	-4,52%	0,078	-290,387 0 H_0 verw.	100 0 H_0 verw.
Klass. Stich-proben-mittel $\overline{x}$	170,778	-8,220	-4,59%	0,047	-380,943 0 H_0 verw.	100 0 H_0 verw.

Tabelle 36: Simulations-Ergebnisse für die Variable m_8 bei unterschiedlich guter Modellierung des Auswahlprozesses

Die Tabelle oben zeigt das gleiche Muster wie die entsprechenden Tabellen der vorhergehenden Abschnitte. Auch bei der Variablen m_8 zeigt sich, dass die Verzerrung des *ER*-Schätzers, unabhängig von der Güte der Modellierung des Auswahlprozesses, stets kleiner ist als die des klassischen Stichprobenmittels und sich dieser immer mehr annähert, je schlechter die Modellierung ist.

Im folgenden Abschnitt werden die Ergebnisse aus den Simulationen zusammengefasst.

6.4 Zusammenfassung der Simulations-Ergebnisse

Die Monte-Carlo-Simulationen haben gezeigt, dass das *ER*-Verfahren eine erwartungs- und mediantreue Schätzung für das Grundgesamtheitsmittel eines Merkmals liefert, wenn die Ränge der Auswahlwahrscheinlichkeiten der Stichprobenelemente, d.h. ihre Erreichbarkeitsränge ER_i bekannt sind. Dabei ist unerheblich, wie bzw. ob das Erhebungsmerkmal überhaupt mit der Auswahlwahrscheinlichkeit zusammenhängt. Die durch den Auswahlprozess bedingte Verzerrung in den Daten wird durch den *ER*-Schätzer bereinigt, wenn der Auswahlprozess vollständig bekannt ist.

Auch in allen „unkritischen" Fällen, d.h. wenn kein Zusammenhang zwischen Erhebungsmerkmal und Auswahlwahrscheinlichkeit besteht und das einfache Stichprobenmittel aufgrund der erfüllten Normalverteilungsannahme einen effizienten Schätzer für das gesuchte Grundgesamtheitsmittel darstellt, liefert das *ER*-Verfahren einen unverzerrten Schätzer für das Grundgesamtheitsmittel. Wird beim Vergleich der beiden in diesem Falle erwartungstreuen Schätzer der Quotient aus den Varianzen beider Schätzer betrachtet, zeigt sich, dass der *ER*-Schätzer maximal eine etwa achtfach größere Varianz als das Stichprobenmittel $\bar{x}$ aufweist. Damit ist in diesem Fall das Stichprobenmittel vorzuziehen. Die Größenordnung der Varianz des *ER*-Schätzers bewegt sich durchaus in vertretbarem Rahmen. Überdies ist die geringere Varianz des Stichprobenmittels kein wirklicher Vorteil gegenüber dem *ER*-Schätzer, da die Erwartungstreue bei gegebenem Einfluss der unterschiedlichen Auswahlwahrscheinlichkeiten verloren geht und die Verzerrung von $\bar{x}$ verhältnismäßig viel größer ist als die vom *ER*-Schätzer.

Für den in der Realität gegebenen Fall, dass der Auswahlprozess bzw. das zugrunde liegende Wahrscheinlichkeitsmaß unbekannt sind, vermindert das *ER*-Verfahren unabhängig von der Güte der Modellierung des Auswahlprozesses die durch die unterschiedlichen Auswahlwahrscheinlichkeiten hervorgerufenen Verzerrungen. Der *ER*-Schätzer ist in allen untersuchten Fällen der bessere, d.h. weniger verzerrte Schätzer als das einfache Stichprobenmittel. Bei einer Modellierung des Auswahlprozesses mit einer Korrelation zwischen der geschätzten und der tatsächlichen Erreichbarkeit von r=0,6, beträgt die durchschnittliche Verzerrung des *ER*-Schätzers bei allen Versuchen weniger als 5% vom wahren Parameterwert.

Die Tatsache, dass der *ER*-Schätzer in allen betrachteten Fällen die Verzerrung gegenüber dem klassischen Stichprobenmittel zumindest verringert, lässt in jedem Fall qualitative Rückschlüsse auf die Richtung der Verzerrung zu. I. e. es ist aufgrund der Anwendung des *ER*-Verfahrens beim Vergleich mit dem klassischen Stichprobenmittel die Tendenz ersichtlich, ob der gesuchte wahre Wert über- oder unterschätzt wird.

Im nächsten Kapitel werden die aus den Ergebnissen der vorliegenden Arbeit resultierenden Konsequenzen für die Online-Marktforschung dargestellt und entsprechende Handlungsempfehlungen für Online-Befragungen gegeben.

„Statistics are like bikinis.
What they reveal is suggestive, but what they conceal is vital.“
(Aaron Levenstein)

7 Konsequenzen für die Online-Marktforschung

Die in der gesamten Marktforschung vorherrschende Skepsis und Zurückhaltung gegenüber dem Einsatz von Online-Befragungen zu Marktforschungszwecken ist aufgrund der mangelnden Repräsentativität angebracht. Sämtliche bisher zur Anwendung kommenden bzw. in der wissenschaftlichen Methodenliteratur diskutierten Verfahren zur Lösung des Repräsentativitäts-Problems von Online-Befragungen bieten keine wirkliche Lösung des Kernproblems, da die eigentlichen, das Problem verursachenden Faktoren unberücksichtigt bleiben.

Als Hauptursachen für das Problem mangelhafter Repräsentativität von Online-Befragungen wurden in Kapitel 4 im Wesentlichen zwei unterschiedliche Kategorien identifiziert. Zu differenzieren ist zwischen Ursachen methodischer Art, welche auf den komplexen Auswahlprozess bei Online-Befragungen aufgrund der unterschiedlichen Erreichbarkeit aller Personen der Grundgesamtheit zurückzuführen sind. Von den methodischen Ursachen sind die inhaltlich bedingten Ursachen zu unterscheiden. Unter die inhaltlich bedingten Ursachen fallen Phänomene, welche durch die Beeinflussung des Teilnehmerverhaltens aufgrund von inhaltlichen Aspekten der gesamten Befragung, der behandelten Thematik oder einzelner Fragen zu Verzerrungen führen.

Auf methodischer Ebene unterscheiden sich Online-Befragungen von traditionellen Befragungsmethoden bezüglich des zugrunde liegenden Auswahlprozesses. Bei den traditionellen Methoden wird die Durchführbarkeit einer einfachen Zufallsauswahl unterstellt, bei der die Auswahlwahrscheinlichkeit und damit die Erreichbarkeit jeder Person der Grundgesamtheit gleich groß und damit vollständig bekannt ist. Bei Online-Befragungen sind keine einfachen Zufallsauswahlen aus der Gesamtbevölkerung realisierbar. Der bei Online-Befragungen vorliegende Auswahlprozess ist aufgrund der unterschiedlichen Erreichbarkeit der mannigfaltigen Subgruppen der Bevölkerung weit komplexer als eine einfache Zufallsauswahl. Jede Person der Grundgesamtheit hat eine ganz individuelle Erreichbarkeit, die nicht bekannt ist und geschätzt werden muss. Dieses internetspezifische Problem lässt sich durch das in Kapitel 5 vorgestellte *ER*-Verfahren ausgleichen, welches den Auswahlprozess von Online-Befragungen durch ein geeigneteres Modell als das der einfachen Zufallsauswahl beschreibt. So lassen sich bei Online-Befragungen die methodischen Defizite gegenüber den traditionellen Befragungsformen kompensieren. Eine Anleitung für die Marktforschungspraxis zur Anwendung des Verfahrens in Gestalt eines fortlaufenden Lernprozesses zur kontinuierlichen Verfahrensverbesserung wurde in Abschnitt 5.3.1.1 detailliert beschrieben.

Der bisherige Vorsprung der traditionellen Befragungsformen gegenüber Online-Befragungen bleibt überdies zweifelhaft, da die Annahme der problemlosen Durchführbarkeit einer einfachen Zufallsauswahl aufgrund hoher Ausfallquoten auch bei den traditionellen Methoden in Frage gestellt werden muss.

Als zweite Hauptursache für Verzerrungen bei Online-Befragungen wurden inhaltliche Faktoren identifiziert. Hierunter fallen die Thematik, sowie Art und Inhalt der gesamten Befragung bzw. einzelner Fragen, welche das Teilnahmeverhalten der Befragten potentiell beeinflussen. Der Einfluss dieser inhaltlichen Faktoren auf das Teilnahmeverhalten der Befragten ist ein Problem der gesamten Markt- und Meinungsforschung und nicht auf die Online-Marktforschung und Online-Befragungen beschränkt. Jede Form der Befragung beinhaltet Entscheidungsprozesse bei den potentiellen Befragungsteilnehmern, in denen sich diese aktiv und bewusst für oder gegen die wahrheitsgemäße Beantwortung bzw. für oder gegen die Beantwortung einzelner Fragen oder der gesamten Befragung überhaupt entscheiden. Diese Effekte treten nur bei solchen Erhebungen nicht auf, bei denen die Merkmalsträger nicht in einen aktiven Entscheidungsprozess eingebunden sind. Dies ist z.B. bei Beobachtungen oder naturwissenschaftlichen Messungen der Fall. Bei Befragungen ist ein solcher Entscheidungsprozess unvermeidbar, so dass die Effekte der Selbstselektion und Antwort- bzw. Teilnahmeverweigerung sich bei jeder Befragung, egal ob Voll- oder Stichprobenerhebung, schriftlich, telefonisch, mündlich oder online, mehr oder weniger ausgeprägt zeigen und die Ergebnisse in nicht kontrollierbarer Weise beeinflussen. Wie stark sich diese Effekte auf die Ergebnisse der Erhebung auswirken, lässt sich ebenso wenig für Online-Befragungen wie für traditionelle Befragungen angeben.

Die inhaltlich begründeten Verzerrungen sind im Gegensatz zu den methodisch begründbaren Verzerrungen mit den Werkzeugen der Statistik kaum zu handhaben. Sie sind, wie im Kapitel 4 gezeigt wurde, vielmehr dem Gebiet der Psychologie zuzuordnen und mit entsprechenden

Methoden zu behandeln.[488] Für die Online-Marktforschung bedeutet dies, dass Teilnahme- und Antwortverweigerung, Mehrfachteilnahme sowie Selbstselektion durch entsprechende Gegenmaßnahmen im Rahmen der Befragung weitestgehend zu reduzieren sind. Zur Reduzierung dieser Effekte kommen im Wesentlichen die folgenden Maßnahmen in Frage: Bei der Durchführung von Online-Befragungen zur Informationsgewinnung für die Markt- und Meinungsforschung sind möglichst keine selbstrekrutierten Teilnehmergruppen zu befragen. Vielmehr ist die Rekrutierung der Teilnehmer durch die Multi-Link-Methode und durch gezielte Kombination von online und offline Teilnehmeransprache angebracht, welche der Selbstselektion entgegenwirken.[489] Die Nutzung von Online-Panels mit entsprechenden Maßnahmen zur Panelpflege zur Erhaltung und Steigerung der Teilnehmermotivation (z.B. mittels Incentives) kann überdies die Selbstselektion und die Teilnahmeverweigerung vermindern.[490] Ferner kann möglicherweise die Ausweitung des *ER*-Verfahrens auch auf die Bereinigung der inhaltlichen Verzerrungen bei Online-Befragungen durch die Integration der entsprechenden die Teilnahmebereitschaft betreffenden Variablen die Verzerrungen aufgrund von Antwortverweigerung und Selbstselektion reduzieren.[491] Weitere Maßnahmen zur Steigerung der Teilnehmermotivation und damit zur Minderung von Verzerrungen sind ein sorgfältiges Vorgehen bei der Planung und Durchführung von Online-Befragungen, wie von MENGES (1959) bei Stichprobenerhebungen ganz allgemein gefordert.[492] Detailliertere Beschreibungen konkreter Maßnahmen zur Reduktion von Selbstselektionseffekten und Teilnahmeverweigerung bei Online-Befragungen geben z.B. THEOBALD (1999), GRÄF (2003) und THEOBALD (2003).[493]

Das nächste Kapitel fasst noch einmal die wesentlichen Erkenntnisse der vorliegenden Arbeit zusammen und liefert einen kritischen Rückblick auf die Untersuchung.

[488] Vgl. die Abschnitte 4.3.2, 4.3.3 und 4.3.4.

[489] Vgl. Abschnitt 2.3.5.2.2.3.

[490] Vgl. die Abschnitte 2.3.5.2.2.4 und 3.1.1.

[491] Vgl. Abschnitt 5.3.

[492] Vgl. MENGES (1959), S. 86.

[493] Vgl. z.B. THEOBALD (1999), S. 79ff, GRÄF (2003), S. 264ff. sowie THEOBALD (2003), S. 203ff.

" Not everything that can be counted counts;
and not everything that counts can be counted."
(GEORGE GALLUP)

8 Zusammenfassung und kritische Reflexion

Die Verwendung des Internets für Befragungen eröffnet der Marktforschung ein weites Feld völlig neuer Gestaltungsformen durch die Nutzung von Multimedia-Elementen und den weit reichenden technischen Möglichkeiten, die das Internet bietet. Die Vorteile der Online-Marktforschung resultieren ebenso aus den technischen Fortschritten für die Erhebungsumgebung, wie aus der Überlegenheit in den Faktoren der Wirtschaftlichkeit und Schnelligkeit gegenüber den traditionellen Methoden.

Überdies erschließt sich im Internet aufgrund des stetigen Wachstums im Online-Handel und E-Commerce den Unternehmungen ein völlig neuer Markt, den es zu erforschen gilt. „*Etablierte Unternehmen haben für ihre Online-Aktivitäten längst erkannt, dass das Internet kein marktforschungsfreier Raum bleiben darf.*“[494] Nicht zuletzt deshalb fordert die Online-Befragung ihren festen Platz im Methodenspektrum der Marktforschung.

Die vorliegende Arbeit hat gezeigt, dass die Hauptursache für die mangelnde Akzeptanz und die immer noch weit verbreiteten und durchaus berechtigten Vorbehalte und die angebrachte Skepsis gegenüber den Methoden der Online-Marktforschung in ihrem zentralen Problem mangelhafter Repräsentativität begründet liegt.

Dabei ist der Begriff der Repräsentativität in der wissenschaftlichen Methodenliteratur bisher nicht eindeutig definiert. Die strenge methodische Interpretation von Repräsentativität als Äquivalenz zu einer ausschließlich auf dem Prinzip der einfachen Zufallsauswahl beruhenden Erhebung ist für die Online-Marktforschung zu eng gefasst und nicht zweckmäßig, da hierdurch der Nutzen der gesamten Online-Marktforschung in Frage gestellt wird. In der vorliegenden Arbeit wurden aus diesem Grund die unterschiedlichen in der Wissenschaft vertretenen Positionen gegenübergestellt und zu einer neuen Definition von Repräsentativität zusam-

[494] KNAPP zitiert in THEOBALD/DREYER/STARSETZKI (2001), S. 2.

mengeführt. Diese erweiterte Definition des Begriffes versteht Repräsentativität als die Möglichkeit einer im statistischen Sinne möglichst unverzerrten Schätzung der Grundgesamtheitsparameter eines interessierenden Erhebungsmerkmals anhand einer Stichprobenerhebung, welche nicht notwendigerweise auf der einfachen Zufallsauswahl beruhen muss.

Die bisher in der wissenschaftlichen Methodenliteratur diskutierten und in der marktforscherischen Praxis angewendeten Lösungsansätze für das Problem mangelnder Repräsentativität in der Online-Marktforschung wurden detailliert besprochen, und es wurde gezeigt, dass sie allesamt keine zufrieden stellende Lösung für das Problem darstellen, da sie nicht die Ursachen des Problems im Kern angreifen.

Ein sinnvoller Lösungsansatz muss zum Ziel haben, die Verzerrung bei den Parameterschätzungen zu reduzieren. Als methodische Hauptursache für die Verzerrung von Online-Befragungen wurde in der vorliegenden Arbeit der Einfluss der unterschiedlichen Erreichbarkeit der Grundgesamtheitselemente beim Auswahlprozess im Internet auf die Schätzungen identifiziert. Das vorgestellte *ER*-Verfahren isoliert und eliminiert diese durch den komplexeren Auswahlprozess von Online-Erhebungen verursachte Verzerrung, wie die Ergebnisse der Monte-Carlo-Simulation gezeigt haben.

Ein wichtiger Punkt, der bei der Anwendung des *ER*-Verfahrens zur Übertragung der Erhebungsergebnisse auf die Gruppe „nicht Erreichbaren" der Grundgesamtheit beachtet werden muss, ist die Möglichkeit einer „Bruchstelle" beim interessierenden Erhebungsmerkmal zwischen den Erreichbaren und den nicht Erreichbaren. Um dies sicher ausschließen zu können, ist eine offline-Verifizierung der Ergebnisse notwendig.[495]

Ferner muss in weiteren Untersuchungen erforscht werden, ob das *ER*-Verfahren mit Hilfe der Erhebung von bestimmten, die Teilnahmebereitschaft betreffenden Variablen die aufgrund von Teilnahmeverweigerung oder bewusst falsch gegebenen Antworten verursachte Verzerrung zu reduzieren vermag. Diese Komponente der Verzerrung ist nicht methodisch bedingt durch den komplexeren Auswahlprozess von Online-Erhebungen, sondern vielmehr eine Konsequenz aus dem Inhalt der Befragung selbst. Entsprechend handelt es sich bei dieser durch Selbstselektion und Teilnahme- bzw. Antwortverweigerung verursachten Komponente

---

[495] Vgl. DENNIS (2001).

der Verzerrung nicht um ein alleiniges Problem der Online-Marktforschung. Sie tritt in unterschiedlicher Ausprägung bei jeder Art von Befragung auf. Die Phänomene der Selbstselektion und Teilnahmeverweigerung sind selbst bei Totalerhebungen zu beobachten und damit keine auf die Stichprobenauswahl zurückführbaren Probleme.

Im Fokus der vorliegenden Arbeit steht die oben erwähnte methodische Komponente der Verzerrung, welche aufgrund der unterschiedlichen Erreichbarkeit der Personen der Grundgesamtheit bei Online-Befragungen auftreten. Die im Rahmen der Untersuchung durchgeführten Simulationen in Kapitel 6 haben gezeigt, dass das *ER*-Verfahren zur Bereinigung dieser Komponente der Verzerrung ein nützliches Werkzeug darstellt. Die durch den Auswahlprozess bedingten Verzerrungen lassen sich mit dem *ER*-Verfahren wie in Simulations-Untersuchungen gezeigt minimieren. Dadurch wird das methodische Defizit der Online-Befragung gegenüber den traditionellen Befragungsformen ausgeglichen und diese methodisch auf dieselbe Stufe gehoben. Ferner ist der bisherige Vorsprung der traditionellen Befragungsformen fraglich, da die unreflektierte Annahme der problemlosen Durchführbarkeit einer einfachen Zufallsauswahl aufgrund von auch bei den traditionellen Verfahren beobachtbarer hoher Ausfallquoten zu bezweifeln ist.

Es steht aus, durch die konkrete Anwendung des Verfahrens bei realen Online-Befragungen weiter empirisch zu untersuchen, wie in der Praxis der Auswahlprozess im Internet zu modellieren ist. Es ist die Frage zu beantworten, welche Einflussvariablen für die Modellierung relevant sind, und ob der Aufwand für die notwendige Genauigkeit der Modellierung des Auswahlprozesses geringer ist als für den Rückgriff auf eine andere Erhebungsform und der betriebene Aufwand in angemessenem Verhältnis zum erzielten Nutzen steht. Eine entsprechende Anleitung für die Praxis in Form eines Lernprozesses zur systematischen und stetigen Verbesserung des vorgestellten Verfahrens wurde in Abschnitt 5.3.1.1 gegeben.

Den Zufall und die damit verbundenen Fehler und Abweichungen weiß die Wissenschaft mit Hilfe der Wahrscheinlichkeitstheorie zu beherrschen. Schwierigkeiten ergeben sich dann, wenn die Auswahl eben nicht mehr dem einfachen Zufallsprinzip folgt, sondern durch Einflüsse komplexer Selektionsvorgänge manipuliert ist, und die Ergebnisse aufgrund der bewusst verweigerten oder unwahr gegebenen Antworten systematisch verfälscht sind.

Im Unterschied zu Beobachtungen oder beispielsweise Stichproben im naturwissenschaftlichen Bereich, bei denen die Stichprobenelemente als Merkmalsträger nicht aktiv in die

Stichprobenerhebung und den Datengewinnungsprozess eingebunden sind, tritt diese Form der Verzerrung nicht auf. Bei jeder Art der Befragung ist sie jedoch unvermeidbar. Letzten Endes wählt sich bei jeder Befragung der Teilnehmer selbst für die Teilnahme aus, indem er entscheidet, ob er die Fragestellung überhaupt, und falls ja, ob er sie wahrheitsgemäß beantwortet.

Neben der generellen Ungewissheit in Bezug auf den Wahrheitsgehalt von Befragungen, muss jede Interpretation einer Stichprobenerhebung stets mit der gebotenen Vorsicht und Zurückhaltung in dem Bewusstsein erfolgen, dass die an der Stichprobe gewonnenen Erkenntnisse häufig nur einen verschwindend geringen Teil der Grundgesamtheit betreffen. Die Grenzen dessen, was die Stichprobe als Interpretation zulässt und was darüber hinaus gehende bloße Spekulation ist, müssen sorgfältig abgesteckt werden. Lässt die Beobachtung einer Herde schwarzer Schafe aus einem fahrenden Zug durch Schottland den Schluss zu, dass alle Schafe in Schottland schwarz sind? Sind nur alle Schafe der beobachteten Herde schwarz? Oder lässt der kurze Blick aus dem Fenster des vorbeifahrenden Zuges auf die Herde lediglich den Schluss zu, dass alle Schafe der Herde auf der dem Zug zugewandten Seite schwarz sind und über die andere Seite der Tiere keinerlei Aussagen getroffen werden können? Weist die Beobachtung eines hohen Konsums von Seife auf die Reinlichkeit der Bevölkerung hin oder auf ihre Gewohnheit, sich schmutzig zu machen? Diese Frage lässt sich anhand einer erhobenen Stichprobe zum Seifenkonsum ebenso wenig beantworten, wie sich das Problem des oben dargestellten Einflusses von Befragungsthema und -inhalten auf die Verzerrung bei Befragungen vollständig lösen lässt, da dieser Einfluss letzten Endes an der erhobenen Stichprobe nicht sicher messbar ist. Damit schließt das von STUART als „paradox of sampling" bezeichnete Problem den Kreis der Problematik von Verzerrungen bei Stichprobenerhebungen.[496] Wie gut oder schlecht eine Schätzung anhand einer Stichprobe bezüglich eines Merkmals ist, lässt sich erst durch eine Vollerhebung ermitteln, deren immenser Aufwand gerade durch die Stichprobenerhebung vermieden werden soll.

Ein Zitat von PROFESSOR AARON LEVENSTEIN lautet: *„Statistics are like bikinis. What they reveal is suggestive, but what they conceal is vital."* – Was Statistiken enthüllen ist anregend, doch das Wesentliche bleibt verborgen. Vor diesem Hintergrund gilt es, mit Hilfe statistischer

---

[496] Vgl. Abschnitt 4.2.

Methoden durch Sorgfalt, durch eine möglichst gute Modellierung, durch die Erhöhung der Teilnahmebereitschaft, durch die Motivation der Teilnehmer zu wahrheitsgemäßen Antworten usw. die Verzerrung von Online-Befragungen so weit wie möglich zu minimieren, um das „Wesentliche" der Grundgesamtheit so gut wie möglich offen zu legen. Einen Beitrag hierzu vermag das in dieser Arbeit entwickelte *ER*-Verfahren zu leisten, indem diejenige Komponente der Verzerrung, welche durch den im Internet gegebenen Auswahlprozess verursacht wird, durch die Anwendung des Verfahrens messbar gemacht wird und aus den Ergebnissen heraus gerechnet werden kann. Der vorgestellte Ansatz hat das Potential zu einem Werkzeug für die Online-Marktforschung, durch die Extraktion der aus dem komplizierten Auswahlprozess und den ungleichen Auswahlwahrscheinlichkeiten im Internet resultierenden Verzerrungen dazu beizutragen, das methodische Defizit mangelnder Repräsentativität von Online-Befragungen auszugleichen und diese Befragungsform mit den traditionellen Formen auf eine methodische Ebene zu stellen. Das in der vorliegenden Arbeit entwickelte *ER*-Verfahren ist ein Baustein, die Online-Befragung für die Wissenschaft und die gesamte unternehmerische Markt- und Meinungsforschung als ein zuverlässiges Instrument der Datengewinnung nutzbarer zu machen.

Literaturverzeichnis

A

AAKER, D. A., KUMER, V., DAY, G. S. (1998): *Marketing Research.* 6th edition. New York.

ADM (2001): *Standards zur Qualitätssicherung für Online-Befragungen.* Gemeinsame Vereinbarung der Verbände ADM, ASI, BVM und D.G.O.F. Arbeitskreis Deutscher Markt- und Sozialforschungsinstitute e.V., Mai 2001. URL: http://www.adm-ev.de. (Abfrage am 12.06.2006).

ADM (2004): *Jahresbericht 2004.* Veröffentlicht: Arbeitskreis Deutscher Markt- und Sozialforschungsinstitute e.V. URL: http://www.adm-ev.de/pdf/Jahresbericht_04.pdf. (Abfrage am 12.06.2006).

ADM / AG.MA (1999): *Stichproben-Verfahren in der Umfrageforschung – Eine Darstellung für die Praxis.* Arbeitskreis Deutscher Markt- und Sozialforschungsinstitute e.V. (Hrsg.). *Opladen.*

AEHRINGHAUS, K.-D. KLEWIN, R., LIEBESKIND, R.-D., KORMANICKI, J. (1980): *Simulationstechnik.* Hrsg.: KORMANICKI, J. Düsseldorf.

ALPAR, P. (1998): *Kommerzielle Nutzung des Internet: Unterstützung von Marketing, Produktion, Logistik und Querschnittsfunktionen durch das Internet und kommerzielle Online-Dienste.* 2. Aufl. Berlin, Heidelberg, New York.

ALPAR, P. (1999): *Satisfaction with a Web Site – Its Measurement, Factors and Correlates.* Marburg, Institut für Wirtschaftsinformatik, Phillips-Universität Marburg, Working Paper No. 99/01. URL: http://www.uni-marburg.de/fb02/bwl06/forschung/berichte/download/fa99-01. (Abfrage am 12.06.2006).

ANSI (2006): *ANSI Public Document Library.* American National Standards Institute. URL: http://publicaa.ansi.org/sites/apdl/default.aspx. (Abfrage am 12.06.2006).

ARD/ZDF-ONLINE-STUDIE (2003): *Internet-Verbreitung in Deutschland: Unerwartet hoher Zuwachs*. URL: http://www.daserste.de/service/ardonl03.pdf. (Abfrage am 12.06.2006).

ARD/ZDF-ONLINE-STUDIE (2006): *Knapp 60 Prozent der Deutschen im Netz – Wachstum durch „Silver Surfer" – Zunehmendes Interesse an multimedialen Anwendungen.* URL: http://www.br-online.de/br-intern/medienforschung/onlinenutzung/onlinestudie/index.shtml. (Abfrage am 11.02.2007).

ARGYRIS, C., SCHÖN, D. A. (1978): *Organizational Learning: A Theory of Action Perspective.* Reading.

ARNDT, R. (2003): *Produkt- und Verbraucherpanels online*. In: Theobald, A., Dreyer, M., Starsetzki, T. (Hrsg.): Online-Marktforschung. 2. Aufl. Wiesbaden, S. 271-280.

ATTESLANDER, P., KNEUBÜHLER, H.U. (1975): *Verzerrungen im Interview*. Opladen.

B

BAKER, R. (1996): *Nobody's Talking*. In: Marketing Research, 8. Jg., Nr. 1. S.22-24.

BALTAGI, B. H., BRESSON, G., PIROTTE, A. (2003): *Fixed Effects, Random Effects or Hausman-Taylor? A Pretest Estimator.* Econometrics Letters, 79, S. 361-369.

BAMERT, T., HEIDINGSFELDER, M. (2001): *Designeffekte in Online-Umfragen.* In: THEOBALD, A., DREYER, M., STARSETZKI, T. (Hrsg.): Online-Marktforschung. Theoretische Grundlagen und praktische Erfahrungen. Wiesbaden.

BANDILLA, W. (1999): *WWW-Umfragen – Eine alternative Datenerhebungstechnik für die empirische Sozialforschung?* In: BATINIC, B., WERNER, A., GRÄF, L., BANDILLA, W. (Hrsg.): Online Research. Methoden, Anwendungen und Ergebnisse. Göttingen et al.

BANDILLA, W., BOSNJAK, M. (2000): *Online Surveys als Herausforderung für die Umfrageforschung: Chancen und Probleme.* In: MOHLER, P., LÜTTINGER, P. (Hrsg.): Querschnitt – Festschrift für Max Kaase. ZUMA. Mannheim, S. 9-28.

BATESON, G. (1981): *Ökologie des Geistes.* Frankfurt.

BATINIC, B. (Hrsg., 1997): *Internet für Psychologen.* Göttingen.

BATINIC, B. (2001): *Fragebogenuntersuchungen im Internet.* Aachen.

BATINIC, B. (2003): *Datenqualität bei internetbasierten Befragungen.* In: THEOBALD, A., DREYER, M., STARSETZKI, T. (Hrsg.): Online-Marktforschung. 2. Aufl. Wiesbaden, S. 143-160.

BATINIC, B., BOSNJAK, M. (1997): *Determinanten der Teilnahmebereitschaft an internetbasierten Fragebogenuntersuchungen.* German Online Research ´97, Köln.

BATINIC, B. BOSNJAK, M. (1997b): *Fragebogenuntersuchungen im Internet.* In: B. BATINIC (Hrsg.), Internet für Psychologen. Göttingen. S. 221-244.

BATINIC, B., BOSNJAK, M. (2000): *Fragebogenuntersuchungen im Internet.* In: BATINIC, B. (Hrsg.): Internet für Psychologen. Göttingen, S. 221-244.

BATINIC, B./WERNER, A./GRÄF, L./BANDILLA, W. (Hrsg. 1999): *Online Research: Methoden, Anwendungen und Ergebnisse.* Göttingen.

BAUSCH, T. (1990): *Stichprobenverfahren in der Marktforschung.* München.

BECKER, W. (1973): *Beobachtungsverfahren in der demoskopischen Marktforschung.* Stuttgart.

BEREKOVEN, L., ECKERT, W., ELLENRIEDER P. (2001): *Marktforschung. Methodische Grundlagen und praktische Anwendungen.* 8. Aufl. Wiesbaden.

BERGMANN, G. (2001): *Die Kunst des Gelingens.* 2. Aufl. Sternenfels.

BERGMANN, G. (2003): *Lernen im Marketing.* In: BERGMANN, G., MEURER, G., Hrsg. (2003): *Marketing in turbulenten Märkten.* Neuwied, Köln, München, S. 185ff.

BERNDT, R. (1992): *Marketing. 1: Käuferverhalten, Marktforschung und Marketing-Prognosen.* 2. Aufl. Berlin.

BERNERS-LEE, T., CAILLIAU, R., LOUTONEN, A., NIELSEN, H. F., SECRET, A. (1994): *The World-Wide Web.* In: Communications of the ACM, Vol. 37, No. 8, S. 76-82.

BERRES A. (1997): *Marketing und Vertrieb mit dem Internet. Ein Leitfaden für mittelständische Unternehmen.* Berlin, Heidelberg, New York.

BILLETER, E. P. (1970): *Grundlagen der repräsentativen Statistik. Stichprobentheorie und Versuchsplanung.* Wien, New York.

BIRNBAUM, M. H. (2001): *Introduction to Behaviorial Research on the Internet.* Upper Saddle River, NJ. URL: http://psych.fullerton.edu/mbirnbaum/web/examples.htm. (Abfrage am 12.06.2006).

BOGNER, W. (1996): *Die Validität von Online-Befragungen.* In: Planung & Analyse, 23. Jg., Nr. 6, S. 9-12.

BÖHLER, H. (1992): *Marktforschung.* 2. Aufl. Stuttgart, Berlin, Köln.

BÖHSENZ J. (1999): *Möglichkeiten und Grenzen der Online-Marktforschung - Konzeptionelle Grundlangen und empirische Erkenntnisse.* In: MEYER, P. W., MEYER, A. (Hrsg.): Arbeitspapier zur Schriftenreihe Schwerpunkt Marketing. Band 89. München.

BÖING, W. (1972): *Stichprobenverfahren.* Berlin.

BÖLTKEN, F. (1976): *Auswahlverfahren.* Stuttgart.

BOMSDORF, E. (1989): *Induktive Statistik. Eine Einführung.* 4. Aufl. Bergisch Gladbach, Köln.

BOMSDORF, E. (1998): *Glossar zur Wahrscheinlichkeitsrechnung und statistischen Inferenz.* URL: http://www.uni-koeln.de/wiso-fak/wisostatsem/autoren/bomsdorf/glosinv24.html. (Abfrage am 12.06.2006).

BOMSDORF, E. (2002a): *Deskriptive Statistik.* 11. Aufl. Lohmar, Köln.

BOMSDORF, E. (2002b): *Wahrscheinlichkeitsrechnung und Statistische Inferenz*. 8. Aufl. Lohmar, Köln.

BORTZ, J. (2004): *Statistik für Human- und Sozialwissenschaftler*. Berlin, Heidelberg, New York.

BOSNJAK, M. (2003): *Teilnahmeverhalten bei Web-Befragungen – Nonresponse und Selbstselektion*. In: THEOBALD, A., DREYER, M., STARSETZKI, T. (Hrsg.): Online-Marktforschung. Theoretische Grundlangen und praktische Erfahrungen. 2. Aufl. Wiesbaden, S. 55-71.

BOSNJAK, M., BANDILLA, W., SCHNEID, M., LORCH, G., BATINIC, B., WERNER, A., STIEGLER, A (1998): *Online-Forschung im deutschsprachigen Raum. Erste Ergebnisse einer Umfrage unter Mitgliedern der "German Internet Research" Mailingliste*. URL: http://www.or.zumamannheim.de/inhalt/projekte/or_expert/girl98_1.pdf. (Abfrage am 12.06.2006).

BRADBURN, N. M., SUDMAN, S: (1980): *Improving Interview Method and Questionaire Design – Response Effects to Threatening Questions in Survey Research*. San Francisco.

BREITER, A. (1997): *Internet Population Studies – Molehills on the Search for Representativity*. In: BANDILLA, W., FAULBAUM, F. (Hrsg.): SoftStat '97. Advances in Statistical Software 6. Stuttgart, S. 133-140.

BRUHN, M. (1997): *Multimedia-Kommunikation – Systematische Planung und Umsetzung eines interaktiven Marketinginstruments*. München.

BRYSON, M. C. (1976): *The Literary Digest Poll: Making of a Statistical Myth*. In: The American Statistician. 30. Jg. Nr. 4, S. 184-185.

BUCKLIN, R. E., LATTIN, J. M., ANSARI, A., GUPTA, S., BELL, D., COUPEY, E., LITTLE, J. D. C., MELA, C., MONTGOMERY, A., STECKEL, J. (2002): *Choice and the Internet. From Clickstream to Research Stream*. In: Marketing Letters, 13 (3), S. 245-258.

BÜNING, H., HAEDRICH, G., KLEINERT, H., KUß, A., STREITBERG, B. (1981): *Operationale Verfahren der Markt- und Sozialforschung*. Berlin, New York.

BÜNING, H., TRENKLER, G. (1994): *Nichtparametrische statistische Methoden.* 2. Aufl. Berlin, New York.

BUXEL, H. (2002): Rechtliche Aspekte der Erstellung von Customer Profiles im Internet in Deutschland. In: Der Markt, 1. 41. Jg. Nr. 160. S. 3-12.

C

CHIP XONIO (2006): *Der Online-Report 2006. Medienangebote für Consumer im Internet - Portale Märkte und Werbung im deutschen Markt für Internetpublikationen.* URL: http://www.chip.de/cxo/1817541/Der_Online_Report_2006_Exzerpt.pdf. (Abfrage am 12.06.2006).

CHURCHILL, G. (1987): *Marketing Research. Methodological Foundations.* 4. Ed. Chicago.

COCHRAN, W. G. (1977): *Sampling Techniques.* New York et al.

COMLEY, P. (1998): *On-line Research. Some methods, some problems, some case studies.* Paper presented at ASC Conference, August 1998.

COUPER, M. P. (2000): *Web Surveys. A Review of Issues and Approaches.* In: Public Opinion Quaterly. 64, S. 464-494.

COUPER, M., BAKER, R. P., BETHLEHEM, J., CLARK, C. Z. F., MARTIN, J., NICHOLLS, W. L. I., O'REILLY, J. M., (1998): *Computer Assisted Survey Information Collection.* New York et al.

D

DECKER, D. (2001): *Marktforschung mit dem Internet – Einsatzmöglichkeiten, Grenzen und Entwicklungspotentiale.* Marburg.

DELMAS, D., LEVY, D. (1998): *Consumer Panels.* In: MCDONALD, C., VANGELDER, P. (Hrsg.): The ESOMAR Handbook of Market and Opinion Research. 4. Aufl, S. 273-317.

DEMING, W. E. (1960): *Sample Design in Business Research.* New York et al.

DEMING, W. E. (1950): *Some Theory of Sampling.* New York et al.

DENNIS, J. M. (2001): *Are Internet Panels Creating Professional Respondents?* In: Marketing Research, Vol. 13 (2), S. 34-38.

DGOF (2006): *Deutsche Gesellschaft für Online-Forschung – D.G.O.F. e.V.* URL: http://www.dgof.de. (Abfrage am 12.06.2006).

DIEKMANN, A. (1995): *Empirische Sozialforschung.* Reinbek.

DILLMANN, D. A. (2000): *Mail and Internet Surveys. The Tailored Design Method.* 2. Aufl. New York et al.

DILLMAN, D. A., TORTORA, R. D., CONRADT, J., BOWKER, D. (1998): *Influence of Plain vs. Fancy Design on Response Bias for Web Surveys.* Joint Statistical Meetings, Dallas, Texas, August 1998. URL: http://www.sesrc.wsu.edu/dillman/papers/asa98ppr.pdf. (Abfrage am 12.06.2006).

DOUGLAS, S. P., CRAIG, C. S. (1983): *International Marketing Research.* Englewood Cliffs, N. J.

DOWNHAM, J. (1986): *International Market Research.* In: WORCESTER, R. M., DOWNHAM, J. (Hrsg.): Consumer Market Research Handbook, 3rd revised and enlarged edition. London et al. S. 629-654.

E

EATON, B. (1997): *Internet Surveys: Does WWW stand for 'Why Waste the Work?'.* In: Quirk's Market Research Review. URL: http://www.quirks.com/articles/article.asp?arg_ArticleId=244. (Abfrage am 12.06.2006).

ELLSWORTH, J. H., ELLSWORTH, M. V. (1995): *Marketing on the Internet. Multimedia Strategies for the World Wide Web.* New York et al.

EPPLE, M., HAHN, G. (2003): Dialog im virtuellen Raum – Die Online-Focusgroup in der Praxis der Marktforschung. In: THEOBALD, A., DREYER, M., STARSETZKI, T. (Hrsg.): Online-Marktforschung. 2. Aufl. Wiesbaden, S. 297-308.

ESSER, H., GROHMANN, H., MÜLLER, W., SCHÄFFER, K.-A. (1989): *Mikrozensus im Wandel. Untersuchungen und Empfehlungen zur inhaltlichen und methodischen Gestaltung.* Wiesbaden, Stuttgart.

F

@FACTS SEVENONE INTERACTIVE / FORSA (2003): *@facts monthly*. Mai 2003. Hrsg.: SEVENONE INTERACTIVE. URL: http://www.atfacts.de/001/pdf_studies/atfacts_200305.pdf. (Abfrage am 12.06.2006).

FEIL, J., FEIL, O. (1996): *Internet – technische Grundlagen und Gestaltungsmöglichkeiten.* In: vbo-informationen. 0. Jg. Nr. 3. S. 65-85.

FEINSTEIN, S. (1986): *Computers Replacing Interviewers For Personnel and Marketing Tasks.* In Wall Street Journal. 9.10.1986, S. 37.

FINK, D. H., MEYER, N., WAMSER, C. (1995): *Multimedia-Einsatz im Marketing*. In: Marketing Journal, 6, S. 468-475.

FISHER, R. A. (1925): *Statistical Methods for Research Workers*. Edinburgh.

FISHER, R. A. (1926): *The arrangement of eld experiments.Journal of the Ministry of Agriculture*, 33. S. 503-513.

FISHER, R. A. (1935): *The Design of Experiments*. Edinburgh.

FITTKAU, S., MAAß, H. (2002): 15. *W3B-Umfrage von Oktober/November 2002*. W3B Hamburg. URL: http://www.w3b.de. (Abfrage am 12.06.2006).

FLEMING, M.C., NELLIS, J.G. (2000): *Principles of Applied Statistics*. 2nd Edition. New York.

FORSA (2006): *forsa.omninet*. URL: http://www.forsa.de/site/methode.htm. (Abfrage am 12.06.2006).

FORREST, E. (1999): *Internet Marketing Research: Resources and Techniques*. Sydney et al.

FORTIN, D. R. (1998): *Methodological Issues About Experimental Research Conducted Through a Web Interface*. In: GRAY, B. J., DEANS, K. (Hrsg.): Proceedings of the Australian & New Zealand Marketing Academy Conference. Dunedin. 30.11.-02.12.1998.

FREY, J. H., KUNZ, G., LÜSCHEN, G. (1990): *Telefonumfragen in der Sozialforschung*. Opladen.

FRIEDRICHS, J. (1990): *Methoden empirischer Sozialforschung*. Opladen.

FRIES, R. (2006): *Großumfagen im World Wide Web. Durchführung, Repräsentativität und Bereinigung von Selektionseffekten untersucht am Beispiel von Perspektive-Deutschland 2001/01*. Aachen.

FROST, F. (1998): *Electronic Surveys. New Methods of Primary Data Collection*. In: ANDERSSON, P. (Hrsg.): Proceedings. Track 5. Marketing Research. 27th EMAC Conference. Stockholm, S. 213-232.

FUCHS-HEINRITZ, W., LAUTMANN, R., RAMMSTEDT, O., WIENOLD, H. (Hrsg. 1995): *Lexikon zur Soziologie*. 3. Aufl. Opladen.

G

GIR-L (2006): *German Internet Research-List*. URL: http://www.online-forschung.de/gir-l/home.html. (Abfrage am 12.06.2006).

GÖRITZ, A. S. (1999): *Online-Panels*. In: GÖRITZ, A. S., BATINIC, B., BANDILLA, W., BOSNJAK, M.: ZUMA-Online-Research Newsletter 17. URL: http://www.or.zuma-mannheim.de/inhalt/Informationsquellen/newsletter/um17.htm. (Abfrage am 12.06.2006).

GÖRITZ, A. S. (2003): Online-Panels. In: THEOBALD, A., DREYER, M., STARSETZKI, T. (Hrsg.): Online-Marktforschung. 2. Aufl. Wiesbaden, S. 227-240.

GÖRITZ, A. S., BATINIC, B., MOSER, K. (2000): *Online-Marktforschung.* In: SCHEFFLER, W., VOIGT, K. I. (Hrsg.): Entwicklungsperspektiven im Electronic Business. Grundlagen, Strategien & Anwendungsfelder. Wiesbaden. S. 187-204.

GÖRITZ, A. S., MOSER, K. (2000): *Repräsentativität im Online-Panel.* In: Der Markt, 39 (155), S. 156-162.

GÖRITZ, A. S., REINHOLD, N., BATINIC, B. (2002): *Online-Panels.* In: BATINIC, B., REIPS, U.-D., BOSNJAK, M. (Hrsg.): Online Social Sciences. Göttingen, S. 27-47.

GÖRTZ, T. (2001): *Gruppendiskussionen – Ein Vergleich von Online- und Offline-Focus-Groups.* In: THEOBALD, A., DREYER, M., STARSETZKI, T. (Hrsg.): Online-Marktforschung. Wiesbaden, S. 149-164.

GOR (2006): *General Online Research.* URL: http://www.gor.de. (Abfrage am 12.06.2006).

GRÄF, H. (1999): *Online-Marketing – Gestaltungsempfehlungen für die erfolgreiche Endkundenbearbeitung auf elektronischen Märkten.* Difo-Druck OHG. Bamberg.

GRÄF, L. (2003): *Internet Access Panels in der Praxis.* In: THEOBALD, A., DREYER, M., STARSETZKI, T. (Hrsg.): Online-Marktforschung. Theoretische Grundlagen und praktische Erfahrungen. 2. Aufl., Wiesbaden, S. 255-270.

GRÄF, L., HEIDINGSFELDER, M. (1999): *Bessere Datenqualität bei WWW-Umfragen – Erfahrungen aus einem Methodenexperiment mit dem Internet-Rogator.* In: BATINIC, B., WERNER, A., GRÄF, L., BANDILLA, W. (Hrsg.): Online-Research. Methoden, Anwendungen und Ergebnisse. Göttingen, S. 113-126.

GREEN, P., TULL, D. (1982): *Methoden und Techniken der Marktforschung.* 4. Aufl. Stuttgart.

GROSSNICKLE, J., RASKIN, O. (2001): *The Handbook of Online Marketing Research.* New York et al.

H

HAFERMALZ, O. (1976): *Schriftliche Befragung – Möglichkeiten und Grenzen.* Wiesbaden.

HAHN, A. JERUSALEM, M. (2003): *Reliabilität und Validität in der Online-Forschung.* In. THEOBALD, A., DREYER, M., STARSETZKI, T. (Hrsg.): Online-Marktforschung. 2. Aufl., S. 161-186.

HAMMANN, P., ERICHSON, B. (2000): *Marktforschung.* 4. Aufl. Stuttgart, New York.

HAMPTON, K. N., WELLMAN, B. (1999): *Netville Online and Offline – Observing and Surveying a Wired Suburb.* In: American Behaviorial Scientist, 43/3, S.475-492.

HARTUNG, J., ELPELT, B. (1999): *Multivariate Statistik. Lehr- und Handbuch der angewandten Statistik.* 6. Aufl. München et al.

HARTUNG, J., ELPELT, B., KLÖSENER, K.-H. (1993): *Statistik. Lehr- und Handbuch der angewandten Statistik.* 9. Aufl. München et al.

HAUPT, K. (1996): *Perspektiven der Marktforschung.* In: Planung & Analyse. 23. Jg., Nr. 6, S. 62-65.

HAUPTMANNS, P. (1995): *Methodological Experience and Problems of a Firm Panl Survey.* In: EUOSTAT. Techniques and Uses of Enterprise Panels. Luxembourg, S. 267-279.

HAUPTMANNS, P. (1999): *Grenzen und Chancen von quantitativen Befragungen mit Hilfe des Internet.* In: BATINIC, B., WERNER, A., GRÄF, L., BANDILLA, W. (Hrsg.): Online Research. Methoden, Anwendungen und Ergebnisse. Göttingen et al., S.21-38.

HAUPTMANNS, P., LANDER, B. (2003): *Zur Problematik von Online-Stichproben.* In: THEOBALD, A., DREYER, M., STARSETZKI, T. (Hrsg.): Online-Marktforschung. 2. Aufl. Wiesbaden, S. 27-40.

HECKEL, C., KEMMERZELL, P. (2001): *Grundgesamtheit und Stichprobe bei Online-Befragungen, repräsentativ zu was?* In: Planung & Analyse. Nr. 4, S. 52-59.

HELLWIG, J. O., VON HEESEN, B., BOUWMEESTER, R. (2003): Rekrutierungsunterschiede bei Online-Panels und ihre Folgen. In: THEOBALD, A., DREYER, M., STARSETZKI, T. (Hrsg.): Online-Marktforschung. 2. Aufl. Wiesbaden, S. 241-254.

HENZE, N. (1995): Stochastik I. *Einführung in die Wahrscheinlichkeitstheorie und Statistik.* Skript zur Vorlesung Stochastik I. Universität zu Karlsruhe.

HEWSON, C. M., LAURENT, D., VOGEL, C. M. (1996): *Proper Methodologies for Psychological and Sociological Studies Conducted via the Internet.* In: Behavior Research Methods, Instruments & Computers. 28. Jg., Nr. 2, S. 186-191.

HINKELMANN, K., KEMPTHORNE, O. (1994): *Design and Analysis of Experiments.* Vol. 1. New York et al.

HOEPNER, G. (1994): *Computereinsatz bei Befragungen.* Wiesbaden.

HOFMANN, O., STEINMEYER, S., PAUL, M. (2001): *Online-Marktforschung – Andere Ergebnisse als Offline? – Eine empirische Untersuchung zur Güte internetbasierter Copytests.* In: THEOBALD, A., DREYER, M., STARSETZKI, T. (Hrsg.): Online-Marktforschung. Theoretische Grundlagen und praktische Erfahrungen. Wiesbaden.

HOLM, K. (1975): *Die Befragung.* Bd. 1. München.

HOLZHAUER, B. (1997): *Marktforschung im Netz: Möglichkeiten, Chancen, Perspektiven.* In: KARRENBAUER, R., LAUER, T., WEIẞGERBER, D. (Hrsg.) 3. SaarLorLux Multimedia-Kongress 1997. Aachen, S. 28-34.

HÜTTNER, M. (1979): *Informationen für Marketing-Entscheidungen.* München.

HÜTTNER, M. (1989): *Grundzüge der Marktforschung.* 4. Aufl. Berlin, New York.

I

IM, K. S., AHN, S. C., SCHMIDT, P., WOLLDRIGE, J. M. (1999): *Efficient Estimation of Panel Data Models with Strictly Exogenous Explanatory Variables.* Journal of Econometrics, 93, S. 177-201.

J

JÄCKEL, P. (2002): *Monte Carlo methods in finance.* Guildford, Surrey.

JANETZKO, D. (1999): *Statistische Anwendungen im Internet.* München.

JASPERSEN, T., LANGE, M. (1996): *Technisch-infrastrukturelle Voraussetzungen.* In: HÜNERBERG, R., HEISE, G., MANN, A. (Hrsg.): Handbuch Online-Marketing. Landsberg/Lech, S.33-52.

JECK-SCHLOTTMANN, G., NEIBECKER, B. (1994): *Interviewpartner Computer quo vadis?* In: KROEBER-RIEL, W., FORSCHUNGSGRUPPE KONSUM UND VERHALTEN (Hrsg.): Konsumentenforschung. München. S. 29-46.

JOHNSON, E. J. (2001): *Digitizing Consumer Research.* In: Journal of Consumer Research. 28 (September), S. 331-336.

K

KAMENZ, U. (2001): *Marktforschung.* 2. Aufl. Stuttgart.

KEHOE, C. M., PITKOW, J. E. (1996): *Surveying the Territory. GVU's Five WWW User Surveys.* In: World Wide Web Journal. 1. Jg. Nr. 3, S. 77-84. URL: http://www-static.cc.gatech.edu/gvu/user_surveys/papers/w3j.html. (Abfrage am 12.06.2006).

KELLERER, H. (1963): *Theorie und Technik des Stichprobenverfahrens.* 3. Aufl. München.

KERLINGER, F. N. (1978): *Grundlagen der Sozialwissenschaften.* Bd. 1. 2. Aufl. Weinheim, Basel.

KIESLER, S., SIEGEL, J., MCGUIRE, T. W. (1984): *Social Psychological Aspects of Computer-Mediated Communication.* In: American Psychologist. 39. Jg., Nr. 10, S. 1123-1134.

KLINGER, C., SEGERT, R. (2006): *Das Online-ABC.* URL: http://www.webwunder.de/asp/abc.asp?abfrage=online. (Abfrage am 12.06.2006).

KÖCHER, D., MATT, E., OERTEL, C., SCHNEEWEIß, H. (1972): *Einführung in die Simulationstechnik.* Frankfurt am Main.

KOPS, M. (1977): *Auswahlverfahren in der Inhaltsanalyse.* Meisenheim, Glan.

KORFF, J. (2000): *Akzeptanzanalyse der Online-Marktforschung.* Hürth: Institut für Markt- und Kommunikationsforschung. URL: http://www.skopos-mr.co.uk/downloads/Akz_Online-Mafo.pdf. (Abfrage am 12.06.2006).

KOTLER, P., BLIEMEL, F. (1995): *Marketing-Management.* 8. Aufl. Stuttgart.

KOTTLER, R. E. (1998): *Sceptics Beware! Web Interviewing has Arrived and is Established. Embrace it or be Left Behind.* Market Research Society Annual Conference, March 1998, Birmingham.

KREIENBROCK, L. (1989): *Einführung in die Stichprobenverfahren. Lehr- und Übungsbuch der angewandten Statistik.* München, Wien.

KRIZ, J., LISCH, R. (1988): *Methodenlexikon für Mediziner, Psychologen, Soziologen.* München, Weinheim.

KROEBER-RIEL, W., NEIBECKER, B. (1983): *Elektronische Datenerhebung: Computergestützte Interviewsysteme.* In: FORSCHUNGSGRUPPE KONSUM UND VERHALTEN (Hrsg.): Innovative Marktforschung. Würzburg, Wien, S.193-208.

KROMREY, H. (1987): *Zur Verallgemeinerbarkeit empirischer Befunde bei nichtrepräsentativen Stichproben.* In: Rundfunk und Fernsehen. 35. Jg. Nr. 4, S. 478-499.

KROMREY, H. (1998): *Empirische Sozialforschung.* 8. Aufl. Opladen.

KRONENBERG, F. (1997): *Online Surfing.* Düsseldorf, München.

KUHLEN, R. (1991): *Hypertext. Ein nichtlineares Medium zwischen Buch und Wissensbank.* Berlin, Heidelberg, New York.

KUß, A. (1985): *Computereinsatz bei der Datenerhebung für die Marktforschung.* In: Thexis, 3/85, S.12-15.

KUß, A. (2001): *Marketing-Einführung.* Wiesbaden.

L

LAMPE, F. (1996): *Business im Internet.* Braunschweig, Wiesbaden.

LANDER, B. (1998): *Güte von Internet-Umfragen. Zur Objektivität, Reliabilität, Validität und Repräsentativität im Internet erhobener Daten.* In: Planung & Analyse, 4, S. 63-66.

LEHMANN, D. (1985): *Market Research and Analysis.* 2. Aufl., Homewood.

LEINER, B. (1985): *Stichprobentheorie.* München.

LESCHER, J. F. (1995): *Online Market Research. Cost-Effective Searching of the Internet and Online-Databases.* Reading et al.

LÜTTERS, H. (2004): *Online-Marktforschung. Eine Positionsbestimmung im Methodenkanon der Marktforschung unter Einsatz eines webbasierten Analytic Hierachy Process (webAHP).* Wiesbaden.

LYMAN, P., WAKEFORD, N. (1999): *Going Into the (Virtual) Field.* In: American Behavioral Scientist, 43/3, S. 359-376.

M

MACELROY, B. (1999): *Comparing seven forms of on-line surveying.* URL: http://www.quirks.com/articles/article.asp?arg_ArticleId=510. (Abfrage am 12.06.2006).

MALHORTA, N., BIRKS, D. (2000): *Marketing Research – An Applied Approach.* Harlow et al.

MARABLE, L. (1997): *Online Market Research Begins To Catch On*. In: Web Week, 3, 8. URL: http://www.webweek.com/97Mar31/markcomm/market.html. (Abfrage am 12.06.2006).

MARRELI, C. (1997): *Anatomy of a Web Advertisement – A Case Study of Zima.com*. In: BRADY, R., FORREST, E., MIZERSKI, R. (Hrsg.): Cybermarketing – Your Interactive Marketing Consultant. Chicago, S. 223-240.

MAYNTZ, R., HOLM, K., HÜBNER, P. (1969): *Einführung in die Methoden der empirischen Soziologie*. Opladen.

MCDEVIN, P., SMALL, M. H. (2002): *Online Panel Development for Proprietary Market Research*. URL: http://www.sbaer.uca.edu/Research/2002/dsi/papers/278.pdf. (Abfrage am 12.06.2006).

MEDIATRANSFER (2006): *Netresearch & Consulting*. URL: http://www.mediatransfer.de. (Abfrage am 12.06.2006).

MEFFERT, H. (1974): *Produktivgüter-Marketingforschung im System des Marketing*. In: Der Markt 1974, S. 6-17.

MEFFERT, H. (1992): *Marketingforschung und Käuferverhalten*. 2. Aufl. Wiesbaden.

MEFFERT, H. (2000): *Marketing. Grundlagen marktorientierter Unternehmensführung. Konzepte – Instrumente – Praxisbeispiele*. 9. Aufl. Wiesbaden.

MEIER, F. (1993): *Interviewerfreie Marktbefragungen*. In: Thexis, 10. Jg., Nr. 2, S.29-33.

MEIER, G., HANSEN, J. (1999): *Die Quotenstichprobe*. In: ADM e.V., AG.MA e.V. (Hrsg.): Stichproben-Verfahren in der Umfrageforschung. Opladen, S. 103-112.

MENGES, G. (1959): *Stichproben aus endlichen Gesamtheiten*. Frankfurt a.M.

MENGES, G., SKALA, H. J. (1973): *Grundriß der Statistik, Teil 2: Daten*. Opladen.

MEYER, J. A. (1994): *Multimedia in der Werbe- und Konsumentenforschung*. In: FORSCHUNGSGRUPPE KONSUM UND VERHALTEN (Hrsg.): Konsumentenforschung, München, S. 305-320.

MITOFSKY, W. J. (1999): *Pollsters.com*. In: Public Perspective. June/July 1999, S. 24-26. URL: http://www.ropercenter.uconn.edu/pubper/pdf/pp104c.pdf. (Abfrage am 12.06.2006).

MOOD, A. M., GRAYBILL, F. A., BOES, D. C. (1974): *Introduction to the Theory of Statistics*. 3. Aufl. New York et al.

MORGENSTERN, D. (1968): *Einführung in die Wahrscheinlichkeitsrechnung und mathematische Statistik*. 2. Aufl. Berlin.

MRS (2006): *The Market Research Society – Internet Research Guidelines*, March 2006. URL: www.mrs.org.uk/standards/downloads/revised/active/internet_mar06.pdf. (Abfrage am 12.06.2006).

MUSCH, J. (1997): *Die Geschichte des Netzes: ein historischer Abriß*. In: BATINIC, B. (Hrsg.): Internet für Psychologen. Göttingen et al. S.27-48.

N

NAYLOR, T. H. (1971): *Computer simulation Experiments with Models of Economic Systems*. New York et al.

NESBARY, D. K. (2000): *Survey Research and the World Wide Web*.

NEWMAN, M. S. (1982): *Accounting Estimates by Computer Sampling*. 2nd ed. New York et al.

NEYMAN, J. (1933): *Zarys teorii i praktyki bandania struktury ludnosci metoda reprezenta-cyjna (An Outline of the Theory and Practice of Representative Method, Applied inSocial Research)*. Institute for Social Problems, Warsaw. (In Polnisch mit englischer Zusammenfassung.)

NEYMAN, J. (1934): *On two different aspects of the representative method: the method ofstratied sampling and the method of purposive selection (with discussion)*. Journal of the Royal Statistical Society 97: 558-625.

NOELLE, E. (1963): *Umfragen in der Massengesellschaft*. München.

NOELLE-NEUMANN, E., PETERSEN, T. (2003): *Alle, nicht jeder. Einführung in die Methoden der Demoskopie.* 3. Aufl. Berlin, Heidelberg.

O

OENICKE, J. (1996): *Online-Marketing. Kommerzielle Kommunikation im interaktiven Zeitalter.* Stuttgart.

OXLEY, M., CARNOT, A. (2001): *Is the internet the future of market research?* In: MAR (Hrsg.): Net effects 4 (Barcelona). The worldwide internet conference and exhibition. Amsterdam: ESOMAR, S. 273-296.

O.V. (1994): *Wer dreht an des Volkes Meinung?* In: Focus. 1994. Nr.2, S. 42-49.

O.V. (1998): *Das Internet als Medium der Marktforschung.* In: Handelsblatt. Nr. 242, 15.12.1998, S. 43.

O.V. (1998b): *GVU's 9th WWW User Survey.* URL: http://www.gvu.gatech.edu/user_surveys/survey-1998-04/. (Abfrage am 12.06.2006).

O.V. (2002): *Directive 2002/58/EC of the European Parliament and of the Council.* In: Official Journal of the European Communities. L 201. 31.07.2002, S. 37-47.

P

PEARSON, K. (1927): *Another historical note on the problem of small samples.* (Editorial) Biometrika, 19: 207-210.

PEPELS, W. (1995): *Käuferverhalten und Marktforschung: Eine praxisorientierte Einführung.* Stuttgart.

PERSPEKTIVE-DEUTSCHLAND (2002): *Perspektive Deutschland. Projektbericht zur größten Online-Umfrage Deutschlands.* URL: http://www.perspektive-deutschland.de/files/ergebnisse/Projektbroschuere-Perspektive-Deutschland.pdf. (Abfrage am 12.06.2006).

PERSPEKTIVE-DEUTSCHLAND (2003): *Pressemitteilung Perspektive-Deutschland: Verheerendes Urteil: Vertrauen der Bürger in die politischen Parteien hat dramatischen Tiefstand errreicht.* URL: http://www.perspektive-deutschland.de/files/presse_2003/EDIT_PM_allgemein.pdf. (Abfrage am 12.06.2006).

PERSPEKTIVE-DEUTSCHLAND (2005): *Projektbericht Perspektive-Deutschland 2005/06. Die größte gesellschaftspolitische Umfrage.* URL: http://www.perspektive-deutschland.de/files/presse_2006/pd5-Projektbericht.pdf. (Abfrage am 12.06.2006).

PERSPEKTIVE-DEUTSCHLAND (2006): *Homepage.* URL: http://www.perspektive-deutschland.de. (Abfrage am 12.06.2006).

PETERS, K., CLEMENT, M. (1999): *Online-Dienste.* In: ALBERS, S., CLEMENT, M., PETERS, K. (Hrsg.): Marketing mit interaktiven Medien, 2. Aufl. Frankfurt. S. 19-32.

PFLEIDERER, R. (1997): *Repräsentative Daten für Web-Sites: N^{th} Viz.* Vortrag auf der 1. German Online Research Konferenz, Köln. URL: http://infosoc.uni-koeln.de/girlws/abstracts/fr_05.html. (Abfrage am 12.06.2006).

PFLEIDERER, R. (2003): *Zufallsauswahl im Internet.* In: THEOBALD, A., DREYER, M., STARSETZKI, T. (Hrsg.): Online-Marktforschung. 2. Aufl. Wiesbaden, S. 383-394.

PITKOW, J. E., KEHOE, C. M. (1996): *Results from the third WWW User Survey.* In: World Wide Web Journal. 1. Jg. Nr.1. URL: http://www.w3.org/Conferences/WWW4/Papers/107/. (Abfrage am 12.06.2006).

POKROPP, F. (1996): *Stichproben: Theorie und Verfahren.* 2. Aufl. München, Wien.

PORST, R. (1996): *Ausschöpfungen bei Sozialwissenschaftlichen Umfragen. Die Sicht der Institute.* In: ZUMA-Arbeitsbericht 96/07, S. 1-50.

PÖTSCHKE, M., SIMONSON, J. (2001): *Online-Erhebungen in der empirischen Sozialforschung. Erfahrungen mit einer Umfrage unter Sozial-, Markt- und Meinungsforschern.* In: ZA-Information, 49. Jg. Heft November, S. 6-28.

PRADEL, M. (1997): *Marketingkommunikation mit neuen Medien: zukunftsfähige Konzepte für den Mittelstand.* München.

PREIN, G., KLUGE, S., KELLE, U. (1994): *Strategien zur Sicherung von Repräsentativität und Stichprobenvalidität bei kleinen Samples.* Arbeitspapier Nr. 18, Sonderforschungsbereich 186 der Universität Bremen. URL: http://www.sfb186.uni-bremen.de/download/paper18.pdf. (Abfrage am 12.06.2006).

R

RAGER, M. (2001): *Sozialforschung im Internet – Fragebogenuntersuchungen im World Wide Web.* Diplomarbeit. Universität Salzburg. URL: http://www.sbg.ac.at/soz/projects/diplomarbeit_rager.pdf. (Abfrage am 12.06.2006).

RAO, P. S. R. S. (2000): *Sampling Methodologies. With Applications.* Boca Raton et al.

REIPS, U.-D. (2000): *The Web Experiment Method. Advantages, Disadvantages, and Solutions.* In: BIRNBAUM, M. H. (Hrsg.): Psychology Experiments on the Internet. San Diego, CA, S. 89-114.

RONIG, M. (1998): *Marktforschung im Internet: Die Methodik von Befragungen.* St. Augustin.

RÖSCH, G. (1994): *Kriterien der Gewichtung einer nationalen Bevölkerungsstichprobe.* In: GABLER,, S., HOFFMEYER-ZLOTNIK, H.P., KREBS, D. (Hrsg.): Gewichtung in der Umfragepraxis. Opladen, S. 7-26.

ROSENFELD, P., BOOTH-KEWLEY, S., EDWARDS, J. E., THOMAS, M. D. (1996): *Responses on Computer Surveys: Impression Management, Social Desirability and the Big Brother Syndrome.* In: Computers in Human Behavior, 12 (2), S. 263-274.

ROSENTHAL, D. (1998): *Infopool Internet: Methoden, Tricks und Quellen der Profis zur effizienten Recherche*. Zürich.

ROßMANITH, T. (2001): *Informationsverhalten und Involvement im Internet - Eine Labor- und Feldstudie zu den Determinanten der Informationsnachfrage im World Wide Web*. Dissertation. Universität Karlsruhe, Fak. f. Wirtschaftswissenschaften. URL: http://www.ubka.uni-karlsruhe.de/cgi-bin/psview?document=2001%2Fwiwi%2F1. (Abfrage am 12.06.2006).

ROTHE, G. (1990): *Wie (un)wichtig sind Gewichtungen? Eine Untersuchung am ALLBUS 1986*. In: ZUMA-Nachrichten. Nr. 26, S.31-55.

ROUGHTON, G. (1997): *The Impact of IT on Market Research: The Last 10 Years and the Next 10 Years*. In: Journal of the Market Research Society, 34 (2), S. 119-125.

S

SAHNER, H. (1971): *Schließende Statistik*. Stuttgart.

SALCHER, E. F. (1978): *Psychologische Marktforschung*. Berlin, New York.

SARIS, W. E. (1991): *Computer-Assisted Interviewing*. Newbury Park, CA.

SCHADE, O. (1997): *Dienste im Internet*. In: BATINIC, B. (Hrsg.): Internet für Psychologen. Göttingen et al. S. 49-88.

SCHÄFER, E., KNOBLICH, H. (1978): *Grundlagen der Marktforschung*. 5. Aufl. Stuttgart.

SCHEFFLER, H. (2000): *Stichprobenbildung und Datenerhebung*. In: HERRMANN, A., HOMBURG, C. (Hrsg.): Marktforschung. 2. Aufl. Wiesbaden, S. 59-77.

SCHELLER, M., BODEN, K. P., GEENEN, A. (1994): *Internet: Werkzeuge und Dienste*. Berlin, Heidelberg, New York.

SCHEUCH, E. K. (1974): *Auswahlverfahren in der Sozialforschung*. In: KÖNIG, R. (Hrsg.): Handbuch der empirischen Sozialforschung. Bd. 3a, 3. Aufl. Stuttgart. S. 1-96.

SCHIRA, J. (2005): *Statistische Methoden der VWL und BWL. Theorie und Praxis*. 2. Aufl. München et al.

SCHMIDT, V. (2003): *Markov-Ketten und Monte-Carlo-Simulation.* Vorlesungsskirpt Sommersemester 2003. Universität Ulm. Abteilung Stochastik. URL: http://www.mathematik.uni-ulm.de/stochastik/lehre/ss03/markov/skript/skript.html. (Abfrage am 12.06.2006).

SCHNAPP, K.-U. (2003): *Das Interview – Formen und Anwendungsmöglichkeiten*. Powerpoint-Präsentation zur Vorlesung Methoden der Politikwissenschaft I. URL: http://www2.politik.uni-halle.de/schnapp/lehre/M1/SkripteFolien/C_Interviews/05_InterviewFolien_1_Allg.ppt. (Abfrage am 12.06.2006).

SCHNEIDER, W. P. A. (1995): *Promised Incentives*. In: Planung & Analyse. 22. Jg. Nr. 4, S. 73-75.

SCHNELL, R. (1991): *Wer ist das Volk? Zur faktischen Grundgesamtheit bei allgemeinen Bevölkerungsumfragen. Undercoverage, Schwererreichbare und Nichtbefragbare.* Kölner Zeitschrift für Soziologie und Sozialpsychologie 43 (1), S. 106-137. URL: http://www.uni-konstanz.de/FuF/Verwiss/Schnell/VOLKL2K_1_171105.pdf. (Abfrage am 12.06.2006).

SCHNELL, R. (1993): *Homogenität sozialer Kategorien als Voraussetzung für „Repräsentativität" und Gewichtungs-Verfahren.* In: Zeitschrift für Soziologie. 22. Jg. Nr. 1, S. 16-32.

SCHNELL, R., HILL, P. B., ESSER, E. (1995): *Methoden der empirischen Sozialforschung*. 2. Aufl. München, Wien.

SCHULTE, W. (1998): *Aktuelle Probleme mit neuen Technologien im Bereich der Telekommunikation*. In: GABLER, S., HÄDER, S., HOFFMEYER-ZLOTNIK, J. H. P. (Hrsg.): Telefonstichproben in Deutschland. Wiesbaden, S. 173-180.

SCHWICKERT, A. C. (1997): HTML – Hypertext Markup Language. In: Informatik-Spektrum. 20. Jg. Nr. 3. S. 168f.

SEVENONE MEDIA (2006): *Marktforschung per TV. SevenOne Media und forsa präsentieren ‚forsa.omninet'/ Meilenstein in der Marktforschung*. URL: http://www.sevenonemedia.de/research/forsa/. (Abfrage am 12.06.2006).

SHANNON, R. E. (1975): *Systems Simulation: the Art and Scinece.* Englewood Cliffs, NJ.

STARSETZKI, T. (2003): *Rekrutierungsformen und ihre EInsatzereiche.* In: THEOBALD, A., DREYER, M., STARSETZKI, T. (Hrsg.): Online-Marktforschung. Theoretische Grundlagen und praktische Erfahrungen. 2. Aufl. Wiesbaden, S. 41-53.

STATISTISCHES BUNDESAMT (1960): *Stichproben in der amtlichen Statistik.* Wiesbaden.

STATISTISCHES BUNDESAMT (2001): *Altersaufbau 2001 in Deutschland.* URL: http://www.destatis.de/basis/d/bevoe/bevoegra2.php. (Abfrage am 12.06.2006).

STATISTISCHES BUNDESAMT (2006): *Mikrozensus*. URL: http://www.destatis.de/micro/d/micro_c1.htm. (Abfrage am 12.06.2006).

STEINBRINK, B. (1995): *Multimedia: Techniktrends und Perspektiven*. In: SILBERER, G. (Hrsg.): Marketing mit Multimedia. Stuttgart. S. 311-323.

STRAUSS, J. (1996): *Early Survey Research on the Internet: Review, Illustration and Evaluation.* American Marketing Association Winter Educators' Conference Proceedings. Chicago, S. 222-228. URL: http://unr.edu/homepage/jstrauss/surveyresearch.html. (Abfrage am 12.06.2006).

STUART, A. (1984): *The Ideas of Sampling*. London.

SUDMAN, S., BRADBURN, N. M. (1974): *Response Effects in Surveys*. Chicago.

SWEET, C. (1999): *Anatomy of an on-line focus group*. URL: http://www.quirks.com/articles/article.asp?arg_ArticleId=548. (Abfrage am 12.06.2006).

SZYPERSKI, N. (1980): *Informationsbedarf.* In: GROCHLA (Hrsg.): Handbuch der Organisation. Stuttgart. S. 904-913.

SZYPERSKI, N., VON KORTZFLEISCH, H., KUTSCH, H. (2002): *Internetbasierte Anwendungen in deutschen Unternehmen*. Lohmar, Köln.

SZYPERSKI, N., WINAND, U. (1974): *Entscheidungstheorie*. Stuttgart.

T

THEOBALD, A. (1998): *Möglichkeiten und Grenzen der Marktforschung im Internet*. URL: http://www.uni-kl.de/FB-SoWi/LSBliemel/mitarb/theobald/paper01.htm. (Abfrage am 12.06.2006).

THEOBALD, A. (2000): *Das World Wide Web als Befragungsinstrument*. Wiesbaden.

THEOBALD, A. (2001): *Sinn und Unsinn von Incentives in der Online-Marktforschung*. In: THEOBALD, A., DREYER, M., STARSETZKI, T. (Hrsg.): Online-Marktforschung. Wiesbaden, S. 179-190.

THEOBALD, A. (2003): *Rücklaufquoten bei Online-Befragungen.*. In: THEOBALD, A., DREYER, M., STARSETZKI, T. (Hrsg.): Online-Marktforschung. 2. Aufl. Wiesbaden, S. 203-210.

THEOBALD, A., DREYER, M., STARSETZKI, T. (2001): *Einführung*. In: THEOBALD, A., DREYER, M., STARSETZKI, T. (Hrsg.): Online-Marktforschung. Wiesbaden, S. 1-4.

TIEDE, M. (1996): *Repräsentativität*. In: Diskussionspapiere aus der Fakultät für Sozialwissenschaft. Ruhr-Universität Bochum. 12/96.

TIEDE, M., VOß, W. (1982): *Stichproben und Statistische Inferenz*. 2. Aufl. Bochum.

TJOSTHEIM, I., SOLHEIM, I., ALDRIN, M. (1999): *Combining information from a web based survey and a telephone survey*. In: MANRAI, A. K.; MEADOW, H. L. (Hrsg.): Ninth Biennial World Marketing Congress. Proceedings. Vol. IX, S. 15-22.

V

VON DER LIPPE, P., KLADROBA, A. (2002): *Repräsentativität von Stichproben*. In: Marketing, 24, S. 227-238.

VON DER OELSNITZ, D., MÜLLER, M. (1996): *Marketing und Internet. Nutzungsoptionen und Diffusionsaussichten*. Braunschweig: Technische Universität. Institut für Wirtschaftswissenschaften. Abt. ABWL und Marketing. Arbeitspapier Nr. 96/08.

W

W3B (2006): *Die 22. W3B-Umfrage*. URL: http://www.w3b.de. (Abfrage am 12.06.2006).

WASMER, M., KOCH, A., HARKNESS, J., GABLER, S. (1996): *Konzeption und Durchführung der „Allgemeinen Bevölkerungsumfrage der Sozialwissenschaften" (ALLBUS) 1996*. In: ZUMA-Arbeitsbericht 96/08.

WATT, J. H. (1997): *Using the Internet for Quantitative Survey Rerearch*. URL: http://www.swiftinteractive.com/white1.asp. (Abfrage am 12.06.2006).

WEIS, H. C., STEINMETZ, P. (1998): *Marktforschung*. 3. Aufl. Ludwigshafen.

WEISSBACH, S. (1997): *Internet Research: Still a Few Hurdles to Clear*. In: Quirk's Marketing Research Review. URL: http://www.quirks.com/articles/article.asp?arg_ArticleId=249. (Abfrage am 12.06.2006).

WELCH, N., KRANTZ, J. H. (1996): *The world-wide Web as a Medium for Psychoacoustical Demonstrations and Experiments: Experience and Results*. In: Behaviorial Research Methods, Instruments & Computers, 28. S 192-196.

WERNER, A., STEPHAN, R. (1997): *Marketing-Instrument Internet*. Heidelberg.

WEßELS, H., ZIMMERMANN, M. (2001): Offline-rekrutierte Access-Panels als "Königsweg" der panelbasierten Online-Forschung? Vortrag auf der GOR 2001 in Göttingen. URL: http://www.psych.uni-goettingen.de/congress/gor-2001/contrib/wessels-martin. (Abfrage am 12.06.2006).

WHITLOCK, C. (1997): *Computer Assisted Web Interviewing: Tautology or Innovation?* ASC-Konferenz, London, 30.09.1997. URL: http://www.asc.org.uk/Events/Sep97/whitlock.zip. (Abfrage am 12.06.2006).

WIEBE, E. F., EYERMAN, J., LOFT, J. (2001): *Evaluating Nonresponse in a Web-enabled Survey on Health and Aging.* 2001 Conference of the American Association for Public Opinion Research. 17. - 20. Mai 2001. Montreal. Canada. URL: http://www.amstat.org/meetings/jsm/2001/index.cfm?fuseaction=abstract_details &abstractid=300981. (Abfrage am 12.06.2006).

WIEDMANN, K.-P., BUXEL, H. (2001): *Using Non-reactive Observation Methods in Online Research.* In: Planung & Analyse (Sonderheft Market Research 2001), S. 38-42.

WIEDMANN, K.-P., BUXEL, H. (2003): *Die Beobachtung in der Online-Marktforschung*. In: WiSt, 9 (September 2003), S. 528-534.

WIND, J. (1997): *Start Your Engines*. In: Marketing Research. 9. Jg., Nr. 4, S. 4-11.

WOLF, K. H., FROITZHEIM, K., WEBER, M. (1996): *Interactive Video and Remote Control via the World Wide Web*. In: BUTSCHER, B., MOELLER, E., PUSCH, H. (Hrsg.): Interactive distributed multimedia systems and services. Berlin et al. S. 91-104.

Y

YOFFIE, A. J. (1998): *The 'Sampling Dilemma' is no Different On-Line.* In: Marketing News, 32, S. 16.

YOFFIE, A., ANZALONE, M. (1995): *In defense of on-line focus groups*. In: Quirk's Marketing Research Review. URL: http://www.quirks.com/articles/article_print.asp?arg_articleid=130. (Abfrage am 12.06.2006).

Z

ZBINDEN, A. (1993): *True Multimedia – die Motivationsspritze für den Verkauf.* In: Verkauf & Marketing Kommunikation, 11, S. 52-54.

ZERR, K. (2003): *Online-Marktforschung – Erscheinungsformen und Nutzenpotentiale*. In: THEOBALD, A., DREYER, M., STARSETZKI, T. (Hrsg.): Online-Markforschung. Theoretische Grundlangen und praktische Erfahrungen. 2. Aufl. Wiesbaden. S. 7-26.

ZÖCHLING-GOLLUBITS, C., HOLD, U. (2002): *Traditionelle und moderne Verfahren der Marktforschung*. In: Werberforschung & Praxis, 2/2002, S. 28-33.

ZOU, B. (1999): Multimedia in der Marktforschung. Wiesbaden.

AUSGEWÄHLTE VERÖFFENTLICHUNGEN

EUL VERLAG

ELECTRONIC COMMERCE

Herausgegeben von Prof. Dr. Dr. h. c. Norbert Szyperski, Köln, Prof. Dr. Beat Schmid, St. Gallen, Prof. Dr. Dr. h. c. mult. August-Wilhelm Scheer, Saarbrücken, Prof. Dr. Günther Pernul, Regensburg, Prof. Dr. Stefan Klein, Münster, Prof. Dr. Detlef Schoder, Köln, und Prof. Dr. Tobias Kollmann, Essen

Band 1
Petra Schubert
Virtuelle Transaktionsgemeinschaften im Electronic Commerce – Management, Marketing und Soziale Umwelt
2. Auflage
Lohmar – Köln 2000 • 284 S. • € 43,- (D) • ISBN 3-89012-758-4

Band 2
Patrick Haertsch
Wettbewerbsstrategien für Electronic Commerce – Eine kritische Überprüfung klassischer Strategiekonzepte
2. Auflage
Lohmar – Köln 2000 • 256 S. • € 41,- (D) • ISBN 3-89012-759-2

Band 3
Redmer Luxem
Digital Commerce – Electronic Commerce mit digitalen Produkten
2. Auflage
Lohmar – Köln 2001 • 268 S. • € 42,- (D) • ISBN 3-89012-853-X

Band 4
Alexander W. Röhm
Sicherheit offener Elektronischer Märkte – Modellbildung und Realisierungskonzept
Lohmar – Köln 2000 • 248 S. • € 39,- (D) • ISBN 3-89012-768-1

Band 5
Markus A. Lindemann
Struktur und Effizienz elektronischer Märkte – Ein Ansatz zur Referenzmodellierung und Bewertung elektronischer Marktgemeinschaften und Marktdienste
Lohmar – Köln 2000 • 280 S. • € 43,- (D) • ISBN 3-89012-787-8

Band 6
Olaf Wenzel
Webdesign, Informationssuche und Flow – Nutzerverhalten auf unterschiedlich strukturierten Websites
Lohmar – Köln 2001 • 362 S. • € 49,- (D) • ISBN 3-89012-871-8

Band 7
Patrick Stähler
Geschäftsmodelle in der digitalen Ökonomie – Merkmale, Strategien und Auswirkungen
2. Auflage
Lohmar – Köln 2002 • 364 S. • € 53,- (D) • ISBN 3-89936-013-3

Band 8
Volker Herwig
E-Government – Distribution von Leistungen öffentlicher Institutionen über das Internet
Lohmar – Köln 2001 • 340 S. • € 48,- (D) • ISBN 3-89012-889-0

Band 9
Jana Buchwalter
Elektronische Ausschreibungen in der Beschaffung – Referenzprozeß-modell und prototypische Realisierung
Lohmar – Köln 2001 • 252 S. • € 42,- (D) • ISBN 3-89012-922-6

Band 10
Torsten Költzsch
Geschlossene Public-Key-Infrastruktur-Lösungen
Lohmar – Köln 2002 • 242 S. • € 42,- (D) • ISBN 3-89012-923-4

Band 11
Emanuel Marti
Electronic Commerce im Reisemarkt – Handlungsempfehlungen für den Reisemittler
Lohmar – Köln 2002 • 408 S. • € 49,- (D) • ISBN 3-89012-930-7

Band 12
Horst Tripp
Electronic Procurement Services
Lohmar – Köln 2002 • 394 S. • € 49,- (D) • ISBN 3-89012-935-8

Band 13
Elmar-Marius Licharz
Vertrauen in B2C
Lohmar – Köln 2002 • 294 S. • € 44,- (D) • ISBN 3-89012-945-5

Band 14
Karin Dittewig
Managing Partnerships for Maximum Performance – Best Practice Evidence from the Information Technology Industry
Lohmar – Köln 2002 • 318 S. • € 45,- (D) • ISBN 3-89012-953-6

Band 15
Ursula Markus
Integration der virtuellen Community in das CRM – Konzeption, Rahmenmodell, Realisierung
Lohmar – Köln 2002 • 270 S. • € 46,- (D) • ISBN 3-89012-973-0

Band 16
Ulrike Geißler
Lobbying im E-Business
Lohmar – Köln 2002 • 314 S. • € 48,- (D) • ISBN 3-89012-995-1

Band 17
Ernest Kosilek/Wolfgang Uhr
Public Electronic Procurement – Eine empirische Untersuchung
Lohmar – Köln 2002 • 222 S. • € 44,- (D) • ISBN 3-89936-017-6

Band 18
Daniel Hunziker
Bricks & Clicks im E-Business
Lohmar – Köln 2003 • 228 S. • € 44,- (D) • ISBN 3-89936-054-0

Band 19
Jens Ochel
Senioren im Internet
Lohmar – Köln 2003 • 258 S. • € 46,- (D) • ISBN 3-89936-062-1

Band 20
Arne Schulke
Kooperation zwischen traditionellen Unternehmen und E-Business Startups – Eine Analyse aus Sicht des strategischen Managements
Lohmar – Köln 2003 • 286 S. • € 47,- (D) • ISBN 3-89936-075-3

Band 21
Diana Rätz
Erfolgspotenzial elektronischer B2B-Marktplätze – Theorie – Empirie – Fallstudien
Lohmar – Köln 2003 • 278 S. • € 48,- (D) • ISBN 3-89936-114-8

Band 22
Wolfgang Güttler
Die Adoption des Electronic Commerce im deutschen Einzelhandel
Lohmar – Köln 2003 • 320 S. • € 52,- (D) • ISBN 3-89936-121-0

Band 23
Andreas P. Schwab
Elektronische Verhandlungen in der Beschaffung
Lohmar – Köln 2003 • 278 S. • € 48,- (D) • ISBN 3-89936-147-4

Band 24
Hilda Joffe
Teilmärkte des Internets in Japan – Eine Analyse der Märkte für Mobiltelefone, Convenience Stores und Spielekonsolen unter Beachtung kultureller Einflussfaktoren auf die Entstehung dieser Teilmärkte
Lohmar – Köln 2003 • 254 S. • € 46,- (D) • ISBN 3-89936-159-8

Band 25
Fredj Dridi
Sicherheitsarchitektur für Internetbasierte Informationssysteme – Entwurf und Implementierung im Rahmen des E-Government-Projektes Webocracy
Lohmar – Köln 2003 • 218 S. • € 44,- (D) • ISBN 3-89936-166-0

Band 26
Roman Pecha
Externe Geschäftsmodellanalyse bei E-Business Unternehmen – Eine empirische Analyse
Lohmar – Köln 2004 • 360 S. • € 53,- (D) • ISBN 3-89936-218-7

Band 27
Sabine Kronz
Content Management – Einführung, Prozesse und Objekte
Lohmar – Köln 2004 • 246 S. • € 46,- (D) • ISBN 3-89936-225-X

Band 28
Dietmar Eifert
Wert von Kundenprofilen im Electronic Commerce
Lohmar – Köln 2004 • 238 S. • € 46,- (D) • ISBN 3-89936-276-4

Band 29
Andreas Voß
Dominantes Design im Electronic Commerce – Analysen und Befunde bei Tourismus-Web Sites
Lohmar – Köln 2004 • 286 S. • € 48,- (D) • ISBN 3-89936-293-4

Band 30
Jörg Leukel
Katalogdatenmanagement im B2B E-Commerce
Lohmar – Köln 2004 • 388 S. • € 55,- (D) • ISBN 3-89936-316-7

Band 31
Ralf Brüning
E-Commerce-Strategien für kleine und mittlere Unternehmungen – Hybrid-Commerce, Kooperation und Cross-Selling auf regionalen Internet-portalen
Lohmar – Köln 2005 • 190 S. • € 44,- (D) • ISBN 3-89936-380-9

Band 32
Nils Madeja
Corporate Success in Electronic Business – Results from an Empirical Investigation
Lohmar – Köln 2005 • 292 S. • € 49,- (D) • ISBN 3-89936-385-X

Band 33
Stefan Grasmugg
Mass Customization als strategische Anwendung des Electronic Business – Eine empirische Untersuchung zu Status, Determinanten und Erfolgswirksamkeit
Lohmar – Köln 2006 • 360 S. • € 54,- (D)
ISBN-13: 978-3-89936-482-8 • ISBN-10: 3-89936-482-1

Band 34
Claas Müller-Lankenau
Multikanalstrategien im stationären Einzelhandel – Eine empirische Untersuchung in der Konsumelektronikbranche
Lohmar – Köln 2007 • 368 S. • € 54,- (D) • ISBN 978-3-89936-575-7

Band 35
Horst B. Kutsch
Repräsentativität in der Online-Marktforschung – Lösungsansätze zur Reduktion von Verzerrungen bei Befragungen im Internet
Lohmar – Köln 2007 • 308 S. • € 52,- (D) • ISBN 978-3-89936-624-2

PLANUNG, ORGANISATION UND UNTERNEHMUNGSFÜHRUNG

Herausgegeben von Prof. Dr. Dr. h. c. Norbert Szyperski, Köln, Prof. Dr. Winfried Matthes, Wuppertal, Prof. Dr. Udo Winand, Kassel, Prof. (em.) Dr. Joachim Griese, Bern, PD Dr. Harald F. O. von Kortzfleisch, Kassel, Prof. Dr. Ludwig Theuvsen, Göttingen, und Prof. Dr. Andreas Al-Laham, Kaiserslautern

Band 110
Ulrich Thomé
Kooperations-Engineering – Ein lernorientierter Gestaltungsansatz
Lohmar – Köln 2006 • 376 S. • € 55,- (D) • ISBN 3-89936-445-7

Band 111
Gerhard Sessing
Wissenstransfer zwischen Organisationen – Erfolgsfaktoren im interorganisationalen Lernprozess
Lohmar – Köln 2006 • 298 S. • € 49,- (D) • ISBN 3-89936-458-9

Band 112
Kai-Christian Muchow
Strategischer Wandel in Professional Service Firms – Eine prozeßorientierte Untersuchung am Beispiel deutscher Rechtsanwaltskanzleien
Lohmar – Köln 2006 • 314 S. • € 52,- (D)
ISBN-13: 978-3-89936-488-0 • ISBN-10: 3-89936-488-0

Band 113
Stefan Wittenberg
Gestaltung interner Märkte in Unternehmensnetzwerken
Lohmar – Köln 2006 • 256 S. • € 47,- (D)
ISBN-13: 978-3-89936-500-9 • ISBN-10: 3-89936-500-3

Band 114
Andreas Roß
Wertsteigerung durch Netzwerkkompetenz – Konzeption und praktisches Vorgehen
Lohmar – Köln 2006 • 300 S. • € 49,- (D)
ISBN-13: 978-3-89936-522-1 • ISBN-10: 3-89936-522-4

Band 115
Klaus-Philipp Koepff
Institutionelles Krisenmanagement – Ein empirischer Vergleich von Inhouse- und Interim-Management
Lohmar – Köln 2007 • 274 S. • € 48,- (D) • ISBN 978-3-89936-574-0
